公元 787 年，唐封疆大吏马总集诸子精华，编著成《意林》一书 6 卷，流传至今

意林：始于公元 787 年，距今 1200 余年

意林®

一则故事　改变一生

意林青年励志馆

放弃其实不难，但坚持一定很酷

《意林》图书部　编

吉林摄影出版社
·长春·

青年励志馆系列㉚

图书在版编目（CIP）数据

放弃虽然不难，但坚持一定很酷 /《意林》图书部编. -- 长春：吉林摄影出版社, 2019.9
（意林青年励志馆）
ISBN 978-7-5498-4265-0

Ⅰ.①放… Ⅱ.①意… Ⅲ.①成功心理－青年读物Ⅳ.①B848.4-49

中国版本图书馆CIP数据核字(2019)第184279号

放弃其实不难，但坚持一定很酷　FANGQI QISHI BU NAN，DAN JIANCHI YIDING HEN KU

出 版 人　孙洪军
主　　编　杜普洲
责任编辑　王维夏
总 策 划　徐　晶
策划编辑　吴珊珊
封面设计　资　源
封面供图　一　川
美术编辑　刘海燕　李雪菲
发行总监　王俊杰
开　　本　889mm×1194mm 1/16
字　　数　380千字
印　　张　11
版　　次　2019年9月第1版
印　　次　2019年9月第1次印刷

出　　版　吉林摄影出版社
发　　行　吉林摄影出版社
地　　址　长春市净月高新技术产业开发区福祉大路龙腾国际大厦A座17楼
　　　　　邮编：130117
电　　话　总编办：0431-81629821
　　　　　发行科：0431-81629829
网　　址　www.jlsycbs.net
经　　销　全国各地新华书店
印　　刷　天津泰宇印务有限公司

书　　号　ISBN 978-7-5498-4265-0　　　定　　价　35.00元

启　事

本书编选时参阅了部分报刊和著作，我们未能与部分作品的文字作者、漫画作者以及插画作者取得联系，在此深表歉意。请各位作者见到本书后及时与我们联系，以便按国家相关规定支付稿酬及赠送样书。

地址：北京市朝阳区南磨房路37号华腾北搪商务大厦1501室《意林》图书部（100022）

电话：010-51908630转8013

目录
CONTENTS

1 关于成长，那些藏在你心里的答案

2 你笑起来，就是好天气

3 就算前路漫漫，也有你在身边

4 愿你年岁渐长，依旧无惧风雨

5 因为努力，我们成了平凡世界里的英雄

6 眼中有光，才能活成想要的模样

1 关于成长，那些藏在你心里的答案

生活有很多不确定性，唯一可以确定的是，时间带来的成长。所谓成长，就是一场场蜕变，我们告别旧的，迎来新的，日复一日，周而复始。而这其中的秘密，只有经历过的人才明白，在这期间，我们渐渐温柔，学会克制情绪，让内心经受考验，在时间的洗礼中变得强大。当有一天，蓦然回首，你会发现曾经的少年，走过了一条多么美好的道路。

我与零食的相爱相离

□Yeast

我的爸爸出生在一个物质匮乏的家庭，兄弟姐妹共4个，爷爷奶奶靠务农为生，全家人都吃不饱饭。后来他努力读书考上中专，毕业后有了工作，才结束了这段艰苦的岁月。

我则出生在一个零食匮乏的家庭，爸爸因为小时候受尽了吃不饱饭的苦，长大以后便把所有执念都许给了米饭，似乎只有一碗盖满肉和菜的白米饭才能抚平他童年时饥饿所带来的创伤。妈妈则跟大部分女性一样，爱吃零食，我最大的快乐，来自她每次打工回家时所携带的装满衣服的手提包。

无奈的是，我从小便体弱多病，医生检查后发现，我的扁桃体比一般人的略大些，更容易发炎，所以应当尽量避免吃一切会导致扁桃体发炎的食物，重盐、重糖、重油、重色素、重口味的零食成为禁忌。于是，妈妈以爱我的名义，切断了对我的零食供应。

童年最经典的画面就是，一群小孩手里拿着方便面“哗啦哗啦”地往嘴里倒，辣得直吸溜鼻涕，最后像小狗般吐出舌头，意犹未尽地舔完掌心最后一抹佐料。而我则会直勾勾地看着他们，丝毫没有避嫌的意思。我表面上谨记着大人说的，不能做“贪吃鬼”，内心却不断上演着一场抢过方便面大快朵颐的痛快戏码，就连掉落到地上的碎屑都对我有着极大的诱惑力。

吃零食变成了我生病时才有的特殊待遇。发烧的时候，面对妈妈煲的各种粥我全都闭目摇头，只有方便面的味道能让我精神为之一振，但终归口苦无味，无法尽情享受。喝中药的时候，异常辛苦，只有一颗奶糖才能让我忍受。住进儿科病房的时候，看着周围的小孩有吃不完的火腿肠、肉松，我便在扎针的时候痛哭流涕，以求得到同等的零食待遇。

生病原本是一件痛苦的事情，但对我来说有一桩极大的好处，就是可以吃零食。

就在这样的挣扎与企盼中，我很快长大，开始上学了。

谁知道，学校里的诱惑更大。

校门口两旁遍布着琳琅满目的小店，各种零食辣得发着光，甜得像朵花，汽水冒着泡……它们不会说话，我却觉得那是天底下最喧闹的声音，深藏在我胃里的馋虫被吵得蠢蠢欲动。

身边不乏有钱的同学，每天下午上课铃响之前，是他们的零食时光。有的人吃着大片的辣条，辣得龇牙咧嘴；有的人仰头灌着汽水，喉头咕咚作响；有的人嚼着话梅，津津有味……我发誓，这种生活就是当时的我最向往的生活。

父母为了防止我胡吃零食，几乎从不让我手里有零花钱，零食也因此与我绝缘。

后来，他们开始允许我在外面买早餐吃，我终于有了零花钱。每天的早饭钱我都尽量省着用，他们给我1元我就用5毛，有时候就饿肚子，终于，在我的不懈努力下，存钱罐里发出了钢镚儿美妙的声音。每天晚上临睡前，我总是悄悄关上房门，躲在被窝里美滋滋地数钱，计划着买这买那，心里着实比吃了蜜还要甜。

那种滋味，非要形容的话，就像收到一封来自暗恋者的情书，心底全是隐秘的窃喜。

攒到一定的数目，我掂量着差不多可以过上嘴里有零食、手上有余钱的理想生活了。于是，门庭若市的校门口的小店里开始出现我的身影。

回家的路上，我左手拿着辣条，右手拿着汽水，和同学们有说有笑，短短5分钟的路程实在不够我吃东西，所以那时候恨不得从学校到家的距离能延长数倍。

这5分钟的惬意时光并没有持续

多久。

在一个天气时阴时雨的放学时分，我买了一种像羊肉串的新零食。地面湿漉漉的，但天空中没有雨丝，我料定妈妈不会给我送伞。于是，我一路优哉游哉地吃着。经过一个转弯时，我用余光扫到了一个熟悉的身影，在脑袋还没反应过来是谁之前，我的身体已经做出了应激反应——将“羊肉串”丢进了旁边的垃圾桶。我佯装镇定地走向妈妈，其实刚才戏剧性的一幕早被她看在了眼里。她又气又乐，问我刚才在偷着吃什么好东西。回到家里，爸爸让我站在镜子前，说：“你别骗我们了。”我定睛一瞧，自己的嘴巴周围一圈都是红的，鼻尖被辣得冒了汗，我尴尬地咧开嘴，结果发现，牙齿上还残留有辣椒片。

幸好，他们没有发现我的小金库，但我再也不敢在路上偷吃零食了。观望了一段时间后，我发现他们降低了“警戒级别”，想吃零食的心又蠢蠢欲动了。

在放学路上吃零食有诸多不可控因素，还是得找一个地方静静享用。最危险的地方才是最安全的地方，我决定铤而走险，把零食带回房间偷偷地吃。

于是，那段时间我学习出奇地认真，每次吃完饭就乖乖地钻进房间写作业。其实，我是一边做作业一边吃零食，忙得不亦乐乎。

但这桩乐事依旧好景不长。一次吃完零食后，我不小心把包装袋夹到了作业本中。那天爸爸鬼使神差地想检查一下我的作业，当他饶有兴致地翻开作业本时，他的笑容逐渐凝固在嘴角，我吃零食的秘密再次“东窗事发”……

零食就这样一次又一次地从我嘴边逃跑。我想，它应该是一个老谋深算的家伙，总是先给我一点甜头，其实暗地里一直在算计我。

就像辛波丝卡的诗里写的那样：“时机尚未成熟，变成他们的命运。缘分将他们推近、驱离，忍住笑声，然后闪到一旁……”

长大以后，父母再也不限制我吃零食了。或许是因为当初医生说：“等你长大，抵抗力就变强了，扁桃体也不会那么脆弱了。”

我可以提着大包小包的零食进进出出，将家里的每个角落都塞满，在任何时间都可以随意享用。我一度认为零食的“逃跑计划”最终失败了，它还是要臣服于变成大人的我。

只是它的存在变得平淡无奇，触手可及让它“泯然众人矣”，我再也找不到偷吃零食时那种心神激荡的喜悦了。

它终究还是逃跑了，连同我的童年一起消失得无影无踪。

学习曲线

□郝培强

什么叫“学习曲线”？横轴是时间，纵轴是能力。我认为终身学习的人的学习曲线应该是没有尽头的。

有人在论坛上问：“现在硅谷都在宣扬二三十岁创业、成功、成为明星的例子，有没有人能够举一个四五十岁成功的例子？”有个人回复说：“我在42岁创办了Craiglist（美国大型分类网站）。”

我认为在任何一个不断变化的环境中，终身学习者只能占1%。我的结论是：一个终身学习者可以秒杀在任何一个领域里的同侪。

学习的方法有很多种。如果我们要考试了，要在一个星期之内从完全不懂到能够考试，那么我们的学习曲线将会非常陡峭。我觉得这是错误的方法。

大多数认为自己不聪明的人都在用一种错误的方法学习。我经常遇到一些非常神奇的初学者，有人说：“我看这本关于iOS（苹果公司开发的移动操作系统）的书看了三天还没有看完。”我想问的是，这本书是三天就该看完的吗？

我一直强调不要急，为什么？因为一着急你就会做错误的事情。比如，一开始你可以在一个星期内或三天内学会一个非常难的东西，你以为你是神，一旦你做不到，你就会觉得你什么都做不了。我觉得正是这样的原因让大家以为自己不够厉害。

我经常和很多人说，刚进入一个项目的时候，学习曲线要平。比如我，要是一次就走三万步的话，大家很可能会在急诊室看到我。那我第一次的目标是怎么定的呢？我背了个包，带了很多补给，不知疲倦地走了很久。后来我算了一下，我走了六七千米。有一次，我为了见一个朋友，跨了条江，走了十五六千米。后来，我觉得我自己太厉害了，就一发而不可收。

会学习的人在开始时都是非常慢的，会给自己设定基准，给自己反馈的空间，并且永远不会把自己控制得太狠，让自己一下子崩溃。

输了，是因为能力不足

□闫晗

美剧《我们这一天》里，胖胖的凯特有一副好嗓子，但她因为自己的体形而自卑，好不容易鼓起勇气参加电视节目的试唱，看到现场美丽苗条的其他选手，自卑再一次击退了她，一下子又回到童年的类似情形中。

对于敏感脆弱的她来说，选择放弃更容易些，于是她逃离了现场。后来，在男朋友的鼓励下，凯特决定破釜沉舟试一下。当她重新冲回试唱现场时，选拔已经结束，但她诚恳地请求让自己试试，她会唱曲目上所有的歌，导演答应了。然而，没等她唱到一半，导演摆摆手说：“可以了，你可以回去了。”

此时的凯特羞赧而愤怒，她以为是因为自己外表不美让对方没有耐心，便随手指着旁边一个好看的姑娘说：“难道就因为她比我瘦，就可以留在这里吗？很多人只有好看的外表，并没有能力，却得到了机会，这不公平。”

导演听了凯特的话，并没有争辩，而是挥手示意那个姑娘唱一下凯特刚刚唱过的那首歌。

姑娘一开口就十分惊艳，那是专业选手的好，跟业余选手的好还是不一样的——没有对比，就看不到差距。

导演说：“她是我们的和声，不是主唱，因为还不够好。你的音域不够宽，又缺乏练习，跟这些每天接受训练的专业演唱者相比，差得太多了。我不在乎你的年龄和体形，你没有被选上是因为能力不足。”

得到这个回答后，凯特反倒释然了。原来自己耿耿于怀的年龄和外表问题不是那么关键，没有什么歧视和黑幕，能力不足就是能力不足。

韩寒有篇文章写到专业人士和业余人士有怎样的差别，很多业余被夸做得好的人，高估自己太多，被吃这碗饭的专业人士碾轧是理所应当的。一般人没办法跟他比赛车，而他也不可能跟潘晓婷比打台球。觉得自己很不错，是想太多了。

综艺节目《这就是演员》里，有一场比赛，章子怡指导张馨予演戏，那段是《半生缘》，不能生育的顾曼璐设计了妹妹顾曼桢，想让妹妹给她生个孩子，来拉拢丈夫祝鸿才的心。

那个片段里，章子怡说，面对一地的凌乱，你是不是要做出反应？重来一遍时，张馨予看了看地上乱七八糟的东西。表演好了一点，可还是缺了点什么。

等到章子怡上场示范，你才能看到好的表演与一般的表演存在着怎样的差距。她开门前呼吸，开门，犹疑地锁门，顺手扶起倒下的凳子，慢慢走到床边找到妹妹曼桢，每一个表情都是戏，每个动作都牢牢吸引着观众的目光，没有台词却交代了人物的故事和心理。

她这段表演像浮出海面的一块冰山，让人知道底下还藏着巨大的主体，那是人物的来处和去处，这之前她怎样成长起来，这之后她又将往何处去，有着怎样的命运。顾曼璐没有马上去安慰妹妹，反而是关心起周围的物件，因为她有自己的目的，是事件的谋划者，同时内心有着犹疑与不安。

很多影视剧让主角的成名来得太简单，印度电影《神秘巨星》中，辛西娅在油管（You Tube）上传了一首歌就迅速成名。这让很多人觉得自己也是被埋没的天才，总是怀才不遇，碰不到真正的伯乐。其实，真正的金子总会被发现，如果没有，只能证明你还不够好，不够特别，太容易被替代。

马东在给《创造101》女团上课时，举了一个关于锅的例子。他说：“为什么两个锅的大小比例是1：1.4？因为只有锅的大小相差1.4倍才会被需要，才会被使用。这个简单的例子道出了生活的本质：只有做到最大限度的不一样，才会被需要。”

别想那么多，你只需要好好努力。好到能让人一眼看出差别，成为大一圈的锅，才会被需要。

求求你夸夸我

□蔡敏乐

春季到来好风光，烫了长头发，也换了身新衣裳。早上出门前，满心雀跃地对着镜子自我陶醉。一扭头，刚好看到某人一脸熟视无睹的表情，喊他赶紧过来，一起欣赏鄙人过期不候的美貌与风姿。没想到，他只冷眼一瞥，远远地扔过来两把“扎心刀”，一句是“搔首弄姿”，另一句是“丑人多作怪”，真真败坏了我一早上宛若重生的好心情。

某人实在欠揍，可惜，我打也打不过，只能自己闷头消受了。没办法，在我家，一贯的相处之道就是“互相伤害”，言语就像刀，可以修剪横生的枝杈；像棍子，痛打翘起来的尾巴；还像冷冷的冰水，迅速凉掉沸腾三分钟的热血。总之，他认为，所谓赞扬都是虚情假意的糖衣炮弹，只能混淆视听、消磨意志、软化实力。他理直气壮地将“怼人”进行到底，以为这样就可以让我认清事实，增强抗压能力。殊不知，真诚的赞美拥有着绝佳的治愈能力，能提升幸福度，增强自信心，实在是居家旅行不争不吵的必备良药啊！

之前是豆瓣的“互相表扬小组”火爆刷屏，最近是疯狂流行的各种“夸夸群”，可见人们对夸赞的渴求多么强烈。都说发生什么并不重要，重要的是如何面对！“火腿肠煎得焦黑？”“裤子从裤脚烂到裤裆？”“新剪的发型丑爆了？”还有一大批隐形抑郁症患者各种寂寞空虚冷的吐槽帖？只要在小组和群里发言，保证都会被多角度、多词汇地夸赞，或温柔或喜感的安慰足可以将浓浓失落冲刷干净，受伤的灵魂就如同熨烫般舒服。

夸人与被夸都容易让人上瘾，害得我一有压力就去“互相表扬小组”和“夸夸群”里围观。如何将夸赞之词说到对方心里，让对方感动并领情？这可是一门需要不断学习与练习的技能。

平时，爱看周星驰的经典电影解压。觉得关于表扬与自我表扬，在他的电影里，可谓夸张到登峰造极的地步了。比如，在《国产凌凌漆》里，某女跟卖猪肉的007讨要小费时，说的开场白竟然是：“你那样拉风的男人无论在哪儿，都像黑夜里的萤火虫那样鲜明，那样出众。你那忧郁的眼神、稀疏的胡楂子、神乎其技的刀法，都深深地迷住了我……”任谁，看到这段都要笑得打滚了吧？

《食神》里出场解说词是这样子的：“他高傲，但是宅心仁厚，他低调，但是受万人景仰，他可以把神赐给人类的火，运用得出神入化，烧出堪称火之艺术的超级菜式，他究竟是神仙的化身，还是地狱的使者？没人知道，但是可以肯定，每个人都给他一个称号——食神！”

《整蛊专家》里，古晶的自我介绍超有气势：“我的真正身份是改变社会风气，风靡万千少女，提高青年人内涵，刺激电影市场，玉树临风的整人专家。”

没文采的自我表扬是吹牛皮，很容易胀破；有文采的自我表扬是自我推销的一种绝佳手段。比如那个“知识嗷嗷丰富，嗓音贼拉炫酷，光一个背影往那一戳，就能吸引粉丝无数”的某老师，和那个“集美貌与才华于一身的女子某酱”，都是靠着辨识度极高的标签，被广大网友牢记，从而攀上了事业的高峰。

到了办公室，同事们纷纷对我的发型和衣着展开了一番热烈赞美。心里头乐得欢腾，面皮上却涨得通红。也是没办法，从小没被夸惯，每逢被赞美就像做错事一般感到羞臊。以前被赞扬冲昏头脑的我总会胡乱抹黑自己几句，不但自黑得毫无章法，还显得不领对方的夸赞情，搞得两边都不痛快。如今的我已经学会假装淡定地感谢，时不时也真心地反夸回去。礼尚往来，相见皆欢。

下班回家，我跟某人显摆，在公司“遭遇”夸赞的细节。他不以为然，还警告说：“别当真，人家都是随口说说，哄你玩的。”其实，我无名声供他人贪图，无金钱给人打赏，人家还能主动夸我，即便是哄我玩，这种恩情不是更值得感激吗？可是，我笑，不太熟练地夸他：“你说得对。你就是镇静剂般的存在呀，让我不至于飘飘然啊！”他得意地领受了赞扬，还心情好到哼起了歌。

我口吃，我讲脱口秀

□左轮枪

一、下雨天被打的孩子

从有记忆开始，我说话就口吃。

我们那儿流传着一个治疗口吃的偏方，说是下雨天的时候，你趁口吃的小孩不注意，冷不丁地打他一下，他说话就不结巴了。

所以，我小时候最痛恨的就是下雨天——外面是瓢泼大雨，屋里是四处潜伏的我妈，巴掌突如其来，我避无可避。我就这么不明不白地被打了无数个下雨天，但是口吃依旧是口吃。

周围小朋友的家人通常不允许自己家孩子跟我讲话，因为在他们那一代的观念里口吃不仅治不了，甚至还会传染，它好像一只看不见的小恶魔在孩子们之间磕磕绊绊地流窜。

但其实我独处的时候说话挺利索的，念报纸也没问题，在我的理解里口吃更像是一种心理上懦弱和自卑的表现。

最直观的表现是我小时候一直是一个非常听话且乖巧的孩子，因为我口吃嘛，有小朋友愿意跟我玩，我已经谢天谢地了，自然不敢跟别人发生正面冲突。

后来我上小学了，上课的时候老师通常是不会点我回答问题的，公开课尤甚。一个口吃的孩子在教委派来视察的领导面前是不可以开口说话的，我的老师们会替我感到丢人。

但是在平时，偶尔也有1%的概率，我会被叫起来回答问题。我站起来的时候，全班同学都仿佛有一种心照不宣的默契，所有的脑袋都转过来看着我，我告诫自己不要丢脸，然后努力地憋出一句完整的话，班里鸦雀无声，我知道他们在等着，直到我终于卡壳了——“哗！”大家都笑了。

当然，我相信他们的笑不是恶意的。这就好比听京剧，所有人都屏息静气地等着那一个节点，直到它出现，集体叫个好。我的同学听到我卡壳的那一刻，也是这样一种娱乐的心情，他们露出一种心满意足的笑容——“对喽！这才是他！”

二、怼“胖虎”

我上小学三四年级的时候，成为班队委的一道杠，而一道杠的职责之一就是当老师不在时管理班级的纪律。

当时我们班里有一位酷似《机器猫》动画片里的胖虎的同学，他长得又高又壮，凭借自己远超出其他小学生的身高和体重，他经常欺负和恐吓同班同学。其他班干部在管理的时候，通常是眼睁睁地看着“胖虎”违反了班级纪律，也不敢把他的名字写在黑板上。

有一次，轮到我管理班级纪律了，“胖虎”又在说话，我鼓起勇气警告他：“你别讲话了！你要是再讲话，我就把你名字写上。”

“胖虎”还是有恃无恐地在说话，甚至用言语恐吓我，我转身就把他的名字写在了黑板上。

写上就写上了，写上了以后他也没把我怎么样。我突然意识到“胖虎”实际就是一只纸老虎，平日里作威作福，其实只是装腔作势。

从那之后，怼“胖虎”好像成了我生活中的一个隐喻，每当遇到难以解决的困难时，我都会把它们想象成“胖虎”。

而在整个青春期，我最想要怼的那个“胖虎”，就是口吃。

三、李白握着我的手

上了高中，我喜欢上了一位姑娘，因而想要摆脱口吃的愿望日益强烈。

我第一次有了自信是在课堂上朗诵一首李白的诗歌，《梦游天姥吟留别》。

我从座位上站起来，气沉丹田，好像一千两百年前的诗句突然一齐穿过无比漫长的历史，奔着跑着挤过教室的窗户缝向我蜂拥而来，一字一句，清清楚楚——

“海客谈瀛洲，烟涛微茫信难求。越人语天姥，云霞明灭或可睹。天姥连天向天横，势拔五岳掩赤城。天台四万八千丈，对此欲倒东南倾！”

我一个磕巴都没打，莫名其妙地就爆发了，感情特别充沛，把所有的同学和老师都震惊了。我就发现，我原来读诗歌行。

后来光读诗歌已经不能满足我了，我就开始自己创作，不假思索地写，就好像李白握着我的手，读诗和写诗对我来说都是前所未有的流畅的体验。

虽然现在看来那时候写的东西都很幼稚，但是在当时那确实是我展现自己的唯一法宝。

四、演讲比赛

我高三那年成绩不好，报志愿的

时候很受限。当时我一心想报考师范院校，可是我父母说我是口吃，不可能当老师的，他们就擅自做主给我报了一所工科院校。

但是我就是想当老师。

当老师就得说话，我想利用一切机会练习说话，正好那会儿学校组织了一场演讲比赛，我也参加了。初赛的头一天晚上，我在宿舍楼的水房里练习了一夜，第二天演讲的时候让所有人都震惊了，我说得特别流利，然后从班里选到了系里，又从系里选到了院里，最终参加了校级的决赛，得了三等奖。

五、我想当老师

大学毕业以后，我还是想当老师。

我想怼“胖虎”，我当时觉得一切以口吃为由不让我当老师的人都是“胖虎”，我妈是，这个社会也是。我放弃了进对口国企的机会，去应聘了全市的所有私立高中，但是都失败了，人家就是非常明确地说“口吃是不可能当老师的”。

最后，我成了一名邮差，每天穿着绿色的衣服，梳着锃亮的油头，背着信兜子，骑着自行车满城转悠。虽然每天都累得不行，但是自我感觉特别好，白天送信，周末攻读师范院校的函授本科。

我心满意足，因为这份工作满足了我想要“秀”的欲望——演讲、写诗歌、怼“胖虎”，我从小折腾到大，而一切都源于这一个原因，我希望表演，我想让别人看到我，我不比你们差。但其实这也是一种自卑的表现。

2010年，我获得了师范学院的函授学位，而当时舟曲泥石流之后，很多NGO（非政府组织）都在招募乡村教师，我就报名到甘肃一个牧区支教去了。

当时从辽宁出发到那个牧区单程就要七天，先坐火车，再坐汽车，最后还得坐拖拉机。当我七天后终于风尘仆仆地到了村里的时候，上一任的代课老师拉着我到孩子们面前介绍：“这是孙老师，明天给你们上课。”就因为这句话，我在那儿待了一年。

牧区的房子很简陋，我上课的学校没有砖瓦楼房，是铁皮搭起来的板房。全校分为学前班、一年级和二年级，所有的学生都挤在一间教室里，而全校只有我一个老师。我在同一块黑板上教三个年级的孩子，给其中一个年级的孩子讲课时，剩下的两个年级就自己写作业。

那是我第一次生活在一个没有人知道我口吃的环境，好像获得了赦免，每当我回想起那段时间，我总会陷入一种模糊的记忆，我记不清了，但好像那一年我都没有口吃过。

在课上我尽量说短句，多停顿，我已经记不清我第一次上课的情景了，但是我清楚地记得最后一堂课，我把全班同学的名字一笔一画地写在黑板上，标注了拼音，然后教会了孩子们查字典。这样即便我走了，他们也能知道每一个陌生汉字的读音。

六、与“口吃”和解

我身高一米八五，从支教地离开时体重是110斤，整个人都瘦没了。

我生了一场大病，体重严重降低，身体机能出现了问题，那段时间我的父母尽心竭力地照顾着我，夸张点说，是给了我第二次生命。

我第一次跟父母和解了，那时候我才意识到原来生活是这个样子的。

最终，我回到了我出生和长大的城市，进了工厂，工厂效益不好，我没多久就下岗了。下岗之后，机缘巧合之下我去应聘了一家书店，从高中开始的对诗歌和文学的爱好成了这份工作的敲门砖，我成了那家书店的活动策划。

书店想做脱口秀，但是找不到合适的人选，作为员工我就硬着头皮上了，秀了20多场，从最开始的不敢讲，到敢讲，再到敢以暴露口吃的形式讲。

我最开始讲脱口秀的时候，竭力地隐藏着自己口吃的毛病。但是后来我发现，在讲的过程中，只要我一口吃，观众就笑了——就好像我在台上讲的时候，他们就等着我说话口吃的那一段出现，然后露出那种似曾相识的笑容。

我相信这也是没有恶意的。只是它让我回忆起我在上学的时候，回答老师提问，全班同学扭过头看着我，集体等待着我口吃的瞬间，然后心满意足地笑出声。

但是，我在书店做活动策划，而脱口秀是书店的一部分，如果我不做脱口秀了，可能书店的工作也要丢了。如果书店的工作没有了，我还能去做什么呢？送快递？当保安？当然，我不是说这些工作不好，但我不是李白嘛，李白不能送外卖，李白就算输也得在书店。那么我就要迎合他们，有作为一个艺人的担当。有的时候我也会故意口吃一下，逗他们笑。

我感到我的心在滴血。现在，我是拿我的口吃当工作了。脱口秀不是笑话，我讲的都是真事儿，我是敢于把我的丑事拿出来给你们听。这是自信吗？这就是没办法，我得活着，活着就想要社会认同，那么我如何获得你们的认同呢？我只有把自己的伤口撕开给你们看。

这是可悲的，也是可笑的。

在接受了将近五年的心理咨询治疗后，我和我的口吃达成了和解。我意识到，口吃就是我的一个问题，但是我不能跟口吃过不去，就好比近视眼，你能跟你的近视眼过不去吗？

我单身是因为我口吃的问题吗？

我经常换工作是因为我口吃的问题吗？

我身体不好、小时候家境贫困是因为我口吃的问题吗？

当口吃是我身上的一部分的时候，它被无限放大了。单身、失业、职场焦虑的这些问题，所有人都有，只不过因为我口吃，我就把这些问题都怪罪在口吃上面。这本身就是一个不成熟的人的表现。

现在我终于认识到这一点了，但是偶尔，我还是会暗暗怪罪口吃。我是一个普通人，我不是李白，遇事我会抱怨，抱怨很正常，但还是要往前走，往前看。

法国人为什么要『废除』数学

文 河伯

前段时间上网时，刷到这么一则新闻：根据法国政府的高考新改革方案，数学将被“踢”出基础必修科目的行列。也就是说，是否学习数学将成为学生的自由选择，哪怕打算在大学里投身某些理工类专业，学生们也大可以在高二高三告别数学，选考其他科目。

有趣的是，为这一方案背书的，是塞德里克·维拉尼。他是何许人？除了共和国前进党议员，他最重要的一重身份是数学家，世界顶尖级别的，菲尔兹奖、费马奖和欧洲数学学会奖的“大满贯”获得者。

那么问题来了：一个数学家，为什么会支持“废除”数学？

法国人的真实数学水平，似乎从来都是个谜。作为一名数学工作者，在巴黎高师求学时，我亲眼见证过他们扑朔迷离的数学能力：一方面，普通人貌似连加减法都算不清——在超市，若是为买一包3.02欧的薯片而递给营业员5欧元加2分，那么大概率会先被退回那2分，再找零1.98欧。可另一方面，这又是盛产数学家的国度：欧拉，拉格朗日，庞加莱，格罗滕迪克……哪个不是门外汉都如雷贯耳的大名鼎鼎？再不然，还有那个网络上流传已久的小故事：法国的小学生大多不知道4+5等于几，但他们总能告诉你，4+5=5+4，因为整数关于加法构成Abel（阿尔贝）群。

这些“传说”的可信度颇高：在基础教育阶段，法国确实偏重于抽象的理论；口算虽然不行，却也无伤大雅——法国的考试允许学生带计算器，还是可以编辑函数、输入公式，甚至进行编程的那种。

维拉尼如此提议，想必不是因为国人缺乏“数学基因”了。

其实，我个人很想为维拉尼提议的改革拍手叫好。因为在我看来，执行着单一标准，用于选拔而非教育的中学数学在哪里都是灾难。

比如我的中学时代，要学的数学简直浩如烟海——数理逻辑、代数、几何、概率、统计，甚至还有初步的微积分。单单是代数部分，我就不得不反复面对一元二次函数的折磨——从初中的分解因式到高中的基本不等式，以及始终散发着怪异气息的三角函数——各种变换公式如同魑魅魍魉。可在以高考为导向的数学课堂上，我最终也只是“过于熟练”地掌握各种结论，须知二次函数中甚至隐藏着伽罗华理论——又一位法国数学家的贡献——这样的人类智慧之光，但学来学去，我只是获得了配方法的各种推论。

不得不承认，中国的中学数学在内容的庞杂度和解题的技巧性上显得过于困难了。而吊诡之处在于，这些学习起来异常困难的技巧，我们既不会在未来特意使用，也似乎无益于我们的逻辑能力。

法国的数学教育显然也面临着类似的问题。尽管他们的中学数学始终坚持着内容的丰富性和深刻性，可一旦参与标准化的考试和选拔，又都变了味道。一张试卷难以品评学生们的数学思想是否深刻，可一旦开始考查解题能力和技巧，又势必会引导中学数学走上枯燥而无用的老路。

维拉尼的改革大致体现了这样的思路：如果不宜直接考查中学数学的学习内容，且作为必修的数学课也不能进一步向着丰富且深刻的方向进行改革，不如就在标准化的统一考试中只考查实际应用能力，而直接将数学课作为选修课程。立志于理工科的高中生，特别是希望成为数学研究者的高中生，如果能在中学的课堂上，在学习二次函数的时候，就能理解伽罗华的思想，想必会兴奋不已吧。

姑且不论结果如何，这样的改革无疑是振奋人心的尝试。教育的意义不是通过统一的标准进行选拔，而是为现代社会的多样性提供更多可能。作为教育者，也不要羞于承认失败：逃避嘛，虽然可耻，但未尝不是一个好办法。

有印象得零分，背下来得满分

□六神磊磊

前不久去看电影《飞驰人生》，主人公张驰要跑一场拉力赛，可是没有领航员。一般可以认为他栽定了，领航员是赛车手的眼睛，巴音布鲁克魔鬼赛道，1462道弯，没人能背下来。

但是张驰就背下来了。电影里是这么说的：巴音布鲁克，1462道弯，109公里。耍小聪明，赢得了100米，赢不了100公里。你问我绝招，绝招只有两个字，奉献！就是把你的全部，奉献给你所热爱的一切。我每天在脑海里开20遍，5年，36000遍，我能记住每一个弯道。

看到这里，百感交集。人生有种牛其实就那么简单，就叫作“我能背下来”。当时我立刻就想到我自己，我靠“读金庸”吃饭。最开始大家都看金庸，你不会有资格靠这个吃饭。可看着看着，你会发现差距慢慢拉开了。比如“亢龙有悔”，绝大多数人看了书之后会说：“我知道！这是降龙十八掌里的一招！”然后就此结束。他们不可能吃这碗饭了。以后金庸对他们而言就只是一个路人。

另一部分人白了之前那些人一眼，补充说：“这是降龙十八掌里的第一招！掌法的名字来自《易经》！”然后，就此结束。他们走得更远了一点，但也不可能吃这碗饭了。以后金庸对他们而言也只是个路人。

还有更少数一些人狠狠白了之前的人一眼，说：“这一招‘亢龙有悔’，精要不在‘亢’字而在‘悔’字。打出去的力道有十分，留在自身的力道却还有二十分。好比陈年美酒，上口不辣，后劲却是醇厚无比！”他们走得更远了一点，但照样吃不上这碗饭。

必须什么样才有一点点可能吃上这碗饭呢？比如，你必须能不假思索、滔滔不绝地说出：十余年后，这一招在郭靖手上极大强化。初推出去时看似轻描淡写，但一遇阻力，能在刹那之间连加一十三道后劲，一道强似一道，重重叠叠，简直是无坚不摧、无强不破。

这是从《九阴真经》中才能悟出来的妙境，纵是洪七公当年，单以这招而论，也无如此精奥的造诣……说到“亢龙有悔”，如果能立刻背出这一大段，你才有了一点点吃上这碗饭的可能。

对于知识，大部分人都停留在“有点印象”的程度，只有少部分人“背得下来”。这是两种差别巨大的境界，这个世界总是“背得下来”的人碾轧“有点印象”的人。有时候，职业和非职业的区别就在于背不背得出。法律法条背得下来，就当律师，背不下来就只能职业在家玩手机。

其实背东西是有快感的，可以“打”别人的脸。我小时候最愉快的一次打脸，是打一位好为人师的大叔。他毫无征兆地突然蔑视我，说我老看没用的闲书，看不了他家里的大部头，没出息。当时他桌上正好有一本《二十四史精编》，我就问他知不知道《二十四史》是哪二十四本书。他瞠目结舌答不出，然后我就背了出来。大概背到《隋书》他就色如死灰了，皮肤紫蓝如静脉曲张。背完后估计他几年之内都不敢再在年轻人面前装。

反过来，当别人背得出、我背不出时，被打脸的就是我自己。有次录节目说金庸，对谈的史航毫无征兆地突然袭击，讲了一段《飞狐外传》里的冷门情节。我完全记不清了，瞠目结舌答不出，众目睽睽之下，顿时色如死灰，皮肤紫蓝如静脉曲张，发誓回家后立刻再啃几遍《飞狐外传》。

当然了，背东西这事非常累人，要么是你有极大的兴趣，要么是你得有极大的狠劲和自虐精神。罗永浩在一段著名相声《我的奋斗》里曾经说过：曾经多少次，你掏出一本朗文词典或者韦氏词典，就开始背，眼睛发亮，瞪得像铜铃一样。同宿舍的朋友叫你打麻将，你就用鄙视的眼神看他们一下说：“庸俗。”然后继续背单词。晚上只睡三小时，第二天特别亢奋，虎虎有生气的那种。可这种美好的、进步的状态，也就维持个两三天，到了第三天，你一看这个词典，心想怎么又是你！

人通常只有两种选择：找到一件你特别热爱的事，把它熟悉到全国人民都比不上的地步；或者是找到一件特别苦的事，把你自己虐到要撞墙的地步。多数人是，对自己喜爱的东西，背不出，对自己不喜爱但又不得不接近的东西，也背不出。什么都背不出，就只能在家玩手机了。

孩子，缺陷并不可怕

□张亚凌

我带的每一届孩子里面，总有几个让人看着心疼的：有多动到上课时好像屁股下面自带转子，一刻也不消停的；有内向到很少与人交流，打死都不会主动跟老师说半句话的；也有敏感到不管别人说什么，都会联想到对方看不起自己的……

这还只是性格上表现出的种种差异，或许我只要努力引导，就能很快扭转。更有让我鼻子发酸、揪心地疼的：那个努力睁眼却永远都眯缝着像没睡醒的女孩，自卑得总是深深地埋着头，只因有人曾嘲笑她的眼睛是接生婆手指甲划拉出来的；那个几乎没头发一直戴假发的女孩，同学一走近她就紧张地向后退缩，只因有人曾故意扯下她的假发；那个走路一瘸一拐的男孩，看你的目光复杂到不忍与之对视，只因他曾被顽劣的孩子伤害过……

这些外表看起来与别的孩子有明显不同的学生，只是看着就让人心疼、让人担忧。心疼他们的不同，担忧不期然的伤害会在其成长的过程中渗透到他们的内心。所以，我更得努力走近他们，从而推开他们紧闭的心门，让阳光照进去。

这些因外在有所不同而被自卑紧紧包裹的孩子，就像是曾经的那个我。

面对孩子们，我一次次将曾经的自己带到他们面前。我不是想说自己有多勤奋或者多幸运，只是想让孩子们明白：不管身处何种境况，都应该正视自己、接纳自己，而后竭尽全力去奋斗，内心会无比丰盈、饱满而阳光，终能拥有灿烂的人生。

我更想告诉孩子们的是：不必去看别人的长与短，做最好的自己就行。

曾经的我，就是一个“不同的孩子”。

有时跟孩子们正交流着，冷不丁地会冒出一个念头：曾经的那个我会不会生气，生气我不顾及面子将不堪的她“请出来”？

曾经的那个我，长得五大三粗，至今拥有的还是40年前小学四年级时的身高与体形。比我大两岁的二哥那时跟我一样高，却还没我壮实。当你有更多的不同时，“高大”就会让它们都很难看地突显出来，比如我笨拙的言语行动，黝黑的肤色，还有——无法遮掩的缺陷。

“听我妈说，我还不到一岁时出天花，高烧不退，最终小命是捡回来了，但右眼从此失明了。好吧，‘天花’，既然是天上的花，肯定不会轻易落在凡间寻常人身上。落到我身上，就表明我不是寻常人吧。”

我就是这么调侃着跟孩子们说起我的儿时的。我想告诉孩子们的是，“缺陷”这玩意儿是挺讨厌的，可真的无法避免时，来了就先接住吧。

有时我也纳闷，“回忆”这东西也挺奇怪的。按理说我提起的是一段段痛彻心扉的往事啊，应该一把鼻涕一把泪才是配套表情。可我从没那样过。是我间接过滤掉了伤心，还是我直接焊接了破碎的心？

有点缺陷的孩子似乎更应该追求完美，如果错题多了，同伴们会撇着嘴嘲笑，似乎没资格笨。老师也可能目光忧郁得能拧出水，已经这样了，还学习不好咋办？但事实是，缺陷有强大的能力，它会滋生出内向、笨拙、自卑，还会悄然吐丝，作茧自缚。

幸好，我成功逃脱了。

我在能察言观色后，开始解读种种复杂的目光：亲人是抱歉是疼惜，友好的人是同情是悲悯，陌生的人是鄙夷是嫌弃。学校是个特殊的环境，将形形色色的孩子聚集在一起，优秀的愈加鲜亮，笨拙的无处可藏，有不足的更加突兀。

我可能算是最早接受自己现状并开始艰难自救的孩子。

我屏蔽了所有的表情，只埋头做好一个学生该做的。

不会的题问同学、问老师，不看别人的表情，也不理会别人是否有耐心，直到我完全明白为止。生字、生词，老师要求写五遍，我会写八遍、十遍甚至更多，直到写会为止。数学太难了，死活都不能理解，那就背，直到全部背会为止。轮到我做值日，我一定会把地扫得干干净净，黑板上也断然不会留下粉笔的划痕，直到觉得没人比我擦得干净为止……

是的，我一直紧紧地抱着“为止”二字，我得让自己安心。

还记得班里有个腿脚不太方便的男孩子，在学校从不上厕所，哪怕再难受。他拒绝让别人看见自己一瘸一拐的样子，直到毕业。他恨不得将自己藏起来。他的确实现了这一点，像隐形人一般，很少有人记起，所以他也额外地收获了静默里几近荒芜的青春。班里还有个口齿不太清的女孩，上课被同学讥笑过两次后，变得金口难开。在万不得已必须开口时，她也是以最简单的字词作答。固然没人再笑话她说话不清了，她不给任何人笑的机会，可同时她也封死了改变自己、突破自己的机会。班里还有个男孩，他的父亲失手伤人坐了牢，他表现得好像是自己犯了法一般，很少说话，更没有笑过。他的青春也被笼罩在压抑的灰色中。

他们都没有自救，任由一点缺憾笼罩了全部。每次看到因有缺憾而远离阳光的孩子，我就会想起他们，就愈加担忧，以至于宁愿丢自己的丑也要把他们从灰暗中拉出来。

如今想来，“右眼失明”“腿瘸”“口吃”“父亲犯了错”，咋看都是呈递减的。比起他们的小缺憾，我是否更有理由自卑与放弃，然后缩进自己的壳里？不是说“没有对比就没有伤害”吗？他们如果看着比他们更悲惨却一直执着而努力的我，会不会觉得亏待了自己呢？

今天的我，在课堂上春风化雨般以自己的爱与智慧滋润孩子们时，在考场外想着几十万考生在阅读自己的文章时，或者是站在报告厅前看着下面一片期待的目光时，眼前都会浮现曾经的那个我。若非她屏蔽清空一切，执着于走向更美更好，怎会遇到今天的自己？

听说，“天花”是种烈性传染病，痊愈后可终身免疫。所有的缺陷何尝不是呢？治愈后，再回首，才会粲然一笑。记住，有人遇到伤害变成了丑陋不堪的怪兽，有人则修炼成了奥特曼。

孩子，缺陷并不可怕，可怕的是逃避缺陷。

精神上的健康，比一切都重要

□蔡　澜

“你清瘦多了。”友人一看到我就那么说。

“你胖多了。”又一个友人说。

我不能阻止他们的评语，其实，一直以来，我的体重保持在七十五公斤左右，多年来没有变过，不然那么贵的西装，换来换去，再赚也不够花。让人感觉到肥胖，是照片或电视上的形象。镜头下，总比现实生活中臃肿，所以当演员的脸型都是瘦长的比较有着数（粤语词汇，指好处）。

“没有想到你真人那么高。”没见过我的人也都那么说。人家看我清瘦，是因为我没有站起来。

我十四岁就长到六英尺（约一百八十三厘米），当今缩小了一点，也有一百八十厘米，矮小的印象，是没有比例之故吧。

水墨画中，常有一个人物，才看出山峰之高。看到大鱼，人人都举着相机来拍，出现在照片中的是小尾一条。我会在鱼的身边摆一包香烟，这样才能显出那条鱼有多大。

别人的主观，是避免不了的。

“你出那么多书，一定很辛苦！”他们总是那么说。

我一听到“一定”这两个字，就笑了出来，子非鱼，焉知鱼之乐？

和大家旅行时，我有助手帮忙打点一切，那几天是我最空闲的时候，吃完饭就睡觉，一大早起来写的稿，比香港的人数还要多。

精神上的健康，比一切都重要，为什么大家都要为我的身体担心呢？

都是好意，接受了吧，但是太过分的关怀，也增加了我的心理负担，可免则免。

到了这个阶段，“一定”辛苦的事，我不会，也不肯去做。

“我替你拉拉皮，不痛的。”好几位整容医生朋友都好心地说。

我总是笑笑：“脸上的每一条皱纹，都写着我一种人生经验，这是我的履历书，不必擦掉。”

每对父母，都要感谢那个没出息的孩子

□刘 娜

父亲生病了。

要不是我妹带着哭腔给我打来电话，我压根不敢相信这是真的。就在前一天，我给父亲打电话，他还鼓励我好好上班，不要太累。

他没有告诉我的是，自5月上旬，他就感觉身体不舒服，虽然在乡里看了医生，但病情一直在加重。

一周前，在外地当月嫂的我妹，考虑到家里要夏收了，就辞工回去。一进家门，她就看出了父亲的异样，二话没说，拉上父亲去了县医院。做完一系列检查，父亲初诊为肺炎，但因病情严重，又久拖未治，需要住院。看着我妹为父亲看病楼上楼下跑来跑去的瘦弱身影，回想起20年前为减轻父母负担她倔强地放弃学业的往事，又想到15年前为让我安心到报社上班，她断然否定我回老家教书的决定，我忽然觉得：对于父母来说，那个没有出息的孩子，或许更值得感谢。

3年前，刚过完春节，我哥便打来电话：他感觉父亲可能患上了大病。春节放假的一个多月里，我哥回到老家，守在父母身边，发现父亲身体有恙。他带父亲来到我生活的这座城市问诊，我们为父亲申请做了3次活检。报告最终显示：父亲直肠上的肿瘤属于癌前病变，尚未发展到癌症。

“幸亏来得及时。如果再拖一年半载，可能就癌变了。”来自省城的专家说。那场手术，父亲住院的一个多月，每天晚上，我哥都睡在医院走廊或病房过道。

他不愿让我替班，理由是：“你身子本来就弱，白天还要照顾孩子、写稿子。”

看着我哥沉默寡言行色匆匆的样子，想到他16岁就出去打工被人骗、被人欺的那些过往，又想到父母生病都是他第一时间察觉到异样，我不禁感慨：对于家庭来说，患病是一场爱的教育。

它以突如其来的态势，让分散各地的家人团聚在病榻前，抱团取暖，相互陪伴。这个过程中，对父母付出最多的，往往是那个陪在父母身边的孩子。

我原来所住的社区诊所不远处，有个因为跛脚一生未婚的大哥。大哥靠卖豆芽豆腐为生，家中有位生病瘫痪十多年的老娘。

每天早上4点钟，大哥就起来给老娘熬小米粥，蒸鸡蛋羹。

喂娘吃罢饭后，他才推着三轮车去赶早市。早市归来的上午和晚市出摊前的下午，大哥总爱用轮椅推着老娘在破旧的小院里晒太阳。怕老娘寂寞，他在轮椅上绑了收音机，里面常播放老娘爱听的豫剧。

聚在一起聊天时，邻居们也会拿跛脚大哥和居民点那家孩子最有出息的老夫妻对比：那对老夫妻的两个儿子大学毕业后，在不同的城市上班。他们偶尔也去儿子家小住，但更多的时间是待在自家三层小楼里。

后来，老太太突发脑出血离世，老先生独居。有次下楼时老先生摔伤了腿，站不起来，哭喊好久才被邻居发现。

这人世间，出息的孩子毕竟是少数，大部分孩子终其一生也不过平凡又卑微。但他只要心底温暖，善待父母，他就了不起，值得被尊敬。

我们的兄妹，不是我们的累赘，而是我们的后背。不管他是否有钱，是否显贵，我们都该放下世俗的评判对他真诚以待。因为，那个看似最没有“出息”的孩子，关键时候也能撑起一个家的时运和根脉。

我是为你好！不必了！

□火灵狐

在最怕听见的话里，“我是为你好”大概可以排进前三。

上中学时，有同学的父母感情出现危机，母亲郁郁寡欢，但她并没有因此做出任何让自己好起来的举动，而是掉过头来对女儿说：“我之所以忍受这一切都是为了你，所以你要听话，要好好学习。”同学因此非常不快乐，脸上罕见笑容，因为她被莫名的负疚感捆缚了，稍不留意就有一顶大帽子扣下来：“我为了你……可你却……”

走入社会，发现这样的人与事并未消匿，总有并不熟稔的人上前教你做人。我遇到过劝我尽快结婚生子的女性，苦口婆心地跟我讲一个女人如果没有老公和孩子将会多么凄惨。我没忍住露出“惊诧”的表情，这让对方感到十分委屈，立刻祭出“为你好”的大旗：“我跟你说这些不都是为了你好，不然我跟你不沾亲带故的，犯得着这么关心你吗？”

确实犯不着。所以为什么你要这么费劲为我好呢？不是说我冷漠、不领情，而是不欣赏这种强买强卖的好意。在“为你好”的背后，这些说话者的真实诉求其实是“我想要控制你”。

旁观过一对恋人的相处过程。

女生很崇拜男生，自比《恶作剧之吻》里的湘琴，认为男友是直树一般的男神。男生也将角色代入得淋漓尽致，动辄批评女生“笨”，削苹果是削成片还是块都要以男生的标准为标准。

女生稍有异议，就会被“我是为你好才说你”的理直气壮打压。

当然，这妹子丝毫不觉得自己被打压，直到被分手以后，她还在自责没有达到他的要求，辜负了他那么多的“为她好”。

不知道你怎么看待这样的相处方式，我是觉得挺不公平的。

再微小的个体也有选择成为什么样的人的权利，凭什么因为他们说了“为我好”，我就要改造我自己，去迎合他们心中对于“好”的想象——更不要提这些“为我好”只是他们自以为是地为我好，我实际并不需要，也不想要。

或许这些“我为你好”里有弥足珍贵的经验，但就算没有听取、栽了跟头，那也是我的选择。

我能理解一腔好意不想被拒绝的心情，但要求别人百分之百接纳自己的意见，这已经超出了关心，成了一种强施于人的蛮横。

而“我是为你好”连拒绝的余地都不给对方留。与其说这是一种好意，倒不如说这更像是一种看不见刀刃却刀刀致命的威胁——我是为你好，你不接受就是辜负我，辜负我就是对不起我、伤害我，所以你还敢拒绝吗？

我时刻提醒自己不要成为这样的人。我是那种在日常生活中喜欢给人出主意的人，一旦收不住，就会流露出“朋友你听我说啊”的咄咄逼人。说起来这也算是另一种版本的“我是为你好”。

所以我一直提醒自己要注意人与人之间的边界感，不要总是跑到别人的舞台上争当女一号。

我也学会了直截了当地拒绝那些打着“为你好”的旗号企图改造你的人。以前有男生跟我说“听我的，从直男的角度我觉得你留长头发会更好看”，我听完后真的跑去照镜子思索了半天要不要听他的留长发。现在就很干脆了，一句“我喜欢短发”就结束对话，连“谢谢”都懒得客套。

不是漠不关心，也不是不讲人情，而是我觉得在一种成熟的关系模式下，我们应该相信彼此有足够的、为自己负责的能力。

所以不需要用“为你好”来要求别人按照自己的标准行事做人。

我知道前方有荆棘、有沼泽、有深渊，也知道会受伤、会迷路、会流血，但他们说为了我好，就要当我的向导甚至是踏脚石吗？

不，不必了。请他们走他们的路去吧，我的路我自己走，有多少风雨我自己扛。只有不欠任何人的路，走起来才够自在、坦荡。

我们都是从上一代人嫌弃的目光里昂起头的

□巴九灵

2018年11月3日，韩国仁川文鹤体育馆内，伴随着主持人和现场观众的尖叫，巨大的电子荧幕上几个游戏角色冲进敌方阵营推倒了水晶，以3：0的战绩干净利落地结束了战斗。2018年《英雄联盟》全球总决赛（S8）的冠军诞生了，而这支名为IG（电子竞技俱乐部）的队伍来自中国！

这是《英雄联盟》这款游戏自诞生以来，中国大陆战队首次站上全球总决赛，捷报也通过互联网传回了千里之外的故土。一时间，IG刷屏了，有趣的是，在微博、微信朋友圈，它呈现出了截然不同的样貌：60后：“这就是我们的90后、00后，玩物丧志……”

70后：“埃及？埃及怎么了？”

80后：“恭喜IG，恭喜IG。”

90后：“今天，汪峰在开演唱会……”

其实几天前，朋友圈也有一轮刷屏：金庸老先生离世。只不过，彼时是70后、80后的主场。

以“靠金庸吃饭”著称的80后自媒体人六神磊磊在当晚写的纪念文里，有这样一段话：“那时候，几乎所有的老师、家长都反对读你的书。在我楼上的（3）班，几个哥们因为读你的书被发现了，女班主任让他们写检讨，誓死和你一刀两断，然后还得用刀割破手指头，按血手印。当年挨了刀的卢同学，现在也成了老师。不知道而今的他会怎么对学生诉说和你的故事。那时候心里总憋着一股气，为你委屈，觉得全世界好像都不理解你，说你不好。”

说实话，当我看到这段话时，是有些小小的惊讶的，因为这是一段于我而言非常陌生的记忆。

在我成长的90年代，电视上已经开始播放各种版本的金庸小说改编的影视剧，社会舆论对金庸其人、其作品已经非常欢迎了，因此我并不知道，原来金庸小说还有这样一段被diss（不尊重）的经历。

我并不好奇，当年挨了刀的卢同学，会如何向他的学生描述金庸，让我感到好奇的是，现在长大成人的卢老师，会如何看待孩子们狂热于《英雄联盟》的电竞选手呢？

而那些曾经阻碍着六神磊磊们阅读金庸小说的老师们、“前辈”们，年轻时是否也曾偷偷摸摸地学唱过邓丽君的“靡靡之音”？

这就像是历史交错的环：每一代人，都有每一代人的偶像，而这些“偶像”以及偶像所带来的梦想，又往往并不为上一代人所理解或容忍，因为他们身上总是带着一些与上一辈人熟悉，甚至是由他们开创、引领、构建的主流文化体系所格格不入的特质。

这些IG少年有多么伟大吗？

我并不这么认为。他们真正的意义正在于“普通”。这个时代是一个“造星”或者说“个人价值可以得到最大实现”的时代，这也是00后一代所认可的人生观：只要你足够努力、足够拼搏，你可以自由选择你想做的工作、过你想要为之奋斗的生活，即便多么为世人所无法理解。

偶像，就是给人做梦的勇气和为了这个梦而不懈努力的动力。

金庸先生曾给了无数少年一个“侠之大者，为国为民”的江湖梦。

而这些IG少年，不也通过自己的努力，证明了自己是可以在国际舞台上为国争光的吗？有人评论IG夺冠的意义：为什么你会听到年轻人的欢呼？

因为这是他们不被理解的少年与现在，在此刻得到了正名。

金庸先生去世了，一个时代落幕了，而IG的夺冠，似乎又意味着另一个时代的悄然开启。这是一代人与一代人梦想的交叠。

我曾经盼望和她们一样发光

□孙晴悦

我上高中的时候，最爱读的一本书，叫作《离上帝最近》。

作者周铁君曾是新华社的驻外记者，在耶路撒冷常驻。那样战火纷飞的场景，一个女记者裹着头巾，采访阿拉法特的样子，在十几岁的我眼里，迷人极了。

那是我心中未来的样子。

当然还有一个名字，闾丘露薇。我看她那本《行走中的玫瑰》，现在看来也是制作略显粗糙，但是我记得我把这本书读了又读。看她作为唯一的女生进入战地，看她那些灰头土脸却熠熠生辉的照片。

我心里默默地想，这就是我想要的未来的样子。

所以我整个高中时代，都痴迷于这些记者手记，我其实不怎么看她们在电视上的报道。因为，两三分钟的新闻，十几秒的出镜，其实你并不能记得那些记者的模样。

那些直播时候肾上腺素飙升的时刻，还有那些她们独自在海外的日常生活，她们一个人在陌生的餐厅里吃饭，一个人在海边散步，一个人从陌生的酒店里醒来都恍惚自己到底在世界上的哪个城市。

那些很孤单却很贵的生活。

嗯，从那时开始，我就知道，其实孤单是很贵的。

那时候就知道，闾丘露薇离异，独自带着一个女儿生活。

周铁君自己一个人，去了耶路撒冷。

你看到这些现实，看到她们忙碌得吃不上一口饭的生活，但依然被那些她们描述下的异域风情，她们描述下独自闯荡看世界的勇气打动。

那个时候，我再次确定，即使道路艰险，即使有太多女生只要轻轻松松就好了的声音在耳边，我依然相信，她们的生活，就是我想要的未来。

所以你说，榜样的力量有多大？

后来，我去了巴西，真的成为一名驻外记者。

那是我第一次觉得，做梦真好。

有一天，十几岁时做的梦，一个个都实现了。生活居然真的能按照你十几岁时梦想的那样，让你一步步实现。

那些我在梦里想过一万遍的台词、出镜、报尾都变成了真的。我拿着CCTV（中央电视台）的台标，说了三年“央视记者，巴西圣保罗报道”。

很久以前，我看过一个说法。

和明星合影，根本就没有什么意义。因为，合影里，发光的是明星，你依然暗淡。而合完影，明星继续在他们自己的领域发光发热，你依然是那个普通且暗淡的小女生。什么都没有改变。

后来，我亲身体验着闾丘和周铁君书里写到的一切。她们说，出差太频繁了，常常早晨醒来都不记得自己是在哪个国家的哪个城市，后来有一次和费尔南多拍摄咖啡庄园系列片的时候，跑过好几个偏僻的城市和村庄，好几次恍惚不记得自己身在何方。

在某一天巴西夜总会大火的时候，我按照一模一样的步骤，完成了突发新闻的报道。我记得费尔南多问过我，他说，你们台还真是训练有素，你镇静自若，到现场后也是多渠道了解信息。

曾经我盼望能和她们一样发光。

而如今，我自己也在发光，也给无数像我曾经一样迷茫的小女孩希望，我想这就是我们不能放弃做梦的原因吧。

这就是这个世界的美妙之处。

总有人正在过着我们梦想中的生活，也总有人正在朝这样的生活努力着。

怎样的高中生才能考上顶级名校

□黄昉苨

每一年，《纽约时报》选登的当年高中毕业生大学申请作文，能为好奇的人打开一扇窗口，一窥那些“天之骄子”可能拥有的种种品质。

比如，2018年秋天入读耶鲁大学的杰弗里·C.余，在大学申请作文里写到了他的父亲：一个在20世纪60年代成长起来、把上大学的机会让给姐妹的中国人。

然而他从父亲身上学到了许多：父亲能从无到有建立起一座温室，能用厕纸造一尊石膏像，能细致、贴心地照料子女的生活，会在厨房里和儿子一块儿饲养小鸡小鸭，与他分享在乡村的成长经历……小余的父亲没有正式工作，一天大部分时间都花在照顾家人身上。

还有考上哈佛大学的艾瑞克·恩古吉·穆松杜，他同样在申请作文中提到了自己的家庭与文化背景：在内罗毕的泥巴砖墙老屋里，祖母揉着面，准备着最典型的肯尼亚大餐，薄煎饼、甜面包；表弟表妹们在泥地上赤着脚踢足球，好奇着他嘴里闪闪发亮的牙套……“这里的生活与我在美国的生活有着极大的不同，贫穷的苦难与闪烁的繁荣似乎永远不会相容。但这就是我所继承的两个世界。而我在任何一个世界中的存在也离不开另外一个世界。”

第一次读这些高校入学申请作文，我就感到分外温暖——却说不出来是为什么。不都是普通的生活吗？也许每个人把自己的生活抖搂抖搂，都能整理出那样一种人生的闪光时刻。我甚至很聪明地想到，他们能申请到这些学校的关键，恐怕根本不是这文书中提到的事情，而是优异的高中成绩、丰富的义工经历、惊人的SAT（美国大学入学考试）分数等。

但再想一下，被触动的原因，恐怕就是考大学时候的我，根本注意不到生活里有这样的瞬间。

哈佛的学生，各种背景都有，有精英，也有特别穷的人家出来的。

来自纽约的卡洛琳·贝特的申请作文，可能是最符合我原先对“考大学”认知的一篇了。

她写了自己做义工帮人报税的经历。这是一项专业的工作，她在16岁就通过国税局考试，获得了资格证，而该区域第二年轻的报税员当时也37岁了。但要完成工作，需要的不仅是专业技能，还有倾听和沟通的耐心。

于是这位在2018年秋季入读耶鲁大学的学生见识了在社会边缘沉浮的人们，如何被税收影响了生活：她看到有人牙疼了几个月都不愿去看医生，看到有人从税收的抵免中省出钱来照看残疾的祖母，看到收入在低保线以下的老人坚持要上缴学区税……每个人都在入学申请作文中提到了他们的成长。卡洛琳发现，自己的工作改变了每个客户与这一体制的沟通方式。

但是，并不是每一个学生都需要有她这样卓尔不群的经历，其他人的入学作文所叙述的只是日常和能够提炼日常的、敏锐鲜活的心灵。

来自得克萨斯州的琳·皮纳帮奶奶缝着百纳被，她想起习惯偷盗的父亲，想起因为父亲坐牢而分外艰难的家计，想起奶奶如何一路护着她任性成长，那缝缝补补的被子，就像是“描绘了我们曾经面临并克服诸多障碍后所展示的韧性”。

华裔学生小余从父亲的陪伴中发现，“我的爸爸是做什么的？”并不是一个难以回答的问题。父亲虽然没有工作，但他言传身教给子女的，是乐观、热情、创造力这些品质和不必非要按照既有套路去生活、去衡量成功的态度。

“天之骄子”的生活，也还是每一个普通人都有的生活。

谁又能不为这样的青春动容呢？

活下去的方式有很多种，有一种叫爱

□韩松落

人的生命很短暂，所以，从古至今，人们都想尽一切办法活得久一点，寻仙问道，炼丹练气，生儿育女，都是延长生命的办法。现在，科技进步了，人们又开始设想新方法，记忆上传，机械身体。

但还有一种办法，是在别人的记忆里、生命里活下去。山内樱良尽管只有十七岁，却已经懂得了这个道理。她想在爱人的心中活下去。

《我想吃掉你的胰脏》就是这样一个故事。起初，我以为它是一个恐怖故事，后来发现是言情（不是爱情的那个情）故事，以为是生死恋（也不是恋爱的那个恋），后来发现，这是一个和“活下去”有关的故事。

樱花开落，春来春去，男子女子的感情进阶都是假象，它是一个活下去的故事。

志贺春树是个很不阳光的年轻人，在图书馆做管理员，喜欢没有变化的生活，也不喜欢人际关系，没有朋友，没有爱人，独来独往，从不打量女孩子，在车站等车的时候，就默默地读书，因为，在他看来，“比起跟现实中的人相处，我觉得还是小说更吸引我”。

山内樱良是个活泼的女孩子，只有十七岁，却患上了胰脏疾病，生命的终点就在不远处。

志贺春树在医院捡到了山内樱良的日记，日记名叫《与病共存》，两个人就这样认识。故事一开始，志贺春树就知道山内樱良得了绝症。

故事的结局不难想到，甚至中间的相处也不难想到，无非是一点点从陌生变得熟悉，从冷漠变得热情，夹杂着小小的误会，小小的争执，和早来的或者迟来的表白。

但《我想吃掉你的胰脏》就在这一点一点的情感进阶里，讨论了生命的热情何在这样宏大的问题。

疾病会催人早熟，何况是绝症。山内樱良生来乐观热情，活泼得像是身体里有个永动机，但她想到的事，想清楚的事，是志贺春树想不到的。

在她的范围里，她已经想清楚了，生命的意义是什么，生命的意义，就在和他人的关系里，在牵手，在并肩行走，在爱里，就像她在故事里说的：“如果只有一个人，是感受不到自己的存在的，我们和别人的关系就是我们存在的证明。我的灵魂之所以存在，是因为有你的保护，我的身体之所以存在，也是因为有你的碰触。”

所以她希望和周围的人发生积极的联系，看到恶少欺负老奶奶，志贺春树说“我们绕过去吧”，她上去见义勇为；看到志贺春树在沉默中消磨自己的生命，她用另一种方式去见义勇为，去参与他的生命，在他的生命里筑造一座大厦，也把自己的灵魂筑造进去。

志贺春树觉得自己不好玩，没意思，“我对别人不感兴趣，别人肯定也对我不感兴趣”，觉得跟别人打交道是“对谁都没有好处的事情”，他才不会做呢。

山内樱良目光炯炯地看着他：“那这个评价是你得出的还是从别人嘴里问出来的呢？我是不会请对别人不感兴趣的人陪着我的。”

和她比起来，志贺春树更像个濒死之人，山内樱良告诫他，不要把自己的病告诉别人，他说“我不会说，我就是想说也没有人可以说”，和山内樱良在外面吃饭，有漂亮女孩子走过去，他根本看都不看，她敏锐地觉察到这一点，并且当作一个很重要的问题提了出来。

女孩子不是女孩子，正如樱花不是樱花，春天不只是春天，女孩子是生命的热情所在。

但这样的性格，也有这样性格的好处。所以他也会坦然而漠然地问她，你得的是绝症吧？并且不把她当病人看待，不像别人那样小心翼翼，直言不讳地说“你的灵魂实在是太闹腾、太烦人了”，建议她出去旅行，“最后想想死在哪里”，并且时不时问她：“你真的会死吗？”

“我真的会死啊！”

这样的他和这样的她，才会有化学反应。他就像灰色、浅蓝色，可以衬托一切颜色；他需要被人拖着走，走和不走对他来说是没有区别的事，所以是最合适的旅伴和朋友；他淡漠、漠然、内向，所以才可以容得下她的泼辣、灿烂、动荡。

他就像生命本身，大地本身，不动声色，收回一切，不觉得有什么了不起，她才可以毫无保留，和盘托出，勇敢地在他面前表达自己，也勇敢地渗透到他的生活里。这种际遇非常难得。

所以山内樱良说："我这个人的魅力，都是由身边的人激发出来的。"他在医院里表白了自己之后，她也才意识到自己作为一个独特的个体所具有的魅力。所以，她也说"只有你还能让我在认清真相的同时还感到平凡的幸福吧"，"我只是想感受你活着在我面前的真实，和触手可及的寻常"。

表面上看起来，是她改变了他，渗透进他的生命。他开始对别人感兴趣了，意识到自己的生活毫无变化，开始等着她的再度出现，听到她住院延期两周的消息之后，感到非常焦心，在山上看烟花的夜晚，也终于说出："你得了这么大的病，我好担心啊！"

他也知道自己被改变了："原本以为对什么都不在意的我，竟然在不知不觉中被她改变了，按她的话说，这也是我自己的选择吧。""其实我很想成为你这样的人，能够认可别人，也被别人认可，能够爱上别人也被别人爱。我第一次知道活着可以碰到这么让人开心的事情。"

他被唤醒了，不再懵懵懂懂，对爱和痛苦全都一视同仁，一把抹平，他开始意识到生命中的热情在哪里，该怎么捕捉它们，真正成了"春天的树"。

实际上，她也被改变了。她终于感受到了平静而真实的幸福，在拖着他走的过程里，重新看到了樱花、烟花，春日咖啡馆里咖啡的味道。

她从此就在他的生命里活下去了，他的改变，就是她存在的证明，他的心里感受到欣悦或者痛苦，都是她在幕后指使，他感受到生命的灿烂和容易凋零，樱花和春天的树的短暂和不断重生，都是她在指点。她就算死了，也能在他的记忆和他生命的方式里活下去。

她说："樱花可是会等待绽放的时机的花哦。"也是这个意思，樱花不会真正凋谢，只要看过樱花的人活着，每到春天期待一点粉红和白，一点幻觉似的香气，樱花就不会凋谢。

这就是"我想吃掉你的胰脏"的由来。

人和人之间，相处过，有过共同的记忆，感染过对方的生活习惯，学习了彼此的观点，就等于把对方吃下去了，被吃下去的人，从此也就活下去了。哪怕他在生物上在物理上，是死去了，但在精神的心灵的维度，他依然活着。

山内樱良喜欢的《小王子》，其实也是这样一个故事。

小王子，玫瑰花，狐狸，都是因此得到了永生。

这就是这个故事最动人的地方，是"生死恋"类别的故事已经有过成千上万，所有的绝症，所有的死亡方式都已经被充分利用的情况下，这个故事依然让我们觉得与众不同，并且热泪盈眶的原因。

所以，这个故事引起无数人期待，被改编成各种版本。它讲了一个和死有关的故事，却在说生，它在无可挽回的死亡里，给出了活下去的方式——爱。

在爱人的记忆里、习惯里，活下去，活成他生命的一部分，我们就不怕死去。不怕丢失，不怕失去，不怕进入黑夜的漫长旅程。

所有的知识，都不会白学

□罗振宇

有一次上课，一位人类学女老师给同学看她的指甲，问好看吧？大家说好看。然后，女老师拿出一把指甲刀，把指甲剪下来，然后又给同学们看。大家就觉得这样做挺恶心的。

老师说，指甲长在我手上，你们觉得好看，剪下来你们就觉得恶心。这说明了什么道理？

说明我们对一个东西的评价，并不完全是由这个东西本身决定的，而是和它的背景条件有关。我们研究人类学，就要学会理解同样的东西在不同的文化中意味着什么。

你看，经常有人会说，我大学学的课程后来工作都用不上，所以白学了。其实不然，所有的学科，都有它的底层逻辑。连人类学这种冷门学科，都会赋予你看待世界的不同方式。

天下没有白学的知识，只有我们没学会的底层逻辑。

最终，我们都成了父母的客人

□南在南方

林语堂先生在一篇文章里说：“所罗门王，他是智慧的象征，但对他的儿子却一筹莫展。”

此语甚妙，其实不管是否有智慧，父亲面对儿子，或儿子面对父亲，都有一筹莫展的时候。

有一部纪录片叫《迁徙的鸟》，和鸟一样，人的迁徙也总是有理由的，很多人因有跳出农门的机会而欢天喜地，就像一篇流传很广的文章说，我奋斗了十八年才和你坐在一起喝咖啡。

咖啡是个表象，香美，但有苦涩的底子。然后，继续奋斗，成家立业。蓦然之间，人到中年，而老家在远处，父母在远处，孤寂如井，让父母来城里，他们为此做了准备，就像他们买房时，总会选个三居室的。

我是他们中间的一个，我们村儿许多年轻人都在城里，每走一个，父母都开心，虽然他们都知道省吃俭用把孩子养成了一个客人，但能到城里，无疑都是挺争脸面的事情。他们觉得没什么问题，觉得离老还远着，其实，就一转眼的事儿。在这一转眼中间，常常父母“被迫”分开，就像陈家。

陈家有三个儿子，个个考了大学，传为美谈，这叫什么？这就叫三子登科！老大在上海，老二在成都，老小在西安。老大有孩子时，叹息上海保姆难找，并且不放心，于是，陈妈自告奋勇去上海，三年之后，转战成都，四年之后，转战西安。陈家三个儿子自然要接父亲同去，可是陈爸不能去，地荒着那是大不敬的，况且他还要在家里撑门户，亲邻的红白喜事如果不亲往，那同样是大不敬的，乡村有古风，礼尚往来嘛，他说：“回头，我跟你妈百年之后得人帮着埋呀！”

陈妈去城里之后，除了过年团聚，陈爸独自生活了十年，做一顿饭管一天，原本开朗的一个人，渐渐沉默下来，家里的电话每天都会响，但孤单是有重量的，他忍啊忍，最终落下两行老泪。

可是儿子那么忙，这也是一个奢望。我写过一篇《天下的父母都要睡一起》，那是微不足道的一声喊叫，四岁小孩分床时跟妈妈哭说，为什么我这么小要一个人睡，你和爸爸那么大却要睡在一起？妈妈说，爸爸妈妈都要睡在一起呀！小孩说，那为什么奶奶和爷爷不睡在一起？

那篇文章结尾写道，世间的路太多了，只要有一条回家的路就好了。这是一个愿景。

后来，我们倒是没有分开父母，接他们一同来城里，他们只住了几个月，无论如何不肯住，父亲说城里好得很，可对他来说，就像把一头牛关在圈里。我们想了很多办法想改变他的想法，失败了，这让我们为难，甚至觉得他有些自私，但最终我们还是决定放养父亲母亲。尽管老家缺医少药，尽管我们都不在身边，可是老房、老碗、老板凳，都是他们熟悉的，甚至那一只老猫如同兄弟，于他们也是陪伴。就这样，一心挂在两头，草木皆兵，但没有解决的办法，很多次，我想过回老家，明明知道不现实，但忍不住要想……我们奔赴理想的路上，不知不觉遗弃了父母，父母像是站在路边的孩子，他们等不到自己的孩子回故乡，他们是沉默的大多数。

与朋友通信说，人到中年，百感交集。诸事接连，身在网中央，唯简单可解耳。话虽这样说，事情还是繁复，还在困局之中，保持通话，保持交流，不闭嘴。

上有老，下有小，孟子说过，老吾老以及人之老，幼吾幼以及人之幼。他提倡兼爱，于我，努力地抵达老者的心境，也努力地接近少者的心情，像一个流动哨。

鳄鱼的左眼

□高 源

和室友一起逛街，我发现她特别喜欢不寻常的东西。比如口红，好端端的橘色、红色的她不要，偏偏去试蓝色、紫色的，涂到嘴上看起来还以为她中了毒。比如衣服，对称的、纯色的，她看都不看一眼，倒是一只袖子长一只袖子短、花里胡哨的“奇装异服”，能吸引她驻足。虽然我也不喜欢流于平凡，讨厌人云亦云，但也不至于到这种程度。

事实上，她选择那些风格怪异的事物倒不一定是因为真心喜爱，而是觉得好玩、刺激、与众不同。搞怪是一种幽默和超越，她乐此不疲。

一天，她居然把微信头像换成了恶搞的“谢广坤表情包”。她刚换上，她妈妈就打电话勒令她把头像换回去。迫于母威，她只好听从。受她诱惑，我也心里痒痒的，把微信头像换成了一张搞笑图片。果然，我妈妈也看不下去，旁敲侧击地说我之前的微信头像更好。

“可能是因为我以前太乖了，现在才老想做些出格的事。”室友说。

我也是如此。我一直是老师和家长眼中标准的好学生，听话、踏实、成绩优异，按部就班地长大，既没进过网吧，也没早恋，更没离家出走过，连漏交一次作业都没有过。

上了大学，我偶尔会没来由地冒出一些冲动的念头，起初还觉得奇怪，后来就习惯了。我终于意识到，自己长这么大好像从未叛逆过。人家的青春期多么精彩、刺激，而我几乎没有可作为谈资的“劣迹”。

所以，我忍不住做出一些小小的“疯狂”之举，比如，来一场说走就走的旅行，独自去陌生的城市玩了半个月；心情抑郁的时候一口气吃4个冰激凌，在暴雨中淋个痛快；本科毕业时故意没参加班级毕业合影，在夜晚的大街上大声唱歌……更多的，是想了想但未付诸行动的事——把头发剪成板寸，跳进未名湖游一次泳，玩一次蹦极……

有人说，青春期叛逆是因为在童年时期没有得到应有的尊重与爱，或是受到过伤害，所以，到了有力量反抗的时候，就会用叛逆的方式来表达自己的不满。这话有些道理，但我觉得，更重要的原因是禁忌的魔力。

越是不被鼓励甚至被禁止的事，越有一种神秘的吸引力与诱惑力。在大人的严密监管下，我平平安安地长大了，可那些“禁区”里的事物并未就此消失，反而克制得越久，我对它们的好奇就越强烈。

看过这样一个传说：一个国王要出征打仗，请巫师来占卜战争的结果。巫师说这很简单，但为了保证占卜准确，国王必须做到一点——占卜的时候千万别想鳄鱼的左眼。想天空，想大地，想占卜时燃烧的火和升腾的烟……想什么都可以，只要别想鳄鱼的左眼。这听起来很简单，不是吗？可国王无论如何都控制不住，在占卜时还是想了鳄鱼的左眼。

如果巫师不对国王设定禁忌，国王自然不会碰巧精准地想起鳄鱼的左眼这么奇怪的东西。同理，一件事物，越是被禁止，就越会引起人的好奇。当有人不让我们想某样东西时，我们反而会想打破禁忌，一直想它。

我们不能不去想鳄鱼的左眼，就像我们抑制不住地想要叛逆。

假如我能弥合一个破碎的心灵

□［美］艾米莉·狄金森

假如我
能弥合一个破碎的心灵，
我就没有虚度此生；
假如我
能使一个饱受折磨的人的痛苦得到减轻，
或者帮助一只小鸟，一只垂危的知更，
重新回到它的鸟巢，去见它的双亲，
我就没有虚度此生。

“仪式感”这碗新鸡汤

□李少威

这两年，人们突然爱上了“仪式感”这个词。“生活要有仪式感”，吃饭，出行，购物，过生日，样样如此。

仪式本来是个重要的东西，对应着一种“认真完成了”的心理需要。

人的生活中，有一类完成本是法定的，比如婚丧嫁娶，办过手续就是确认，但人们仍会举办并不强制要求的仪式。另一类完成与法定无关，过节，过生日，奠基、完工、开业，办个仪式都是人的自愿。

无论哪一类，仪式的根本意义在于昭告。昭告于人，昭告于天。因此，仪式其实是一种连通纽带，人和自然连通，和他人连通。

和自然的连通，是起源于无知，自然规律未被认识时，我们把自然理解为一种人格，一个神秘的主体。人有一种被统治感、被支配感，所以我们需要对那个无形的统治者表示臣服和敬畏。

和人的连通，则是由生存需要决定的。从原始时代的小型共同体，到农业时代的国家，人们都必须借助合作才能生存。原始时代的合作是为了应对食物不足问题，以及共同防御外在的威胁；农业国家时代的合作则是出于建造农业公共设施的需要。

也就是说，仪式是一种为了生存、合作、被统治而设计的行为形式，是一种文化意义上的“通知”。它包含两个要素，源于事情的重要性，目的是共同确认。

但现在，“仪式感”所指向的，几乎是所有不重要的事情，目的也不是共同确认，而是自我确认。工业化社会生存不成问题，合作非常隐形，人也不再有被自然所统治的压力，在强大的技术条件下“通知”快捷而直接，那么在逻辑上，人们对仪式的需要将越来越少。然而事情的发展却违背了逻辑，人们不但更加重视仪式，还把仪式降维，应用在一切平庸的地方。这是为什么？

其实，今天所谓“仪式感”，就是个体存在感换了一个说法。“仪式感”，事实上是反仪式的。

现在，“仪式感”所指向的，几乎是所有不重要的事情，目的也不是共同确认，而是自我确认。

在个体化的社会里，人与人之间有真实情境的接触大幅减少，如果必要，除了家庭成员之间的接触，今天几乎可以做到完全消灭所有接触，而生产和消费都不会受影响。我们日常参与的社会互动的确在急剧减少，人越是趋向于独处，生活就越缺少变化，记忆就越缺乏附着之物，个体独特性就越难以体现，表现在日常生活中，就是感觉日子没有任何变化，个人存在缺少价值也缺少意义，体验不到自身的重要性。

于是人们开始寻求形式的支持，把变化、价值、意义和自身的重要性，折现为形式，就像资本时代人们把人和财富的价值全部标记为货币一样。“仪式感”，成为个体存在感的面值。

人类本来没有仪式这种说法，在中国古代叫礼和仪，“仪式”一词是1908年法国人类学家范热内普首先使用的。在中国，“仪式感”由谁首先使用无可稽考，但可以肯定的是，表面上由各种媒体渲染，但其流行归根到底是由商业力量推动的，商业善于把人的一切心理需要都动员到消费领域去实现。

我们可以联想起“小资情调”“诗与远方”……它们出现以后，商业就高超地把消费主义以一种“反消费主义”的外衣包裹起来，用以推动消费主义。实现这种高超嫁接的机制，是先把这些名词无限鸡汤化。

越思考越聪明

□黄小平

跑步运动员比常人的腿部肌肉发达，是因为跑步运动员比常人跑得多，用腿用得多，所以跑步运动员腿部肌肉也就比常人发达。

一个人长期处在黑暗环境中，视觉功能会退化；一个人长期处在无声状态中，听觉功能会退化。眼睛的功能是用来看的，耳朵的功能是用来听的，如果长期不看、不听，视听功能自然也就退化。

头脑的功能，是用来思考的，所以一个人越思考也就越聪明。

别逼自己刻意合群

□董建华

有一年，我接手了一个高三毕业班，在查阅学生档案时，发现以前的每位班主任对小王的评语都有这么一句：学习刻苦，性格孤僻，不合群……

一次学校举行篮球赛，我们班的队员每投进一个球，其他同学都疯狂地鼓掌、尖叫，小王却尴尬地站在篮球场边上，动作笨拙地随其他同学鼓掌，但表情麻木、两眼呆滞，样子别扭又难受。

我走到他身旁，拍了拍他的肩膀，他扭过头来，在我面前咧着嘴似笑非笑地笑了一下。我问他："今天的课堂上，我讲的最后一道导数题，你听懂了没有？"

他突然容光焕发，好像找到了共同语言，在我面前滔滔不绝地说："老师，这道题您讲得太复杂了，其实还有更简单的解法……"

其实，我过去和他打招呼的目的并不是想和他探讨这道题，只是看到他站在那里过于拘谨，想过去和他说说话，没想到却触动了他解题的灵感。等他讲完，我说："头一次听说这道题还能这么解，你让我另眼相看！"

他好像意犹未尽，接着对我说："老师，你讲的第二道例题也有一种更简洁的解法……"听他一一点评，我开始对自己的教学产生怀疑，我就职的学校是一所二类高中，学生大都怕数学，文科生更是对数学充满畏惧之情，学生在课堂上能听懂已经很不错了，敢质疑老师教学的学生我还是头一次遇见！

等他讲完，我说："你对打篮球也有兴趣？"

他难为情地回答："看篮球赛对我而言，简直是活受罪，我不知道他们在篮球场上争来争去有何意义。"

"既然没兴趣，那你来干什么？"我惊讶地问。

"家长、老师、同学总说我不合群，不来不会显得不合群吗？"他无可奈何地回答。

"不要为难自己，不喜欢看篮球赛就不要来，多干自己想干的事！"我推了他一下，他如同得到特赦令，飞也似的逃离了操场。

篮球赛结束后，我回到办公室，仔细查看小王的成绩："数学全年级第一，地理全年级第一，语文全年级第六，英语是班级倒数，总成绩排在班级第二名。"

他的成绩符合我们这所高中优秀学生的共有特征：严重偏科！

我盯着小王的成绩分析时，一位老师从我的办公桌旁路过，扭过头来对我说："在关心小王呢？这孩子严重偏科，性格怪异，自以为是，不合群，总喜欢独来独往。"

通过对小王的观察和了解，我认为小王并不是那种性格怪异、难以交往的学生。他的不合群，不是性格造成的。

一次课间，我走进教室，其他同学都到食堂吃饭去了，教室里显得空荡荡的，唯独小王盯着一本学习资料，嘴里咬着笔，神情专注，自得其乐。

他抬头看到我，嘴角动了动，欲言又止。我笑着问："怎么不去吃饭？"

"这道题真有趣！"他正在研究一道数列题，以前的旧版教材中，曾将这道题作为一个定理，教材修改后，将它调整成了一道习题，没想到小王将数字换成了字母，竟然找到了解答这类题的一般规律。

我看了看他的解题过程，不由得惊叹道："你有数学的天赋呢！"

他咧着嘴回答："待在教室里时间长了，同学们嘲笑我是书呆子，老师和家长说我不合群，我都不知道该怎么办了。"

我问他："你最好的朋友是谁？"

"我在学校没有最好的朋友。上初中时我有几个好朋友，但他们都考进一中了！"他满脸困惑、无比遗憾地回答道。

"现阶段，你越想合群，成绩下降得越厉害，不合群才能帮助你提高成绩！"他可能是头一次听到老师说这样的话，面容竟然因为过度惊讶而有些扭曲。

“我们班上的学生大都数学成绩不好，你这样出类拔萃的学生，在班上找不到第二个，没有共同语言，谈何成为朋友？我们不能将同学推向自己的对立面成为敌人，但要做朋友，不能降低要求、刻意迎合、委屈自己，只要不是因为性格扭曲而不合群，正常的不合群，不是什么坏事。很多时候，我们为了让自己显得不那么孤僻，逼自己改变，融入群体中，最终可能会因为刻意合群而失去自我、辜负自己。

“如果明明是一只雄鹰，却走进了鸡窝，为了和这个群体打成一片，每天和它们一样在一亩三分地里转悠，忘记了当初的梦想是要展翅高飞、在云层里穿梭、到江河湖海遨游、去探索天涯海角的。

“有时候，你越想合群，就越容易迷失自己，逼着自己走向平庸。胡适说过，‘狮子和老虎永远是独来独往的，只有狐狸和狗才是成群结队的’。真正优秀的人，大都是不合群的，余生很长，违背自己的天性会很累，别活得那么拧巴！”

我的话让他如梦初醒，他情不自禁地、仿佛自言自语地说：“为了合群，我不知道浪费了多少时间！”

“我相信你的英语一定会赶上来的，因为你是一个特别有毅力的孩子，只是不良的心态，导致你学习起来缩手缩脚，前怕狼后怕虎，为了他人的眼光，被迫改变了自己！”我语气坚定地鼓励他。

这次谈话之后，小王有了自己的主见，中午其他同学昏昏欲睡，他兴致勃勃地研究数学，探索地理，学习语文；清晨，其他同学还在睡梦中，他已经轻手轻脚地起床了，独自在教室里聚精会神地大声朗读着英语单词。

那一年高考，他是我们班上唯一考上重点大学的学生。他上大三时，给我寄来一封信，信中说：“老师，我恋爱了！”

你最好招来嫉妒

□连　岳

一个人要想传播自己的观念，证明自己的价值，最重要的是活得好、活得久。观念的进化与物种的进化一样，拼生命力。不要退缩，不要淡泊名利、甘于清贫，要功成名就，要绚烂，“你有的，我也能够拥有”，这样你的观念就更有说服力，更有生命力。居无定所的一个无业游民，要让人听他的声音，相信他的价值，那是不可能的。

你要得到好东西，就必须去竞争，在这个过程中你的能力会得到增长。环境永远是局限的，对手永远是强大的，这又让你必须发挥出最大的潜能，会带来永无止境的进步。

生命力强的人，怎么可以忍受自己哭穷？怎么会去嫉妒富人？这就是认输，是衰弱者的本能反应，你已经认定自己永远富不了，所以乐见富人倒霉。更致命的是，你不仅认定自己没出息，还认定子孙也没出息。确实，孩子从小接受这种坏观念、坏情绪，长歪的可能性更大。

一味抱怨的衰弱者将一直存在，反市场、反开放、反商业、反金钱的观点总有很多的拥趸。你不能指望衰弱者消失、不烦你。不少人本来有机会、有能力过更好的日子，但是因为害怕周边的衰弱者，害怕被嫉妒，索性放弃自己——守住自己的领先地位，是劳心劳力、需要意志力的事，正如有位读者的留言：我穷也有好处，没被借钱的烦恼，没有被嫉妒者攻击的恐怖。

这种心态并不罕见，姑且称之为“害怕成功症”吧，你见过太多衰弱者，见识过他们的狂热性、非理性、攻击性，你害怕引起他们的注意，你害怕他们聚集在你身边，然后攻击你。

要战胜这种害怕。曾有个政治家临终前，对儿子说这样的遗言：你让我失望，因为我几乎没有看到嫉妒者对你的攻击。

我的朋友，不要害怕领先，你要活得好一点，最好好到招来嫉妒。

交换学校，交换人生

□贾晓静

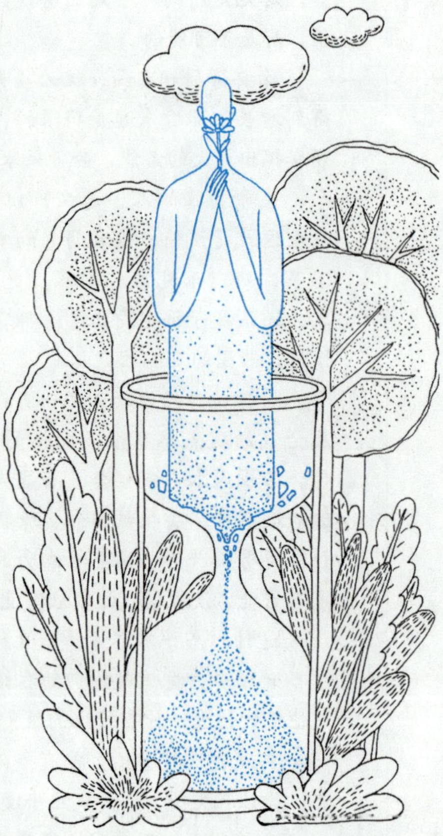

英国贵族与平民沿着两条不同的路径接受教育。“私立学校”向来是“昂贵”“精英”“优质”的代名词，全英国仅有7%的人口毕业于私立学校，而31%的英国国会议员曾接受过私校教育，而“公立学校”则显得有几分落寞——良莠不齐的学生素质、有限的教学资源，学费低廉，教育质量很难保证。

当私立名校的“学霸”和公立学校的“学生”交换身份，会对他们造成怎样的改变？英国广播公司（BBC）近日播出的纪录片《交换学校》试图通过为期一周的真人实验探寻答案。

就读于有着300年历史的英格兰名校威尔特郡沃明斯特中学的乔恩、桑德与凯蒂，是此次交换的主人公。除乔恩有在公立小学求学的经历外，其他两人从未接触过公立学校的同龄人，三人对即将就读的贝姆罗兹公立学校充满好奇。

走进教室的第一天，三位“学霸”就被新学校里复杂的情况搞昏了头。与桑德配对的公立学校小伙伴名叫布瑞特，是个捣蛋鬼。或许是为了逞威风，他在课堂上当着桑德的面痛骂了老师。

面对这样的意外状况，桑德有些手足无措。对他来说，行为规矩、举止礼貌是每个学生的本分。而布瑞特轻易打碎了这种规矩，并为自己狂放的行为冠上有些陌生的名头——“自由”。

对向来散漫的布瑞特来说，“自由”颇具吸引力，但它不能轻易打动桑德。尽管周围的同学吵嚷打闹，桑德还是选择遵守纪律，做好自己的事。他甚至在课后对布瑞特表示，希望布瑞特加入自己的行列——“和好学生在一起，你很快就会发现学习的乐趣”。

对乔恩来说，贝姆罗兹的学习生活显然过于轻松。“在沃明斯特，早上8点半到下午5点都要在校学习，课后还有不少家庭作业；可在这里，下午3点就放学了。我们有大把时间无所事事。”

过惯了私校忙碌生活的乔恩对这样的闲适感到惬意，但没过多久，对“荒废时间”的悔恨就开始让他坐立难安。

与两个男孩不同，凯蒂在公立学校的女伴纳斯让她看到了“不一样的人生”。2011年，纳斯的爸爸从叙利亚逃亡到英国，在长达7年的努力后，他把妻女接到了自己身边。纳斯能在安全的环境里读书，尽管这是再普通不过的公立学校，仍令她充满感恩。纳斯告诉凯蒂，未来自己想到牛津或剑桥这样的名校就读。这让凯蒂颇为触动。

为期一周的“放羊”生活让三个富家子女备受冲击，而对于公立学校的学生布瑞特、卡西姆与纳斯来说，在沃明斯特中学这所寄宿制中学，私立学校里的“上流生活”同样令他们吃惊——每年2.7万英镑的学费、齐备的教学设施，甚至那把自都铎王朝时代流传下来的椅子。更让他们难受的是，学生踏入校门的第一课，就是学习遵守各种规矩——从定时起床、熄灯，到穿衣打扮的标准，再到使用手机的场合……每一项琐碎的规定都让他们如坐针毡。

对布瑞特来说，私立学校里处处意味着束缚。渴望“自由”如他，也不敢在严肃的课堂上造次——在这里，学生稍有冒犯，就会被老师“请”出门去。

虽然纪律严明，但学校重视每个人的心理成长。校长定期与每个学生对话，倾听他们的意见并答疑解惑。对来自公立学校的三个孩子来说，这可是从未有过的“礼遇”。更让他们吃惊的是，沃明斯特的学生除了专注学习，还有多达42个兴趣小组。

在交换活动的尾声，向来无法无天的布瑞特显得有些惆怅。和桑德并肩靠在网球场边，他有些无奈地说：“我真的很想永远留在这个学校……”

《交换学校》开启了一个有争议性的话题。节目方没有打算制造对立，或强迫观众认定哪种教育形式“更好”，而是自然呈现学生对不同环境的感受，并为来自不同环境的人制造了交流空间。

英国《每日邮报》指出，《交换学校》是一部充满“意外”的纪录片：“观察者把镜头瞄准了不同背景的学生。事实上，纪录片呈现出了多样的教育模式，且各有可取之处……教育来自生活的方方面面，理解了这一点，人们可能对这个国家的教育更有信心。”

那只被打中的出头鸟

□Z 姑娘

前不久有个小姑娘打电话给我，说她作为高三学生，竟然被班主任罚了一个月值日。我说：“要是我觉得不合理的，再罚多少我都不做。”

她说：“他对谁都这样，别的班都有反抗班主任的，就我们班，怎么都没有那只出头的鸟？”

我哑笑，我从小到大都是那只出头的小鸟，并且觉得其实没什么不好，虽然第一次就被“枪”直接击中了。

那时候，我才小学三年级，弱小又无助，没有稍微拿得出手的特长，渴望被认可，却被周遭所有人否定。

其实，我不想得罪班主任。可是那天，她突然冲进教室，尴尬的故事发生了。

A是班上的混世小霸王，B是他的好友又像是小跟班。某天B被A打了一顿，气呼呼地找班主任告状。

而她作为班主任，匪夷所思地反问：“大家都知道A爱打人，B为什么非要和A玩？”

然后，她让全班同学异口同声地对B说“活该”！

我的天，我连眼皮都懒得抬，低头假装写写画画。于是下一秒我就被点名了，班主任在全班同学面前说只有我没开口，让B以后都和我玩。我白了她一眼，继续埋头。

当时我想，是老师说错了，我不反驳她，只是不去做那件违背我底线的事，不去伤害别人，有什么问题呢？

你看，出头的鸟也好，被打中也好，充其量是老师更疏离了我一点，可我离自己更近了一些。

我没有被打掉毛，相反拾捡到了像阳光般美好温暖的情绪。

再长大点的那次出头有点惨，但可能是我油盐不进、百毒不侵，自己并没什么感觉。

那是初中，正逢运动会，班主任在吆喝了无数次女子400米、800米长跑都无人问津后，自己挥一挥笔，替许多人报了名。

没等到下课就有人通知我：“你被报名跑400米了！”

我回忆了一下上一年跑400米的女生的狼狈，当即跳起来把班主任堵在门口。开玩笑，400米是四个人一起比，全程加速，跟导弹似的。去年有个女生拼尽全力跑了个最后一名，下场之后还心慌了半天。

我一没爆发力，二没耐力，可似乎全世界的班主任都会事不关己地安慰同学：“没事儿，重在参与。”

我压住心里的火焰山，“我真跑不好。”

“没事儿，老师相信你！”我只得笑笑，转身走了。

换作现在，我或许会直接拒绝，但当时的我格外有礼貌，给班主任发了一条长长的短信，大意是我是不会跑的，她可以再找别人，不影响班级荣誉，不然到时我弃权，班里一分都没有。

我不明白她为什么发了那么大火，早自习大家忙着收作业，她把我叫到讲台上，嚷嚷得全班都目瞪口呆。

最后班主任把400米的任务交给了班长。班长笑着接受，但背地里的无奈表情，让我觉得自己挺对不起她的。

这件事还有后续，似乎随着年龄增长，大家对运动会越来越意兴寥寥，而班主任也再没擅自把我的名字写上去。

到了高中，我再出头时倒没被打，猎人说：“这只鸟毛没长好，我就放过它吧。”

这几年一直在循环一件事：老师说我沉默内敛不爱说话，听到这句话的好友一阵坏笑。

高二以后，我是班上唯一不用背历史也不会被罚站的人，但我的历史成绩一直说得过去。

我喜欢写，不喜欢背，我连自己写的诗歌都记不住，又怎么可能一字不差地背下一整本历史书加几大页笔记？更何况，我第一次真的是认真背了的，可当站在那名内蒙古来的女老师面前时，谈不上多温婉，但也算临着江南的我，似乎连呼吸都止住了。

她的眼神里住着一头牛，在狂野的风中疯跑长大的那种。

之后再让我们挨排背书，我索性直接站在位子上，心想背不出来还会被吼，浪费精力干什么？我很会自娱自乐，趴窗台上写完作业就望窗外明晃晃的月光。正看得沉醉，面前出现偌大的阴影："你怎么连试都不试？"

"我不会给别人背书。"我抗压能力特别差，惧怕一切带着审核意味的压力。

"你坐下吧。"

之后，她甚至有点照顾我。班里同学都羡慕我，毕竟每次班里检查背书，总有人想着投机取巧，教室里也总怨声载道。而老师会对我说："我不检查你。"一瞬间，大家都像得了失语症……

只是后来，听科代表说历史老师说我有自闭症……

许多人说，老师要求的学习方式跟自己适合的方式正相反，两边一起精力又不够。那就提出来或者躲开它，去做自己的事。陪你最长久的，永远是你自己。

我是个急性子，从来不会等别人去做那只出头的鸟，并且又不是说，打了一只，枪就再也不会对准你了。

我也不是不愿停留于一棵树，只是想飞的时候不让飞，想落脚时也未必有地方可以停下，什么时候才能让自己灿烂一点？

对了，还有那部惊艳了许多人的美国电影《伯德小姐》，女主为自己起名叫"Bird（鸟）"。

妙趣横生的冷知识

□佚　名

孤独之道不孤独

岁末年终，佳节连至，感觉举世皆热闹而我独形影相吊？发表于《国际老年精神病学》杂志上的一项研究结果或许能提供某种安慰：针对340名美国加州圣迭戈居民的调查显示，76%的人认为自己属于中到重度孤独，而处于即将而立、五十出头和年近九旬这三个人生阶段时，人的孤独感最高。事实上，研究者指出，在整个成年阶段，孤独感都会偶尔汹涌来袭，但也会随时间流逝和环境因素变化而退去，其来去和强烈程度与性别无关，而且并不因为年龄增长而必然加重。对孤独终老的恐惧想象，绝大多数情况下都过甚其辞。

施比受有福

在一项针对96名大学生的实验中，芝加哥大学和西北大学的两名心理学研究者发现，当把一笔偶然得到的小钱花在自己身上时，带来的幸福感很快就会随时间消逝，而花在其他人身上，哪怕是素不相识的陌生人，由此而生的幸福和满足感却可以长久留存。

快快长大

对1915到2006年间出生的1292名儿童的左手腕X光照片进行分析后，美国密苏里大学医学院的研究小组发现，青少年成熟的时间呈不断提前趋势。与20世纪30年代出生的孩子相比，今天的女孩和男孩分别提前近10个月和7个月跨入标志成人的骨骼融合期。

多么痛的醉

发表于《欧洲神经学杂志》上的一项最新研究调查了2197名偏头痛患者后发现，其中35.6%的人是因酒精饮料引发的症状。此外，还有25%的患者表示曾因酒后剧烈头痛而彻底戒酒。虽然红酒被认为是最易触发头痛的酒类，但事实上仅有8.8%的头痛直接由其导致。

暴食之源

耶鲁大学医学院的研究小组在《国际进食障碍杂志》上指出，成年时的暴饮暴食很可能与幼年无法定期获得营养均衡的一日三餐有关。研究者是在跟踪调查了1250名美国成年人12个月后得出的这一结论。导致阶段性暴食的失控感常可追溯至童年的不安全感。

名字有内涵

□闫 晗

常听人吐槽现在孩子的名字雷同，叫子涵、梓轩的到处都是，和从前的大伟、翠花没什么区别。语言就像纸币，流通一阵子就变脏了，再美好的字眼也经不住大规模重复，如同网络流行语一样容易让人审美疲劳。

从前的大学问家名字都意境开阔、有内涵，多少年过去依然掷地有声。比如梁漱溟、钱玄同、严济慈……梁漱溟倡导宽和恕，给儿子取名培宽、培恕。钱玄同本来给儿子取名秉穹，同学则给他起名“三强”——排行老三，喜欢运动，身体强，还可以解释为立志争取德、智、体都进步。钱玄同听说之后，觉得这名字不错，居然认可了。万万没想到，著名核物理学家的名字竟然是从同学起的外号而来，大俗中透着大雅。

金庸小说的人物名字很有味道：任我行、东方不败、左冷禅、岳不群，在普通的字眼里见出气势，王语嫣、木婉清、周芷若则带着《诗经》《楚辞》里的温柔绮丽。但是，给那么多人物起名字也不是容易的事，有时候他就会用熟人现成的名字，表哥徐志摩的笔名“云中鹤”被安在了四大恶人之一的采花贼身上，这个操作惹人遐思。徐志摩在《爱眉小札》中，对陆小曼的称呼为“龙龙”“我最甜的龙儿”，《神雕侠侣》里杨过就管小龙女叫“龙儿”，不知道是不是也受了表哥情话的启发。

汉代皇室取的名字看上去有点奇怪，汉武帝出生时被取名刘彘，大约因为婴儿夭折率很高，取个贱名好养活，被立为太子之后又改成刘彻。长公主叫刘嫖，一查才知道，这个字读一声的时候，有勇健轻捷的意思。

名字往往被寄予很多的愿望和含义，纪录片《人间世》里有一集，得了癌症的妈妈决定到派出所给女儿改名，因为原本谐音嵌入她姓氏的“思妍”在她生病的情况下显得不够吉利，还是希望自己能治好，不想让亲人空留思念。

也有人相信姓名跟运势相。有人讲究五行，比如“闰土”。有的明星为了图吉利，过一阵子名字就变了，让人认不出，期望换个名字能更红。《请回答1988》里，德善的妈妈听说女儿改叫“秀妍”有利于考学，于是高考前不许大家再叫她“德善”。这种希望有个好前程的心情，也是可爱的小迷信吧。

换个名字，引发的联想也不同，比如植物的名字中，女青又名“鸡屎藤”，有人写诗“我一看女青就开了”，如果变成“我一看鸡屎藤花就开了”，诗意就变了。张爱玲小说《第一炉香》里提到的“一朵一朵挺大的象牙红，简单的，原始的，碗口大，桶口大”，象牙红其实还有另一个名字“鸡冠刺桐”，听起来就没那么摇曳。

名字一般是父母取的，网名才是自己的，这里面玄机更深。有次，我在四川某地的山村买了两串烤面筋，扫二维码付钱的时候，发现那个不苟言笑的傈僳族摊主微信名叫“莱茵河畔贝多芬的悲伤”，心中震动了一下，仿佛窥见了她内心的宇宙。

闲置比忙碌更危险

□任万杰

西班牙塞戈维亚引水渠在西班牙非常有名，这条人工水道修建于公元109年的罗马时期。山里的凉水经由该水道流到这座干燥炎热的城市，1800多年来，塞戈维亚人的生活用水一直依赖于这条引水渠。

然而，到了近代，有人提出这样的建议：塞戈维亚引水渠是一项宏伟的工程，一个伟大的奇迹，应该被保护起来，留给子孙后代。

这条建议得到了很多人的响应。于是，塞戈维亚人动手铺设了一条新的铁皮水管，代替了原先引水入城的古引水渠。出乎所有人意料的是，新的现代化的水管铺好不久，那条千年引水渠就发生了质变：经过日光暴晒之后，那些千年古砖和石块开始开裂，干涸的引水渠很快就到处坍塌。没过多久，那条历经千年岁月洗礼的引水渠，就这样因为短暂的闲置，而被彻底葬送了。这样的结果是谁也没有想到的，好心却办了坏事的塞戈维亚人扼腕叹息，后悔不迭。

闲置是一种可怕的破坏力，不仅对古老的建筑而言，对人类来说更是如此。将心灵闲置的人，无论他是天才与否，等待他的必将是被超越或淘汰。忙碌是一种幸福，让我们没时间体会痛苦；奔波是一种快乐，让我们真实地感受生活；疲惫是一种享受，让我们无暇空虚。

爸妈为什么反对你早恋

□赵小昭

有人说，高中时的朦胧情愫分外动人，但现实是，在你耳边的，是你家王母娘娘反对的咆哮，在你眼前的，是班主任严肃的冷言：“到我办公室来一趟。”上了大学，你好不容易脱了单，明明是郎才女貌的标配，为何得到满屏的“劝分”？听听下面这些古人的故事就知道，这世上才没有无缘无故的差评。

并不只是嫌弃她配不上你

朱见深，明朝第九位皇帝，即明宪宗。明宪宗算是历史上几个难得专情的皇帝之一，他几乎把自己一生的情义，献给了一位比他大十多岁的宫女出身的妃子万贞儿。

不过，这份专情，大多数人并不看好。

成化二年（1466年）正月，万妃生下一子，皇帝欣喜若狂，封万妃为贵妃。可惜孩子没多久就因病夭折。孩子的早夭让万贵妃悲恸欲绝，此后她就像一匹受伤的母狼，变得残忍而疯狂。她整天盯着后宫女人的肚子，但凡发现谁有一点儿怀孕的迹象，就毫不犹豫地加以迫害。

多年过去了，皇帝膝下依旧空空荡荡，没有子嗣。

大臣们开始着急，皇家没有子嗣继承可是天大的事情，皇帝的母亲周太后也急，唯有皇帝看上去并不着急。周太后实在不解，儿子为何迷恋万贵妃这样一个恶毒的女人，便劝皇帝。

周太后问：“彼有何美，而承恩多（万贵妃到底有多美，竟然让你神魂颠倒）？”

皇帝说：“彼抚摩吾安之，不在貌也（有了她的抚慰，我才心神安宁，并非是长相缘故）。”周太后再无话可说。

可除了残害皇嗣，万贞儿还纵容自己的亲属在宫中大捞特捞，差点把国库掏空。大明帝国在万贞儿的手里变得千疮百孔，为后来的灭亡埋下了不可磨灭的导火线。

万贞儿所做的，不只是普通的后宫争宠。上到太后，下到群臣的反对，并非只是嫌弃她配不上皇帝，而是因为她的存在，会害了皇帝。

猜中了开头，却预见不了结局

唐朝有位张夫人，她在结婚前，父母万般反对她的婚事。但是她芳心已许张将军，虽然将军年轻，却已是战功赫赫，可谓少年英雄。

婚后，他们的日子如童话一般，过得很是甜蜜。

突然有一天，边陲狼烟四起，皇帝命张将军带着大军前去平乱。当张夫人随夫出征的消息传开，却有人骂她惑乱张将军守城的决心。她充耳不闻，卸铅华，调羹汤，告诉自己不可以给夫君增添半点麻烦。

一日日过去，战事越陷越深。前两座城池守城的主将投了敌军。如果张将军驻守的这座也被占领，整个江山便置身虎口。他一面派人向朝廷求援，一面死守城池。

上面命令传来：死守。再坚持一月有余，朝廷大军便至。

可开战几个月来，城内已无粮草，援军迟迟未到，军心涣散，恐慌蔓延开来。与此同时，敌人的攻势越来越猛，奄奄一息的军士一个个倒下。张将军夜不能寐，血红的双眼映着一夜愁白的头发。

敌军又一次进攻，拼杀一夜方被击退。看着精疲力竭、气息将尽的将士们，张将军心一横，提着宝剑直奔自己的后堂。不多时，只见他横抱了张夫人血淋淋的尸身奔上城头：“诸将士！几个月来，你们与我并肩作战，誓守城池，为保太平江山，为救万千百姓，各位忠肝义胆可昭日月。无奈军资匮乏，张某虽不能割肉饲军，愿以妾献众！”

一个月后，援军如期到达，大败叛军敌部。后来，张将军杀妾报国成了当时的一段佳话。这就是唐朝安史之乱时期，“张巡死守睢阳城，杀爱妾飨军士”的故事。

张夫人只看见了英雄美人的浪漫，却未能预见对方在做重要抉择时，内心最终选择的并不是和她的感情。

现代遭到反对的恋爱有时亦是如此，你只猜中了甜蜜痴缠的开头，旁人或许已经透过蛛丝马迹，看见了这段恋情背后无法忽视的隐患。

别忘了“旁观者清”

司马相如在梁孝王刘武去世后，回到四川。就在自己生活窘迫之时，他的好友临邛县令王吉邀请他到临邛做客。

临邛县有两位富商，卓王孙和程郑，两人都以炼铁暴富。他们听说县令王吉有贵客，于是备下酒宴款待，岂料司马相如竟然称病，谢绝赴宴。最后县令亲自上门，他才不得已前往（据《汉书》记载，司马相如不去赴宴是假清高，作秀）。

司马相如有生理缺陷，说话结巴，但他文采好，还弹得一手好琴。酒宴进行到高潮时，王吉将一张琴呈送到司马相如面前，让他规避自己的弱项，充分发挥了自己的强项。他在酒宴上饮酒、弹琴。酒宴结束后，在现场目睹一切的卓王孙之女卓文君已经深陷情网。

结果是，卓文君趁着夜色，和司马相如私奔了。

司马相如带着卓文君回到成都，这时她才发现他“家居徒四壁立”，两人无以生存，只得在临邛开了一家酒店，以卖酒为生。

当卓文君“当垆卖酒”成为蜀中美谈时，卓王孙义愤填膺。可气归气，他又怎么忍心看女儿吃苦呢？最后只得打发给他们家奴一百人，钱一百万，以及她出嫁时的衣服、被褥和各种财物。但这并不表示他就同意女儿的选择。

然而，司马相如拿到钱财后立即关闭酒店，带着卓文君回了老家，买了田地住宅，过上了富足的生活。

假若这是个童话故事，到这里，才子司马相如与才女卓文君从此就过上幸福美满的生活了。但事实证明，“才子配佳人”看似幸福美满的浪漫爱情很快就被现实打回原形。

司马相如的《子虚赋》得到汉武帝赏识，又以《上林赋》被封为帝王的侍从官。不久后他便打算抛弃卓文君，另结新欢。

才子负心时依旧充满才气，写了一封十三字的信给卓文君：一二三四五六七八九十百千万。一行数字中唯独少了一个“亿”，意为：无忆。你喜欢提往事，你自己慢慢回忆吧。

而卓文君作了她一生的代表作——数字诗《怨郎诗》回复他：一别之后，二地相悬……百思想，千系念，万般无奈把郎怨。

古代的女子“无才便是德”，可是卓文君跟现代的很多女性一样有才有德，大胆追求自由恋爱，最终仍是不得圆满。如果说一开始卓王孙反对他们是因为“嫌贫爱富”，那后来他们都在一起了，他还是反对就值得深思了；如果她在做出决定前，听一听长辈们反对的理由，再冷静思考，或许人生会有更好的结局。

这世上没有无缘无故的恋爱差评，虽然遵从自己的内心很重要，可也别忘了“旁观者清”。

赢家决定学

□吕雪萱

“上帝在转盘上撒了一盘钢珠，在转盘还没停下之前，没有人知道谁是赢家。”电影《小时代》中有段如是的对白。转台上有输有赢，赢的方法总有人愿意分享，亦有人不愿学习，只因每个人都有独自的想法，认为自己是最行的，就会不屑他人的成功心法，直到一败再败，方才嗟叹时不我与。

愿意学习者，当以海绵的吸放原则，整合后，吐“知”应用，再吸纳，循环直至目标达成。一如阿里巴巴集团总裁马云给年轻人必须思考的四大问题所述的人生经营学：1.你的职责是什么？比别人多勤奋一点、多努力一点、多一点理想，这就是你的职责。2.傻瓜用嘴讲话，聪明人用脑袋讲话，智者用心讲话。3.什么是失败？放弃就是最大的失败。4.什么叫坚强？经历许多磨难、委屈、不爽，你才知道什么叫坚强。

旁观者成败随缘，不易放手搏之，鲜有“赌性之花”（人性特质之一）的自然绽放。除非自认做足准备，不轻言脱离既存的舒适圈。马云说：“成功不是将来才有的，而是从决定去做的那一刻起，持续累积而成。”你的决定，何时启动付诸实践，决定了未来的成与不成。

对不起，没能长成你喜欢的模样

□柒 年

我们常被寄予厚望，父母的期望总是积压在自己的心上，有些人的父母甚至已经为儿女安排好了一条康庄大道，儿女只需要听话地执行罢了。可你是否真的想按父母的规划过你以后的生活呢？如果一切早已注定，生活的可能性又在哪儿呢？

曾听过一位母亲抱怨她的女儿："早跟她说了，让她去做公务员，一辈了安稳幸福，多好，非说什么跟随自己内心的想法，做自己喜欢的事，去做音乐，现如今音乐有几个做出色的？她以后后悔了就再也来不及了，现在的小孩永远不考虑到现实的残酷。"

的确，一辈子安安稳稳的，幸福地过一生是不错，可你真正清楚女儿想要的是什么吗？没人生来甘于平凡，人这种生物，自生来就有一身傲骨，而你的女儿想必也是如此吧？她有着常人所不能及的坚持和毅力，她有自己独特的想法，她还年轻，她有时间去做自己一切喜欢的事，活成自己喜欢的模样……即便不稳定又怎样？没有挫折的人生，算不上完整。相信我，再回头看的时候，她一定不会后悔，因为人这一生，一定得有那么一次，用尽心力地去热爱过一样东西，才可以在漫长的生活中，沉重而缓慢地回过味来。父母应该是儿女身后最支持她的人，你应该对你的女儿有足够的信心，如果你都不相信你女儿能够做出一番事业，那她又有多少信心去坚持呢？终归是自己的女儿，为何不去支持她呢？

我也有过被众人嘲笑不现实的梦想，我也有着自己喜欢的事物，我想去北京大学，真的，虽然这个梦想曾被人说过遥不可及，可我知道，不努力一把，我不会甘心。而母亲想让我去当老师，她觉得老师工资稳定，休假又长，也是外人口中一份不错的职业。

我曾与她长谈，我说我的理想，她只沉静倾听，并最终理解了我。

我希望多年以后，我能在北京大学的校门前记录下初见时的朝霞，寻常路人的微笑，以及梦想成真的自己。

我希望你能有自己的想法，能有自己的规划，能有自己的未来。

家人的期望，也许只在你的一瞬之间便可以改变，不妨与他们好好交流，在人生路上，你总需要一个避风港。而家，无疑是你最好的选择，血缘关系之间的爱，是寻常感情所不能敌的。即便过程艰辛，你也一定能为了心中所爱，成长为自己最喜欢的模样。而对于那些你所不能接受的期望，只能说：对不起，没能长成你喜欢的模样。

努力有时候是愚蠢的

□毕飞宇

不会撑船的人都有一个习惯，一上来就发力。这是人在学习的时候常犯的错误：努力。老师们常常告诫我们，要努力！可努力有时候是最愚蠢的。以我撑船的经验来看，在学习的过程中，尤其是初期，"感受"比"努力"要重要得多。过分的"努力"会阻塞你的"感受"。就说撑船吧，在掌握正确的方法之前，"努力"的结果是什么呢？船在原地打圈圈，你在原地大喘气。好的学习方法是控制力气的，轻轻地，把全身的感受力都调动起来。在人、物合一的感觉出现之后，再全力以赴。

2 你笑起来，就是好天气

罗素说："人的情绪起落是与他对事物的感知成反比的，你对事实了解得越少，就越容易情绪激动。"坏情绪还是少挂在嘴边比较好，因为亲人听了会难过，朋友听了会担心，对手听了会偷笑，而自己也会因为情绪的积压变得顾影自怜、丧失斗志。情绪就如同行李，需要我们打包、整理。任何时候我们都不能做情绪的奴隶，无论环境多糟，你都该努力微笑，把自己从黑暗中"拯救"出来。

我只想取悦自己

□林小白

1

从小到大，我都是一个乖乖女。父母跟别人谈起我，总会说："她从不让我们操心。"

我并非出生在独生子女家庭，所以从小就知道，有些事是有"潜规则"的。比如，我想吃某个零食，但我会主动把零食让给弟弟，这样父母就会说"姐姐真懂事"；我还会主动要求买便宜一点的自动铅笔芯，做作业不拖延，认真整理自己的房间，就为了能被父母夸一句"真乖、真懂事"。

后来上学了，语文老师在我的某篇作文下写评语："这篇文章辞藻华丽，但我更喜欢你以往的写作风格，这篇有点华而不实了。"于是，我的作文再也没出现过那样文绉绉的文风。数学考试时，明明我很快就把会做的题都做完了，剩下一大堆再看也看不出答案的题目，我想提早交卷，却忍住了，因为老师说过"态度很重要"。

再后来上大学住宿舍，我和室友有些合不来，但为了融入她们，当她们大嘴巴地对某个女生评头论足的时候，我也会干笑两声；她们在看我不是那么感兴趣的《康熙来了》的时候，我也会坐在一旁，和她们一起认真看完。当时的我觉得，只有这样才能让别人感觉到我确实是想融入她们的。

后来的后来，我工作了。第一份工作是电视台的记者，有位同事某天打趣地说："你以后别出镜啦，影响收视率啊！"我听完，愣了一秒，然后微笑着点点头说："嗯。"之后，我还真的是能不出镜就不出镜，就算迫不得已出镜了，也会在剪辑的时候把自己的镜头尽可能地剪掉。

直到今天，我回头看这二十几年，发现原来自己在这么长的时间里都在取悦别人。我始终在担心，别人会因为某件事，或是因为我的不顺从和不合群，而不喜欢我。

2

现在的我当然可以气定神闲地说"取悦自己比取悦别人重要得多"，但5年前的我，甚至更早的我，是无论如何也不会这样想的。

我常跟别人笑谈"我是一个人长大的"。在我成长的过程中，父母参与的部分少得可怜，跟大多数父母把孩子交给奶奶、姥姥管教有所不同，也没有哪个长辈来管我。但不管怎样，身为孩子，最想得到的关注自然是来自父母的。当父母不把注意力放在我身上的时候，我就会想让自己变得更好；就算无法变得更好，至少要变得更听话，这样父母才会对我说一句"真懂事"。

所以我上学的时候，特别想戴上"三条杠""两条杠"，特别想成为第一批戴上红领巾的人，第一批入团、入党的人。因为只有这样，我才有足够的理由让父母注意到我，然而，每次都事与愿违。

直到3年前的一天，我母亲对我每次旅行都是一切决定好后才告知她而感到不满，她让我的父亲来跟我说"你不能这么先斩后奏"的时候，我才意识到，我好像很久都没有刻意取悦谁了。

3

我的叛逆期来得比较晚。在十几岁的年纪，我的叛逆被"顺从、取悦"取代了。即便我在很多个深夜都产生过要离家出走的念头，但天一亮，我又是那个文科有天赋、理科差到家的中学生。

即便到了大学，与室友不和一度

激发了我强烈的叛逆心，我也只是在QQ空间里写了一些有的没的，并没有到让我马上打包行李搬出宿舍的地步。

直到这几年，越来越多的人觉得我做的事情有点不一样了。

比如，我“突然”变得很能攒钱。我完全靠自己，走过了6个国家。我把这些攻略整理成心得放在网上，意外得到了很多关注，也引来了不少口水。我也第一次在微博上尝到了被骂的滋味。

比如，我“突然”变得勇敢。找不到旅伴，一个人带上三脚架，就去旅行了。我也“突然”变得很会旅行。我喜欢旅行，也很擅长做旅游攻略，所以总能打造一次性价比还不错的旅程。

比如，我做成了在旁人看来很难做到的事情，拥有了一些支持者，出了书，在多个平台露脸讲课，还因为爱阅读、会写作而受邀去北京参加了直播。

然而，这些事情，都是我不刻意取悦别人后才有的成果。

4

我是突然意识到自己好像为别人活了很久，却没有认真地为自己活过的。

我明明喜欢旅行，旅行花的都是自己的钱。但在我母亲向我表示，她对于我每年都去旅行而不把钱攒起来这一行为的不悦之后，我真的减少了自己的旅行频率和旅行的天数。

我明明很喜欢尝试各种各样的新鲜事物，但在家人说我为新鲜事物花钱都是在做无用功之后，我再次想要尝试一样新事物的时候，犹豫了很久。

我明明喜欢站在台上把一个观点讲明白，但在其他人表达自己想去讲的时候，我就会毫不犹豫地说“好啊”。

我总是不断屈就自己的想法，直到我第一次倔强地一个人去旅行。车上的其他人用不解的眼神看了我4天，即便如此，我也第一次感受到做自己想做的事，不顾他人的看法和言论是一件多么愉悦的事。

后来，我就越来越喜欢做自己了。喜欢做手工，就买一大堆材料自己做，不再因为别人的一句“这有什么用”而改变主意；喜欢下班后看书、看剧，就待在家里，不再因为别人的一句“你这个人怎么这么不合群”而担忧。

前一段时间，我的一位非常重要的朋友突然离世，让我更加明白，别以为一辈子很长，有时候，它短到你都无法相信。为了不让自己留下遗憾，为了来这人间一趟是有些意义的，我们至少应该做一些为了取悦自己而做的事情。活得越来越像自己，这可能也是真正成熟的标志。我爱我现在的状态，希望你也是。

人睡觉时，每五分钟醒一次

□袁　越

人在睡觉的时候是没有主观意识的，但大家千万别以为这时候脑细胞也都休息了，它们忙着呢！尤其是在“快速眼动”（REM）阶段，脑细胞更是异常活跃。如果处在这一阶段的人突然被叫醒，一定会报告说自己正在做梦，所有情节都记忆犹新。

有意思的是，处在REM阶段的人虽然眼球会乱动，但全身大部分骨骼肌却都处于瘫痪状态，完全不听大脑的指挥。人类之所以进化出这种机制，主要是为了保护自己。想想看，如果此时骨骼肌仍然可以动，万一哪根神经搭错了，命令双腿胡踢乱蹬，很容易伤到自己。

通常情况下，当一个人从REM阶段苏醒过来时，骨骼肌的瘫痪状态就会立即被解除。但是，如果两者没有配合好，比如突然被某个特别可怕的噩梦惊醒，骨骼肌还来不及恢复，这个人就会进入“睡眠瘫痪”状态。此时他的意识是清醒的，但全身肌肉不听使唤，仿佛身体被某个巨大的妖怪压住了，动弹不得，这就是传说中的“鬼压床”。

研究显示，大约有40%的人一生中至少会经历一次“鬼压床”，说明这是个相当普遍的现象。超过一半的“鬼压床”是被噩梦惊醒的，好在这种感觉非常短暂，肌肉的瘫痪状态往往只维持几秒钟就会被解除，问题不大。但是，如果我们的祖先在野外睡觉时遇到危险，肌肉却不听使唤，那可就麻烦了。所以人类进化出了一种特殊的睡眠机制，每隔大约五分钟就会醒一次，每次几秒钟就会再次入睡。这样算下来，我们每天晚上都会醒一百多次，不过这不是真的醒来，只能算是“微觉醒”，第二天早上肯定都忘了，也不会对睡眠质量造成任何负面影响。

吃薯片时，你的感官都经历了些什么

□张珠容

你是否想过，为什么在海边吃的炸鱼薯条味道更好？

为了找到问题的答案，牛津大学的实验心理学教授查尔斯·斯彭思运用创新的室内实验，来研究人类的味觉是如何受到影响并为其他感官所干扰的。斯彭思教授在英国布莱顿市的一家酒馆找了一批测试对象，请他们参与一系列吃薯片实验。

斯彭思教授先是给测试者戴上鼻夹，屏蔽了他们的嗅觉，然后递过去薯片，让他们猜测薯片的口味。结果，测试者的反应各不相同。“太难讲了。这是带点洋葱味的薯片吗？”“薯片味道很奇怪，我觉得应该是鸡肉味的。”“我觉得是培根味的。”“我觉得是奶酪洋葱味的。”有个测试者甚至觉得自己吃的不是薯片，他说：“像吃硬纸板一样，没什么味道。”

可当斯彭思教授摘下他们的鼻夹时，他们马上完全正确地回答了出来：“我知道了，这是牛肉洋葱味的薯片！”斯彭思教授说：“我们平时总认为食物的味道是尝出来的，是在嘴里感受到的。但事实上，我们认为尝出来的味道中有75%～95%来自鼻子。你每吞咽一次，嘴巴里那一小点可挥发的气味就被挤到了鼻腔后部。人们以为这是味觉，实际上它是嗅觉。可见，嗅觉是味觉的基础。”

接下来，斯彭思教授又给测试者戴上耳机，让他们只能听到自己吃薯片时发出来的嘎吱声。接着，他以1～100的数字范围作为薯片的脆度，让人们边吃边为薯片的脆度打分。第一轮试吃打分结束后，斯彭思教授又递给他们完全相同的薯片，开始第二轮测试。这一轮测试不同的是，斯彭思教授悄悄用电脑提高了薯片嘎吱声中高频音的音量。结果非常有趣，所有的测试者都认为第二次试吃的薯片脆度提高了，且提高了不少，平均值是15%。

斯彭思教授说：“吃惊吗？两次的薯片其实出自同一包，脆度、鲜度完全一样。我们一般认为是牙齿和嘴巴在感受脆度，但实际上，我们的大脑一直在提取嘎吱嘎吱的声音。而这些声音的信息量很大，和我们正在吃的东西有关。当我们每嚼碎一次东西，耳朵都听到了，它依据频谱和嘎吱声有多响来推测食物的脆度和新鲜度。这个实验说明，我们吃薯片的享受过程会受所听声音的影响。”

如果把一片薯片放在与之风味不相符的薯片袋包装里，人们还能吃出薯片的实际味道吗？斯彭思教授又做了一个视觉实验，推测人们所看东西对味觉有多大程度的影响。他拿出奶酪洋葱味薯片最常见颜色的包装——蓝袋，在里面装上盐醋味的薯片，然后递给测试者吃。这个实验的结果也非常有趣，居然没有一个人怀疑薯片的口味，都认为是奶酪洋葱味的。多个测试者甚至说：“我理所当然地想，蓝袋装的薯片肯定是奶酪洋葱味的。”斯彭思教授说：“我们的大脑早在感知包装袋的那一刻就已经形成预判。所以，吃东西时你看到了什么十分重要，它在很大程度上能影响你的味觉。”

通过实验，斯彭思教授明确了嗅觉、听觉和视觉对味觉而言都至关重要，也找到了类似于“为什么在海边吃的炸鱼薯条味道更好”这类问题的答案。他说：“我们的大脑在不停地收集身边的信息，借此推断出我们认为自己在品尝时的味道，以及我们有多享受。比如在海边吃炸鱼薯条，因为海就在眼前，你就很容易脑补出海风中咸咸的味道、海鸥的叫声，所以脑中认为鱼肯定新鲜，炸鱼薯条也就特别好吃。”

面部表情的力量

□贝恩哈特·波格斯特

要从一张静态的脸中推断出一个人的性格可能太过荒谬，但是一张由26块不同的肌肉组成的表情丰富的脸确实能告诉我们很多信息，不管是一个人的情绪、目的，还是怀疑、恐惧、信任、爱和恨。电影演员可以学习如何通过面部表情的变化来演绎自身思想。

一次皱眉、蹙鼻或眨眼表达的意思可能多过千言万语。我们能够区分一个微笑的最细微差别，读出其中的嘲笑、幸灾乐祸或仁慈宽厚。同时，我们还会模仿其他人的表情。人类是一种镜像生物，研究者们称之为“情绪共鸣”。

在理解我们的聊天对象时，我们从来不会只依赖于人脸给出的信息，至少在潜意识里，我们还会注意到对方的音量和音色，接收到他的身体语言以及所穿衣服发出的信号。

眼睛也会发出强烈的信号。兴奋会让它们闪耀，冷漠会让它们黯淡。情绪激动时，下唇会膨胀；疲倦时，上唇会下垂。没有任何一种生物眼睛中虹膜和巩膜之间的对比和人类一样鲜明。这使得我们在很远之外便能注意到其他人的目光。

加拿大神经科学家贾维德·萨德尔认为，眉毛能比眼睛泄露更多信息。“它们是我们脸上最令人印象深刻的部位。”他说。眉毛的肌肉运动反映了我们的心理活动——愤怒、恶心、迷惘或专心。微笑很容易伪造，眉毛却从不撒谎。

美国著名情绪研究者保罗·艾克曼建议想看穿对方虚假和被压抑情绪的人注意所谓的“微表达”，即那些我们很容易忽略的细节，例如眼皮颤动或嘴角抽动。

人工智能工程师也想解密我们的情绪。当公司想查明广告的效用，探测顾客反应，或是当服务机器人试图对我们的表情做出反应时，“情感算法”就派上了用场。但是在这方面，算法的功能仍然是不全面的，局限于所谓的“基础情绪”。虽然天赋和后天学习程度各不相同，我们人类仍然算得上编码和解码微表情信号的大师。

“人脸会说话。”44岁的柏林摄影师多米尼克·布茨曼说。他在前东德总理洛塔尔·德梅齐埃的脸上看到了一种“柔软、几乎绝望的表情”，在法国总统埃马纽埃尔·马克龙的脸上寻找“最后一点不安”。他刚开始在土耳其总统雷杰普·塔伊普·埃尔多安的脸上看到了些许父亲般的亲切，但随后就感受到了那之后隐藏着的“严酷”。“尽管气温有35摄氏度，我却感觉自己冻僵了。”布茨曼说。

生活会留下痕迹，担忧和笑容深埋在我们的皱纹里，明显表现在脸上的是疾病。灰色的嘴唇指示着危险的心脏缺陷，下眼睑的双褶皱和稀疏的眉毛意味着神经性皮肤炎，嘴巴和鼻子间皮肤发白是猩红热的病症。

“每一位好的家庭医生都知道这些，哪怕它们并没有被写进教科书。”皮肤科医生伊娃-贝缇娜·布洛克尔说。她的爱好是“在博物馆开皮肤科门诊”。她在旧油画上诊断病情。在伦勃朗·莱茵为妻子沙斯姬亚画的肖像画中，她脸颊上的环形红晕可能是自身免疫性疾病的症状；蒙娜丽莎眼角的黄色斑块明显是脂肪代谢障碍的表现。健康平滑的皮肤是一张漂亮人脸的第一个关键特征。

早在19世纪末，英国科学家弗朗西斯·高尔顿就将很多囚犯的照片重叠投影，寻找所谓的“典型的罪犯”。然而他惊讶地得出结论，这些脸的个体差异消失了，所谓的邪恶之脸变成了富有魅力的形象。以美丽为研究方向的心理学家们至今仍在应用这个结论。“用32张照片进行合成，就能得到一张非常美丽的脸。”班贝格大学的认知心理学家克劳斯-克里斯蒂安·卡尔彭说。但是研究者们无法定义一张极富魅力的脸是什么样子。脸部的对称很重要，但只能解释10%的美丽。幸运的是，其他影响因素至今是个秘密。

想提升自己魅力值的人，可以将苏格兰人脸研究者大卫·佩莱特的一个建议记在心间。佩莱特注意到，摄入很多类胡萝卜素的饮食方式造就的肤色能让我们显得更有魅力，而且比日光浴造就的棕色皮肤效果更佳。他因此建议我们吃足够的蔬果。班贝格心理学家卡尔彭知道一个更简单且“效果很好”的方法——微笑能使每个人的魅力值都得到显著提升。

每一个吃货，都在用生命热爱生活

□西瓜皮

吃是潜藏在人类内心深处最本能的欲望。喜欢食物是人的天性，无数鲜活的历史例子告诉我们，喜欢吃的人，其实都是大学问家！

提起吃，就一定不能不提起苏轼。苏轼的隐藏身份其实是，宋朝知名的美食博主。同时，他还是“东坡肉”“东坡肘子”“东坡豆腐”“东坡鱼”等美食大的开发者。如果宋朝有电视，他一定会义不容辞地担任“舌尖上的宋朝”的总导演，因为光是他自己研发的菜式，就可以不间断地拍个好几集；如果宋朝有互联网，他一定会成为最受欢迎的年度美食博主。试想苏轼在现代开一家“东坡菜馆”，大概也会成为现象级网红爆款，他除了能自己研发菜单，自己营销外，还能自己写文案，苏轼写过的关于吃的诗词真是数不胜数。

李渔是明末清初著名的戏剧家，被后人称为“东方的莎士比亚”，与此同时，他还是一名“素食主义者”。他在《闲情偶寄》中说得清清楚楚：“吾谓饮食之道，脍不如肉，肉不如蔬，亦以其渐近自然也。草衣木食，上古之风，人能疏远肥腻，食蔬蕨而甘之，腹中菜园不使羊来踏跛。”他的想法比较激进，他认为肉比不上蔬菜，因为蔬菜更加合乎天地万物自在生长的道理，吃肉是对腹中蔬菜的践踏。在蔬菜里，他最喜欢吃的就是笋，他认为笋是“蔬食中第一品”，肥羊嫩豕统统比不上笋。虽然他认为“蔬菜第一”，但他也不是完全不吃肉，他对蟹格外偏爱，认为蟹“鲜而肥”“甘而腻”“色、香、味三者之至极”。但他有自己的一套吃法，他认为吃蟹就应该保持原汁原味，给螃蟹加上任何味道都是对蟹的亵渎，简直愚蠢至极。

梁实秋曾经对“吃”这件事进行过深入的剖析，他在《雅舍谈吃》里有两段话简直说出了万千吃货的心声：“人之最馋的时候是在想吃一样东西而又不可得的那一段期间。”“人之犯馋，是在饱暖之余，眼看着、回想起或是谈论到某一美味，喉头像是有馋虫搔抓作痒，只好干咽吐沫。一旦得遂所愿，恣情享受，浑身通泰。”梁实秋先生之所以能洞察吃货的本质，大概也是因为他本身就是一个吃货，这从《雅舍谈吃》的目录上也能看得出来，这目录乍看上去，不知道的还以为是餐馆的菜单……除此之外，据说梁实秋先生在清华大学读书时，曾经一顿饭吃了十二个馒头、三大碗炸酱面，创下纪录，这件事至今还时常被人谈起。作为一名有文化的吃货，他义正词严地为吃货发声，他认为“馋非罪，反而是胃口好、健康的现象，比食而不知其味要好得多”。

鲁迅先生特别喜欢吃零食，瓜子、花生、甜点、糖果，他都喜欢！他在《朝花夕拾·琐记》中说到，他经常一边吃侉饼、花生米、辣椒，一边看《天演论》。想想这场景有点熟悉，这不和我们平时一边吃糖、吃薯片，一边看电视一样一样的吗？说到糖，这也是鲁迅先生的挚爱，据传他常常将一部分稿费分出来买糖，他很喜欢一种叫作摩尔登糖的糖果。鲁迅爱吃糖，甚至因为惦记着柿霜糖的美味半夜睡不着觉，把自己藏起来的糖又吃了一半。大概也是因为这深沉的爱，他把糖写出了哲学的意味：“我自己对于苦闷的办法，是专与袭来的苦痛捣乱，将无赖手段当作胜利，硬唱凯歌，算是乐趣，这或者就是糖罢。”

张爱玲在《谈吃与画饼充饥》中说：“中国人好吃，我觉得是值得骄傲的，因为这是一种最基本的生活艺术。”吃本身就是一门艺术，所以我们愿意花上一生的时间去探索，去追寻其中的真谛。每一个喜欢吃的人，都是在用生命热爱生活，所以这些大文学家在吃中悟出了哲学，悟出了生活的真谛。

迟到行为学

□二公子

跟一个法国人约会，被通知已经预订了久负盛名的传统法式大餐，而且就在当地最著名的大教堂旁边的老餐馆。在网上瞥到了餐馆菜单的天价后，不由得打了个激灵，可不敢有半点怠慢。于是仔细研究了每道菜的来历、餐具的使用顺序以及正确的切法吃法。当日穿戴整齐，提前了一个钟头赴约。

谁知到了吃饭的点儿，左等人不来，右等人也不来。几次进了餐馆试图询问订位情况，都因为语言不通，鸡同鸭讲没有个头绪。又过了半个小时，教堂旁卖烟的、卖纪念品的店都关门了，还不见半个人影。乍暖还寒的季节，站在法兰西的冷风中，内心最难将息。打了两通电话，法国人也没接。这是什么情况？

差不多过了约定时间一小时，法国人终于出现了！他熟练地跟侍者打招呼，带我找好位置坐下来。还没点菜，我就提出，要是今晚家里有什么重要的事情，不吃饭也行。他说没事啊，都好。我又关切地问，那路上你没碰到什么事吧？没事啊！开车过来挺顺的。这下我可有点郁闷了，什么事都没有，迟到这么久也不解释一下？算了，肚子饿，先吃饭！

等菜过五味，酒精从胃部挥发到耳根，我终于忍不住问了一下，你怎么到得这么晚？法国人愣了愣，随即说了让我思量半晌的话：“我没晚啊，在这里，我们至少会礼貌性地迟到半小时！约了吃饭或者聚会，本来就是一件放松身心的事，说好了几点钟到，都是在这个基础上晚半个小时再出门，按时到意味着你提早了，让人感觉有压迫感，太没礼貌。”

把迟到当礼貌，咱从小没接受过这种教育。《唐律疏议》还说迟到缺勤要处笞、坐牢呢。不过在欧洲，不管大事小情，貌似只要有充足的理由就可以迟到，而且没人大惊小怪。办公室到点不开门的现象比比皆是，连总统和政要活动也可以因为各种令人诧异的原因推迟。在组织行为学里，这可以总结为在相似的环境中，有共性的群体有相似的行为表现。

在文学世界里，最著名的迟到可以说是莎翁笔下给罗密欧送信的那个信使了，他振振有词地解释他为什么没有送信：“我临走的时候，要找一个师弟作为同伴。他在城里访问病人，不料被巡逻的人看到了，疑心我们走进了感染瘟疫的人家，就把门锁住了，不让我们出来，所以耽误了行程。我没有把信送出去，又带回来了。”似乎没有道歉的意思。于是罗密欧不知道朱丽叶是假死，跑到朱丽叶墓地前自尽了。

不过人非圣贤，谁能不迟到？茫茫宇宙，迟到行为也不止于人类。哈雷彗星绕太阳一周在76年到79年之间，科学家估算下次彗星过近日点的时间是在2061年7月下旬。但哈雷轨道长，体重小，路途远，保不齐路上受到其他天体的影响，所以回归就存在些不确定性。据推测，哈雷彗星还是会回来的，可能按时，也可能晚十天半个月的。

教室座位影响学习成绩

□宁蔚夏

在大阶梯教室上课与班级小教室有所不同，座位可以由学生自行选择，这种听课方式对个人的学习会有什么影响？最近，英国谢菲尔德哈勒姆大学的一项新研究表明，学生上课时的自选座位，可能会左右他们的学习成绩。

研究人员以该校154名一年级学生、151名二年级学生和23位教师为对象，进行了问卷调查。学生在大教室图纸上，给自己习惯选择的座位做标记，并填写选择该座位的理由。随后，由教师对各位学生的学业完成情况进行评价。

调查结果显示，在选择座位理由方面，有127名学生回答“想和朋友坐在一起”；151名学生回答“想坐在能看到老师并听清楚他说话的位置”；43名学生回答“想坐在随时都能离开的角落座位上”；各9名学生表示“想积极参加讲座”和“想避免与老师交流”。在学习成绩方面，总是和密友坐在一起上课的学生，分数几乎保持在同一水平，而喜欢一个人坐在角落座位上的学生考试分数大多低于平均水平。

研究人员表示，新研究结论对改进大教室教学方式有积极意义。对于容易感到不安并喜欢自己坐在角落座位的学生，教师应伸出援助之手，鼓励他们沟通交流，积极参加课堂活动，提高学习成绩。

“没见识的女孩，牛排都点八分熟”

□甘　北

读者跟我讲述她的成长经历。

爸爸是镇上的木匠，妈妈是饭店服务员，一年忙到头，家庭年收入不过4万多，这点钱养活了一个四口之家，还要供她和弟弟念书。

从小到大，她就知道自己的家庭情况，不敢买玩具，不敢买零食，就连学校要买辅导书，她都不知道怎么向爸妈张口。

这一切令她自卑极了，尤其是念大学以后。

同寝室的姑娘一支护肤品都要几百块，她时常听她们讨论从未听过的品牌，只在书上见过的风景。每当这个时候，她就躲进被子里不敢说话，生怕一张嘴就惹人笑话。

谁又敢相信，这个小镇姑娘，在此之前竟连麦当劳都没有吃过呢？

“你能理解这种感受吗？挨过穷的人骨子里都是自卑的，不管以后过上了怎样的生活，都无法改变曾经贫穷的烙印。”

她用了很长的篇幅，来向我描述青春期的匮乏，以及成长环境给她的性格带来的影响。

她说：“我没有涂过口红，没有坐过飞机，第一次去西餐厅，还点了一份八分熟的牛排……”

最后这个细节令我惊愕。

天知道，我直到现在去西餐厅，还经常点八分熟的牛排啊！

八分熟多好吃啊，肉质鲜嫩，多汁浓郁，美味来得刚刚好，既不夹生带血，又不因烹饪时间过长，而导致肉质偏老，简直是行家的吃法好吗？

作为一个吃货，我要坚决捍卫八分熟牛排的尊严。

好了，不开玩笑了。

西餐上有一种说法：牛排熟度只能点单数，三成、五成、七成熟都可以，但点了双数就显得外行。

身边挺多人知道这种说法的，但真正点起餐来，还是按照自己喜欢的口感，爱几分就几分，甚至有家境很好的姑娘告诉我，从小到大，她都只吃八分熟的牛排。

没人会觉得这有什么大不了的。

但对于这位女读者而言，这个细节足以令她自卑。

她从一份牛排联想到了成长经历，认定如果不是家庭的拮据，她就不会出这偌大的“洋相”，哪怕这对于许多人而言，根本连事都算不上。

这才是真正令我惊愕的地方——家庭对人的影响，或许并不在于事情本身，而是在于我们后来经历了许多事，都会自然而然地追溯到它身上。

“如果不是家庭条件不好，我一定不会点那份八分熟的牛排。”

而事实上，谁都有可能点一份八分熟的牛排啊！

西餐才传入中国多少年呢？

就像一个外地人，去四川点了鸳鸯锅，不是很正常吗？

可是自卑而敏感的姑娘不会这么想。

她们无法坦然面对自己的知识盲点，误以为这是因为见识的匮乏，才导致的低级错误。

就像我认识的一个姑娘。

我们一起上洗手间，她从不会用挂在壁上的烘干机，我以为她是嫌麻烦，后来才知道，她是怕自己不会用闹洋相。

她不会用，也不敢问。

你知道吗？

面对一种不常见的水果，没有自卑感的人，会坦然请教别人该怎么吃。

但有自卑感的人，会全程坐立不安，装作不经意地偷瞄其他人的吃法，再小心翼翼地放在嘴里。

都在讨论家庭的影响。

但其实家庭带给我们最深的影响，不在于它塑造了我们的缺点和不完美，而是它令我们误以为，这种不完美是罪孽深重的。

碰巧最近在看电视剧《都挺好》，姚晨扮演的苏明玉，终生都在跟家庭抗争。

她恨自己强势的母亲，但在早两天的剧情中，父亲苏大强执意要娶小保姆，她在派出所忍不住破口大骂，那样子像极了她恨透了的母亲。

这种失态令她情绪崩溃：

“赵美兰是我最讨厌的人，我恨她，但我万万没想到，我努力了这么多年，我居然变成了我最恨的人。”

这一集播出后，很多人在朋友圈讨论原生家庭的影响。

不可否认，我们的性格，很大一部分源自原生家庭，但苏明玉骂苏大强这事，真的要追溯到原生家庭吗？

试问，全国14亿人民，谁不想骂苏大强呢？

就拿老二苏明成来说，他吐槽起父亲来，远比苏明玉更凶、更狠。

可是这个没有心魔的男人，不会认为这是自己的性格缺陷。

他会就事论事地认为，这就是父亲的错，跟自己的脾气有什么关系呢？

这才是最令我感叹的地方。

一个在家庭中受过伤害的人，会习惯性地把过错往自己身上揽，一旦发现自己身上的性格缺陷，就要不可避免地追溯到童年受到的伤害。

但亲爱的，这世上哪有完美的人啊！

童年享受了再多宠爱的女人，也会有暴脾气的时候啊，她们同样会在某个瞬间，忍不住对孩子吼叫，和丈夫吵闹，跟菜市场大妈为了两块钱争执啊！

就像我早几天约一个家境很好的朋友吃饭。

她说自己想再买一套房子，因为近来越来越没有安全感。

这话令我挺惊讶的，我忍不住问：“你也会没有安全感吗？”

因为在我印象中，这个朋友不仅家境不错，而且父母相当恩爱，她又是独生女，自然享尽了一切宠爱，这样的人，怎么会需要一套房子来增加安全感呢？

朋友笑了：“我问你，谁不想买房子？”

那一刻犹如醍醐灌顶。

谁不想买房子呢？谁不缺钱呢？多少人不知道牛排该怎么吃，红酒该怎么品呢？又有多少没出过远门的小镇姑娘，是直到念大学去了大城市，才吃过肯德基和麦当劳呢？

多的是人没坐过飞机，也多的是人买不起奢侈品。

亲爱的姑娘，你过的只是普通人的人生，并不需要为此自卑啊，更不必追溯到成长的家庭中去，点了八分熟的牛排，又有什么大不了的呢？

我敢打赌，评论区的很多朋友，直到看到这篇文章，才知道吃牛排还有这种说法。

有什么大不了的呢？

不可否认，家庭对于人的塑造，的确会有很深的影响。

童年受过苛责和伤害的人，容易比常人更缺乏安全感。

童年经历过物质匮乏的人，对金钱的渴望和执念，会远比寻常人来得猛烈。

这些都是家庭给我们的烙印。

但或许，我们可以不那么介怀这些烙印的。

记得早几年，我也是个自卑感很强的人。

生怕别人知道，我买不起高档的护肤品，试衣服还要偷偷看吊牌价，出去吃顿饭都要在心里盘算，今天该买多少钱的单。

我以为这是拮据的家庭，留给我的不可磨灭的印记。

但直到现在我才明白，这有什么奇怪的呢？有几个人试衣服，不偷偷看一眼吊牌价呢？为什么我会把这当作一种缺陷呢？

早两年，我获邀参加一档出镜节目，需要购置一套行头。

我专门去了一趟奢侈品门店，柜姐给我推荐了一条裙子，款式和面料都很棒，我试穿前习惯性地看了一眼价钱——人民币三万八千元。

我迟疑了几秒，告诉柜姐：“我还是不试了。”

她问我：“为什么呢？”

要是换作以前，我一定会尴尬得难以自处，或许会找很多奇怪的理由，比如不喜欢这个颜色，或者不喜欢这个款式。

但那一刻，我坦然地告诉柜姐：“太贵了，我买不起。”

这一句话脱口而出，我感受到了前所未有的释怀。

我终于能坦然地面对，我舍不得花三万八买一条裙子的事实了。

我不必为此自卑，更不为此自责了。

一条裙子三万八，我买不起就是买不起，承认这件事，又有什么好羞愧的呢？

这篇文章，写给那些因原生家庭而怀疑自我、陷入自卑的女孩。

但愿有一天，我们都能坦然地说出那句：

“麻烦来一份八分熟的牛排，我喜欢吃偏熟一点的，谢谢！”

此刻，你一定愿意

□赵　野

此刻，你一定愿意
在一个山顶
有一间木屋
很明，很静
你一定愿意立即
动身去那地方
带着心爱的书籍
和混乱的思想
你一定愿意沉默如
冬日的池水
偶尔一只鸟儿
从山下飞来
告诉你某人走了
某人还在

太在意别人的看法，怎么办

□韩大爷的杂货铺

☆1☆

最近有位读者提了个很有普遍性的问题。

她说她过得蛮焦虑，且这种焦虑有非常具体的原因。

一是自己总活在未来，二是自己总活在过去。

总活在过去指的是：她常常会反复想着自己曾经做过的那些错事，或是给他人留下的不好的印象，总之就是自己觉得“不堪”的一面吧，这些影像常在自己脑子里过电影。

总活在未来指的是：她特别怕自己将来的发展达不到预期，主要还是他人的预期，经常会担心如果达不到会怎么样的问题。

既总活在未来，又总活在过去，那自然就没力气活在当下咯。

所以她诉苦道：我现在每天都只能看到自己的问题，觉着自己是个自卑又自恋的结合体，敏感脆弱，诚惶诚恐，干什么都静不下心。

归根结底，就是在于太在乎他人的看法与评价了。

人都差不多，依我的直觉，相信不少读者也曾因为上述问题活得不开心，就连我自己，也一度受困于此，所以这是个普遍性的问题。

按照老规矩：具备普遍性特点的问题我们就不用把它当成什么了不得的“问题”，它就是普普通通的“人性”。

人性难言善恶优劣，但凡涉及，均有存在的必要，只不过控制好度就可以。

那么接下来的文字，主要任务就是帮大伙破执，在人性对面的方向上帮读者朋友们施加点力。

☆2☆

太在乎别人的看法，如果我们非说它是种“病”，那么这种病的病根之一就是：自我聚焦过重。

心理学在这方面有个很好玩的理论，叫：被洞悉错觉。

说白了就是一个美丽的误会：你

总觉得你在他人那里是放大状态的，是趋近于透明的，是相当重要的，你举手投足之间都有三万多观众举着显微镜在看你，别人轻易就能秒懂你的心意。

而且不光你这样，大家都这样。为啥？因为人都习惯以自我为中心嘛。

结果这世界到处都是浓墨重彩的自我，于是太在意别人看法就具备普遍性。

然而真相就令人哭笑不得啦，你想也知道嘛，既然人人都以自我为中心，别的“戏”里的“主角”，哪里有工夫看你？

相反，人家没准正担心着作为他那场戏里观众的你，正怎么瞧着他自个儿呢。

研究人员还专门做过一个实验：让一群自己觉得自己很紧张，或是穿着有点别扭，或是身体哪个部位不太自在的人，登台演讲。演讲过后问一下观众：大伙看出他哪儿有问题没？

大半的观众都直言：没毛病……当真没毛病否？当然不是，只不过，你对自己的状况了如指掌，但他人未必就能看得分明。

况且，第一排的先生们正思考今天领带的颜色对不对，第二排的太太们正考虑自己的晚礼服是不是有点紧，人家哪有闲心注意你的事情？

☆3☆

按照对治的逻辑，那就是说想让自己别太在意他人的看法，就时常提醒自己：其实并没有那么多人在看我？

这倒是个策略，但治标不治本。我们上文提到：根本原因是你自我聚焦过重。所以最稳妥的是从根本上解决问题。

自我聚焦过重，是什么意思？

想象一下，当你被命令从舞台的这头走到那头，手中什么都不拿，光走。台下有一堆人看着你，你自在吗？当然不，你的注意力全在自己身体上：哎呀我步伐是否矫健啊？我是脚跟先落地吗？

这种状态下你不自我聚焦过重都不行，因为舞台上除了你没别的东西。

自我聚焦过重的天敌是自我扩大化。

再想象一下，如果你接到的命令是：请把一颗核弹从舞台这头送到舞台那头去，且该核弹异常敏感，你千万小心。

这种状态下你哪会顾及自己的仪态姿势啊，当然是甭管自己怎么样，把事搞漂亮就行。而且他人对你的聚焦也扩散了，哪怕你用最丑的姿态顺利完成了危险任务，旁观者也会对你竖大拇指，说最帅的就是你。

你看，你活生生把帅的定义从狭义延展成了广义。

所以想让自己别太在意他人的看法，一条必经之路是将自我扩大化。让现在的你自己仅仅作为更大自我的一部分，去做一些事，去展现自己的价值，让事情成为你的作品，成为你自我的延伸，进而构建起一个巨大的自我。

不知你发现没有：人总会随着年龄的增长自然而然地自信起来，原因就是经历得多了，本事也有了，也具备实现自我价值的依托了，“自己”变大了，就再也顾不上原来的那个颤颤巍巍、风声鹤唳的“小自己”。

☆4☆

以上聊的都是如何摆脱“总活在过去”的事情。

接下来再说说由于过度在乎他人看法，导致自己总活在未来怎么办的问题。

你每天都各种担心：担心自己混得不好，亲人乡里怎么看我呀，会不会失望呀？如果自己终局是平凡，将来会不会被朋友瞧不起？

谁知道呢，也许不会？嗨，就往坏了想，就算会吧。

这种状况怎么办？我想给大家分享一句小孩子都知道的废话，那就是：你要记住，人，是会死的。

不是说评价你的那些人会死光，而是说我们自己，我们最终都会死亡的。

别觉得这话水，依我看，这是每个成年人最应当掌握，且需要时常提醒自己的无上真理。

这话强就强在虽然简单得要命，但如果我不特地说一下，你都想不起来。谁在看这篇文章之前会跟自己说：你是会死掉的呀？

但读完这篇文字后，你有必要把它当作你的座右铭之一。

一想起自己终归会死的，而且就是万把来天以后，很多执念就都破掉了。

什么魑魅魍魉灯红酒绿刀光剑影牛马猪驴，历史上比你在生活各个侧面突进或萎缩的人多了去了，而今安在哉？

什么？这事很遥远？请听题：一个月之前是什么概念？答：仿佛就在昨天。就此可以估摸一下，大结局离你有多近。

所以聪明的你告诉我：嘲笑吹捧都是个什么东西？面子里子各值几斤几两？

况且这条路上若真是如此热闹也就罢了，真相是：这条路上从头到尾，只有你自己，真正意义上一直陪着你的，也就你自己。我们都不知道明天会发生什么，唯一确定的是：我们都会怀揣着或大或小的孤独，渐渐老去。

所以你可以要求你自己，但千万别太难为它。你的时间储蓄卡余额不多，且无法充值续费，少年啊，请洒脱，请当心，请放下，请放心。

☆5☆

关于解决太在意别人看法的问题，我们只给了两条建议。

细心的读者会发现：第一条自我扩大化，提醒的是空间。第二条站在死亡的角度看问题，提醒的是时间。

空间层面上：请把目光从躯体上移开，让多种事物成为你的延伸，你的作品，如此才能走向更加开阔的天地。

时间层面上：匆匆赶路的同时别忘记抬头看路。君莫言：未知生，焉知死？君不知：不能好好正视死去，便无法好好看待活着的问题。

最后附赠一点：如果真的畏惧某人或某些人怎么评价你，怕得不行。那不妨来个“崩溃疗法”，打马上前，找他或他们谈心，保持坦诚，直言你的烦恼、恐惧、心有余、力不及。

没准你会听到另外两种声音：一是“你挺好的啊，我没那么看你或要求你”；二是“谁在说话？没听清”。

什么是最好的时间管理

□佚　名

最近我看到一个观点，说时间管理这个事，一般方法的入手点，可能都错了。为啥？因为都是想站在自己和时间的外面，规范对时间的使用。这样管理得越狠，就越是分秒必争，就会让自己的生活越绷越紧，最后谁都受不了。

那真正的时间管理的秘诀是什么呢？其实秘诀就是四个字。头两个字是“沉浸”。沉浸在自己做的事里面。你可能会说，不对啊，我就是沉浸在刷手机、打游戏里面，所以才浪费时间，才需要时间管理嘛。

对，光有“沉浸”两个字还不够，还得有两个字，“尊重”。沉浸在你尊重的事儿里面。比如读书、健身、向佩服的人请教。

只要你能说服自己沉浸在这些你自己尊重的事情里面，那不必给时间打什么格格，做什么约束，你实际上也是最大程度地利用好了时间，这本身就已经是最好的时间管理。

我的“偶像包袱”症

□庚　渊

我是一个“偶像包袱”特别重的人。

小学时成绩好，性格内敛，不惹是生非，是大家眼中典型的好学生。正因如此，我在心里常不断地告诫自己，班规禁止的事不能做。

事实上，那些班规早已是陈年戒律，连老师都不在意了。比如在教室里吃东西，只要不是在上课时吃，老师是不会计较的。

但那时我特别在意别人的目光，所以就真的从来没有在教室里吃过任何东西，连一颗糖都没有吃过。

小学六年级时，有一天课前，我突然很想吃糖，而我的口袋里正好有同学给我的糖。

老师还没来，班里闹哄哄的，大家都在各自玩耍，我扫视了一圈教室，感觉这个时机非常好。

我握着糖，迟迟不敢拿出来，我不知道我在怕什么，是怕老师批评还是怕同学的目光？明明是一件很正常的事，在那时的我眼里却好像犯罪一样。

最后我还是吃了，但吃得鬼鬼祟祟。

我将额头贴在桌沿，脸埋进桌兜里，缓慢地从口袋里拿出糖，小心翼翼地剥开，然后放进自己的嘴里，轻轻地咀嚼。

我吃完糖抬起头，发现班里一个爱打闹的男生正站在我面前，疑惑地看着我。当我与他四目相对，他“噘”了一声，说：“我还以为你哭了呢，头埋在桌子下那么久。”

我的脸一下子就红了。

上了初中，我依然如此，而且似乎到了一种病态的程度。

初一时去朋友的学校看晚会，朋友递给我一片口香糖，我说了声“谢谢”便剥开吃了。

然而，一片口香糖，我从晚会开始嚼到了晚会结束。只因为，我不敢吐出来。

我已经不害怕在大家面前吃东西了，却害怕把口香糖吐出来，因为觉得那样会影响我的个人形象。

我看到朋友很自然地把口香糖吐在包装纸上，然后包起来扔掉，可这样容易的事我始终做不到。我不知道到底该如何将它吐出来，再将它包起来。

晚会快要结束的时候，会场已经变得很暗了，秩序也开始混乱，观众四下走动。就在这时，我猛地弯腰低头，迅速地将口香糖吐在了包装纸上，然后包好。那种慌张与谨慎，仿佛窃贼。

初一期末考试那几天我感冒了，涕泗横流，但在考场上我连鼻涕都不敢擤，只敢轻轻地用纸巾擦拭两下，但那根本是不管用的，费了好多纸，还是很难受。

而坐在我前面的同学，他也感冒了，整场考试，都能听到他在用纸巾擤鼻涕。虽然觉得不雅，却是发自内心地羡慕他能这么勇敢地擤鼻涕！

我的“偶像包袱”症直到高中也没有痊愈。

上了高中，我仍旧是那个不敢擤鼻涕的胆小鬼，而且，事情似乎更糟糕了——上课时我想上厕所，都不敢举手跟老师说。

我总是很在意别人的目光，很害怕别人的目光，害怕自己成为焦点。

小学时我是升旗手，但因为在升旗走场时，我总觉得旁边有不怀好意的同学在笑话我腿粗，于是自己和老师提出退出，而且从那之后我再也没有穿过裙子。

从小学到高中，我都不算一个长得好看的人，我理应是没有什么“偶像包袱”的。长大后，我才渐渐明白，我的病因不是“偶像包袱”，而是深入骨髓的自卑。

我一直很害怕人群，始终认为别人会注意到我。他们看我，就会笑我身上的缺陷，笑我皮肤黑、笑我腿粗、笑我个子矮，笑话所有我身上能嘲笑的地方。我的脑袋会嗡嗡作响，手指僵硬，脚可能会因为紧张和害怕而变成一只“内八”、一只“外八”，严重的时候额头甚至会冒冷汗。

我笑话自己患有“人群恐惧症”。

我的“胆小”随着年纪的增长而消减。尽管还是害怕人群，但阅历已经让我明白一个道理——真的没有人在看我，我真的不需要那么在意别人的目光。

每个人都很忙，忙着生活、忙着生存，就算大家走在路上，注意的也只会是那些非常好看或者非常奇怪的人。

我不必那么在意别人的目光，吃糖、将口香糖吐出来、擤鼻涕，都是再正常不过的事，只要不打扰他人就好了。

没有人会注意我如何吃糖、如何吐口香糖，更不会有人就我擤鼻涕这个举动议论一番，毕竟多数人都有过感冒擤鼻涕的经历。

你不用演戏，不需要伪装，做最真实的自己就好。

就像高一那年同桌对我说的一样——你不必担心那么多，又没有观众。

做事分等级，先抓牛鼻子

□李　原

天，动物园管理员发现袋鼠从笼子里跑出来了，于是开会讨论，大家一致认为是笼子的高度过低。所以他们将笼子由原来的10米加高到30米。第二天，袋鼠又跑到外面来，他们便将笼子的高度加到50米。这时，隔壁的长颈鹿问笼子里的袋鼠：“他们会不会继续加高你们的笼子？”袋鼠答道：“很难说。如果他们再忘记关门的话！”

事有“本末”“轻重”“缓急”，关门是本，加高笼子是末，舍本而逐末，当然不见成效了。与之类似，我们常常会看到这样的现象，一个人忙得团团转，可是当你问他忙些什么时，他却说不出个所以然来，只说自己忙死了。这样的人，就是做事没有条理性，一会儿做这一会儿做那，结果没一件事情能做好，不仅浪费时间与精力，更没见什么成效。

其实，无论在哪个行业，做哪些事情，要见成效，做事过程的安排与进行次序非常关键。

有一次，苏格拉底给学生们上课。他在桌子上放了一个装水的罐子，然后从桌子下面拿出一些正好可以从罐口放进罐子里的鹅卵石。当着学生的面，他把石块全部放到了罐子里。

接着，苏格拉底向全体同学问道：“你们说这个罐子是满的吗？”

学生们异口同声地回答说：“是的。”

苏格拉底又从桌子下面拿出一袋碎石子，把碎石子从罐口倒下去，然后问学生：“你们说，这罐子现在是满的吗？”

这次，所有学生都不作声了。

过了一会儿，班上有一位学生低声回答说：“也许没满。”

苏格拉底会心一笑，又从桌下拿出一袋沙子，慢慢地倒进罐子里。倒完后，再问班上的学生：“现在再告诉我，这个罐子是满的吗？”

“是的！”全班同学很有信心地回答说。

不料，苏格拉底又从桌子旁边拿出一大瓶水，把水倒在看起来已经被鹅卵石、小碎石、沙子填满的罐子里。然后又问：“同学们，你们从我做的这个实验中得到了什么启示？”

话音刚落，一位向来以聪明著称的学生抢答道：“我明白，无论我们的工作多忙，行程排得多满，如果要逼一下的话，还是可以多做些事的。”

苏格拉底微微笑了笑，说：“你的答案并不错，但我还要告诉你们另一个重要经验，而且这个经验比你说的可能还重要，它就是：如果你不先将大的鹅卵石放进罐子里去，你也许以后永远没机会再把它们放进去了。”

通过这个故事，我们发现，做事前的规划非常重要。在行动之前，一定要懂得思考，把问题和工作按照性质、情况等分成不同等级，然后巧妙地安排完成和解决的顺序。这样才能收到事半功倍的成效。

这就是艾森豪威尔法则的明智之处。它告诉我们，做事前需要科学地安排，要事第一，先抓住牛鼻子，然后依照轻重缓急逐步执行，一串串、一层层地把所有的事情拎起来，条理清晰，成效才能显著，不要眉毛胡子一把抓。再如最前面动物园的例子，凡事都有本与末、轻与重的区别，千万不能做本末倒置、轻重颠倒的事情。

你不是必须焦虑

□许 崧

前阵子跟一位二十几年未见的老同事又合作了一回，因此有了点新的认识：过分操心，是因为焦虑。

焦虑大概是负面情绪中伤害值最高的品种之一。

悲痛这样的情绪虽然极致，却不能持久。所有极致的情绪都无法持久，体能消耗太大。

焦虑并不极致，大部分时候看起来还很温和，但胜在绵绵不绝。从焦虑的表现看，它像是独立于宿主意志的一个不受控制的存在，并且决心要尽最大努力存活下去似的。

我一贯认为成熟的人至少要具备两个条件：面对不逃避，知礼识分寸。哪怕其他一切都还像个中学生，只要有这两条，就是个成熟的人。但是，这很难的，很多人一辈子没学会，还有人一辈子没想过这也要学。

情绪是人性的表达。大家都是人，在给定条件下我们被激发起的情绪也都差不多。饿得狠了，都会“慌了”；看到喜欢的人，都会“荡漾”；看到美景，都会“屏息”。

《未来简史》中说的“人类就是算法”，差不多就是这个意思。

然而，我们也并不是任由自己的情绪不受控制地表达出来的。作为社会性动物，我们要聚集在一起求生存，就不能由着性子行事。如果大家都由着性子来，那就是板上钉钉的人间地狱。法律也可以说就是用来控制人的情绪的，关键时刻让很多人一下子冷静了。所以，只要是脑部没有病变或创伤的人，谁都有控制情绪的能力，用不用或者在不在意而已。

由着自己的情绪来当然简单，也爽。可惜有后果。因为有后果，大多数人躲起来在没人看见的地方或者自己人那里闹闹也就算了，在外面通常会克制。

焦虑一般并不会严重到会带来危害的程度，大家也就没那么重视。其实不应该。

之所以把焦虑列入伤害值最高品种之一，是因为焦虑就像是靠啃啮你为生的“脑鼠”，一小口并不会让你觉得有多痛苦多难承受，但一小口接着一小口，你对生活的满足感却就此慢慢下降了。而“生活的满足感”，正是我们称之为“幸福”的那件事。这样的代价，无论如何都有点太大了。

况且，有些焦虑惯了的人，甚至开始对焦虑产生了依赖，仿佛不去担心什么日子就不完整了。偏偏这个时代又很配合他们，提供着足够的题材让他们有操不完的心。

最近老有人跟我说起如果人工智能把工作岗位都取代了，我们该怎么办，我们的孩子们该怎么办。起先我还能好有耐心地解释，如果社会财富总量在增长，而财富不再稀缺，社会一定会改变现有的分配体系。

我们已经一只脚踏进了富足社会，日新月异的技术进步又让我们拥有了过去不可想象的能力，那么基于算法的分配方式或许就没那么天方夜谭了。然而惯性中的人并没那么容易被说服。他们需要一个确定的未来才会少焦虑一点，可是未来注定是不确定的，谁又能知道确定的明天会是什么？人类社会的发展一直呈锯齿形向上，而我们终究还是在向前。

有幸活在这个大时代，还要操心些自己操心不着而且完全无解的问题，在我看是另一种形态的暴殄天物。

焦虑作为一种情绪，不是不可以克制的，就看个人是否意识到，是否愿意做点情绪管理。

后来我发现，读读心理学方面的书对情绪管理很有用，就推荐了很多这类书给那类人。

那些领了书单的人果然就很少来烦我了，大概是不好意思说不好用，我也就因此得了清静。

凭借『如果』之力

□［日］小山薰堂 译／杨珍珍

思考事物是不需要教科书的，生成新构思的练习在任何时间、任何地点都可以进行。

比如，乘电梯时只呆呆站在轿厢里未免太可惜，完全可以将其作为重置自己的机会，加以活用。方法很简单，尝试拟人化地想象“假如我是电梯”。

电梯的“理所当然”是一生只能上下移动，一生只能运送乘客或货物。所以，试着想象电梯“偶尔也想横着移动”的心情，又或者想象电梯也会在上下班高峰期或午餐时间发发牢骚：“喂喂，超重啦！不要一下子上来这么多人嘛！”

如此移情人物，尝试从不同视角出发，思考诸事诸物。这种做法听来似乎有胡思乱想之嫌，但的确是很有效的想象练习。

用餐时也可以假想“如果我是斑节对虾”。

斑节对虾被摆在盘里端到眼前，想象自己就是对虾，在头脑中编织出对虾迄今为止的生涯。

某天，你正在海里心情愉悦地游来游去，结果被人类用渔网捞走。大海是如此宽广，“为什么偏偏是我？我的运气怎么这么差？”为此愤怒不已。因为要活着被送往厨房，所以你被迅速投入木箱。一瞬间，身上不再是海水，而是锯末，因为浮尘飞扬，所以你忍不住咳出声来。这还算好，刚从木箱中被拿出来，你就被粗暴地抓住头部，还没有来得及喊疼，便被利落地剥去甲壳。咔嚓！

啊！真是可怜！

如果是炸对虾，你很快就会全身裹满面糊，而悲剧到此并未结束，瞬息之间，你被投入滚烫的热油中，简直痛苦至极……我们平常吃炸对虾时是不会这么想的，然而，偶尔化身对虾，考虑它的心情，可以很好地练习编织故事的能力。

实际上化身“他物”，从其角度进行思考是非常困难的。如果内心深处被自己的“理所当然”频频干扰，那思绪的野马很难尽情飞奔。所以每周一次，利用身边的物体来场“胡思乱想”如何？

为什么你说话时不敢看对方眼睛

□佚　名

人们通常认为，讲话时避免眼神接触是怕尴尬或不自信的表现。然而，日本京都大学的科学家们给出了另一种科学解释。事实上，我们并不只是尴尬，而是大脑无法同时兼顾“思考恰当词汇”和“眼神接触”的任务。

2016年，日本京都大学的科学家们为此进行了一项实验。他们让26名志愿者在玩词汇联想游戏的同时，盯着由计算机生成的脸庞。在进行眼神接触时，受试者更难想出词汇之间的关联。

研究人员写道：“尽管眼神交流和语言处理似乎是独立的，但志愿者在进行眼神接触时，需要花更长时间才能想出答案，这种迟疑意味着，大脑同时处理太多信息了。”

所以，如果有人在谈话过程中看向别处，他们可能不是不礼貌，只是认知系统超载了。

如果你没有考上理想的大学

□王小吉

高考结束后，很多人的人生走到了一个关键的十字路口。而此时如何选择前方的路，对于未来的生活至关重要。

有些人幸运地考上了自己理想的大学，顺利地读了自己喜欢的专业。而另外一些人，因为种种原因，没有考上理想的大学，因而非常沮丧和迷茫。如果你也是其中的一员，那么未来又该何去何从呢？

我有一个资深的来访者小雅，十年前，她在高考中发挥失利，没有考上理想的大学。因为父母不同意她复读的计划，所以她被迫去一个西部小城读了三年大专。

这三年对于小雅来说是极其难熬的，也是充满怨恨和无奈的。她把全部的时间都用在了追悔和埋怨上。三年下来混到了一个没有任何含金量的文凭，自己又没有真才实学。毕业后，回到家乡省会城市的处境可谓相当艰难和尴尬，小雅的日子一直过得很不如意，而追究起原因来，小雅认为全是父母没有让她复读造成的。因为她一直坚信，由于没有一个过硬的文凭，她的人生已经没有任何希望可言了。

和她有相似经历的是我的另一个来访者，他叫小峰，今年十九岁，上大二。去年他考上了一所三本学校，从此他的生活就变成了吃饭、睡觉和玩游戏。

我问他，将来有什么打算？他说，想做生意。我提醒他，如果从商应当去学经营管理方面的知识。他惊讶地望着我，不解地问道：“做生意这么简单的事，还用花时间学？”

我看着小峰，仿佛看到了另一个小雅，我不禁在想，他们把大好的光阴拿来虚度，难道只是因为他们没有考上理想的学校吗？而没考上理想的学校就注定了一生的失败吗？

事实上，有好多成功人士根本没有踏入过大学校门，比如只有小学学历的童话大王郑渊洁；只有初中学历的钢铁大王安德鲁·卡内基、数学家华罗庚。而大学没毕业的也大有人在，比尔·盖茨，音乐人高晓松，他们同样没有一张大学文凭。

所以，是否考上理想的大学，有没有一张过硬的文凭与人生是成功抑或失败并无绝对关联。

心理学上有一个著名法则叫“费斯汀格法则”，它来自美国社会心理学家费斯汀格。该法则指出，生活中的10%是由发生在你身上的事情组成，而另外的90%则是由你对所发生的事情如何反应所决定。

费斯汀格曾在书中讲过这样一个故事：卡斯丁早上起床后洗漱时，将自己的高档手表放在洗漱台边，妻子怕表被水淋湿了，就顺手拿过去放在餐桌上。儿子起床后到餐桌上拿面包时，不小心将手表碰到地上摔坏了。于是二人争执起来。一气之下卡斯丁直接开车去了公司，快到公司时才意识到自己忘了拿公文包，又立刻转回家。

可是家中没人，只好打电话给妻子，妻子往家赶时，撞翻了路边水果摊，她不得已赔了一笔钱才脱身。拿到公文包时，卡斯丁已经迟到15分钟。

妻子因为早退被扣除当月全勤奖，儿子当天参加棒球赛，原本有望夺冠，却因心情不好发挥不佳，第一局就被淘汰了。

而这次事件的90%，只因其中的10%，即那块被无意掉在地上的手表引发。

事实上，没有考上理想大学对于人生成功失败并不起决定作用，真正起决定作用的是，在那之后未来的路该如何走。是把这失败的10%一直无限扩大成100%，还是通过自身的努力书写好后面的90%，何去何从皆掌握在你自己手上。而如果推卸责任，拒绝成长，你的人生也就永远定格在高考那一年了。反之，无论高考成绩如何，90%的命运仍然掌握在你手里，相信自己，相信未来，努力追寻梦想，你就仍然有机会拥有一个无限光明的未来。

相遇

□顾城

我们应该早些相遇
但别是灼人的夏
刚落停的春雨
青草提腰的梦呓

最好是这时候
微风把阳光轻抚
鸽羽在空气中响着
多了好些云朵
我想带上一只羊羔
而你什么也不带就好
坐下当一个初生的婴儿
听我告诉你
它最柔软的地方

“翻白眼”后面的文化信息

□徐贲

当今网络情绪的色彩板上，有一种主色调叫蔑视。比如一篇帖子说：“有那么一群人，从来不加油，却在研究着你的油价……”把对所谓“专家”的蔑视和鄙夷表现得淋漓尽致。蔑视的情绪后面隐藏着怎样的文化信息呢？

蔑视可以分为两种，一种是用语言表示的，运用的是嘲讽、挖苦和讽刺的修辞手法，如非人化、贬损、极度夸张甚至谩骂等；另一种是非语言的面部表情，不说话，但清清楚楚地写在脸上。

1988年，美国心理学家保罗·艾克曼和卡尔·海德在关于人的脸部表情的一项研究报告中说，蔑视表情的特征是“嘴角收紧，朝脸的一边上翘，或者歪着嘴”。他们观察到，10种不同文化中，都能准确地辨识出蔑视这种表情。他们让美国人、日本人和印度尼西亚人显示出蔑视的表情，然后让印尼的西苏门答腊人看，正确辨认率高达75%。

蔑视还有做怪相、翻白眼的。得克萨斯大学行为和脑科学教授马里恩·K.安德伍德就把不理睬、“翻白眼”作为女孩子表示蔑视的常见表情。

美国心理学家米歇尔·梅森编过一个讨论蔑视的文集，叫《蔑视的道德心理学》，提出了人际交往和社会生活中应该如何看待蔑视的社会伦理问题。一种意见认为，蔑视包含一种社会性的是非和对错判断，对于维护道德规范是必要的；另一种则认为，蔑视是一种无声的侵犯行为，在公共行为中，我们应该避免，至少是疏远蔑视。

应该说，这两种看法都有相当的道理。美国心理学家梅卡莱斯特·贝尔在《敌意：蔑视的道德心理》一书中令人信服地证明，蔑视经常包含对不当行为者及其所作所为的道德判断。被蔑视者自私、虚伪、口是心非、说一套做一套，虽然不触犯法律，却造成了他人情绪上的极大不快，他人自然而然就会流露出看不起和鄙视来。

大多数时候，蔑视是一种不作声的冷批评。人们心里蔑视，但不一定说出来。这也是蔑视的一个特点，蔑视一个人经常是干脆不理他，只当他不存在。

他自尊自贵，起劲地表演，你只当他是在耍宝，只当没看见，这才是最大的蔑视。因此，蔑视是一种不寻求对抗、懒得去纠正的冷淡和鄙夷，这样的蔑视经常是一种相当无奈的选择。

在公共场合，不加掩饰地对一个人表示蔑视，是对他的一种公开敌意。“竹林七贤”之一的阮籍以善翻白眼著称。在他为母亲举丧的时候，品行高洁的嵇康来吊丧，阮籍迎接他，投以青眼。嵇康的哥哥、追名逐利的嵇喜来吊丧的时候，阮籍则十分冷淡，投以鄙夷的白眼。

在美国，公开向人投以白眼表示蔑视，可不是一件好事。公开蔑视被视为“非语言性的社会侵犯”，不是表达批评的正确方式。2003年，加州帕罗奥多市议会上有人提出，当选的官员不得在公共会议或集会上做出蔑视的表情，因为这种表情是粗鲁的，是公开的敌意。由于难以界定什么是蔑视的表情，这个提案最终没有被通过。

但是，这件事再次提醒人们，在公开场合，蔑视的表情，比如翻白眼，是无礼的，不符合教养的规范。对低龄的孩子就应该给予这方面的教育。

洛克在《教育片论》中讨论到教养问题时说，良好的教养要求我们在言行举止中避免“无礼”，对别人要表示“善意”和“尊敬”。要做到这一点，有赖于两件事：首先，从心底要保持一种不去侵犯别人的心思；其次，要学会以为人接受、令人喜悦的方式表达这种心思。做到其一，人可称得上是彬彬有礼；做到其二，则可称得上是优雅得体。

可见，一个正派社会对人的公共行为有比较高的要求，在关于蔑视的问题上多少也能看出这样的特征。

非洲人为什么总迟到

□三　木

“好的先生，我马上到！”——在电话里若是听到对方说这句话，接下来该做什么，得看你身处何方。

如果在非洲，此时你可以选择打开一局“文明5”——在对方出现之前，时间足够你把一个文明从远古时期演进到工业革命。

在非洲，我第一次懂得“饭做好等了两个多小时客人才姗姗来迟”是一种怎样的体验。然而，就那位被我们宴请的当地移民局负责人脸上轻松自然的神态来看，这种体验大概就和每天感受着太阳东升西落一样普通，完全没必要表现出一副怀疑人生的样子。

这件事堪称教科书级别的案例。它告诉我们，在中国人和非洲人的会面中，总有一方怨声载道，总有一方一脸无辜，时间则永远不在计划之内。

在非洲，无论是医院，还是各种公司、机构，都有着量子一般、永远测不准的上下班时间。比如，移民局的工作人员总在上午九点到十点某个时间出现，在下午一点到两点某个时间消失，你永远不知道具体的时间点是什么。而移民局的局长更是和中微子一样，几乎完全捕捉不到他的踪影，只有在非常走运或非常耐心的情况下，你才能发现他安坐在自己的办公室里。

在非洲，唯一准点的也许只有日出日落。

肯尼亚哲学家约翰·姆贝提将有历法的非洲传统时间观总结为斯瓦西里语中的两个词：Sasha和Zamani。Sasha的本义是尚有在世之人认识的亡灵，Zamani则指不曾被任何当今之人见过的古老亡灵。

非洲人认为，当一个人离世后，他并没有“完全”死去，而是生活在生者的记忆里。只有在最后一个认识他的人死去后，他才算真正死去，即从Sasha变为了Zamani。

非洲人眼中的时间亦可对应到这两个词上：Sasha代表的是人正在切身感知的时间，包括刚刚发生的、正在发生的和在短时间内即将发生的事件。当每段时间渐渐成为久远的过去后，它就从Sasha转化为Zamani，被安放进了和所有创世神话、英雄史诗共享的时间墓地之中。

在这种时间观中，时间被由远及近地分类为Sasha和Zamani，这种由生者和逝者所代表的二元时间中也没有长远未来这个维度，因为未来遥远而未知，最重要的是，它就像是从未出生的生命那样，本身就是不存在的。

每次我预约修空调的小哥时发生的事，似乎可以成为这种分界模糊的二维时间观的绝佳案例：他在电话中总会告诉我“马上来，正在路上”或者“明天上午来”，而对应的实际情况往往是两三个小时后才到或者第二天下午才来。而这样的情况，在非洲绝对是常态。在我们看来被安排在未来一个个精确时间点上的事件，在以空调小哥为代表的非洲人脑中，可能就只是将它放进了Sasha这个时间之池之中，只要在近期能完成就行，具体的时间可有可无。

因此，等待两分钟或十分钟后，就开始焦躁、抱怨的中国人，肯定是第一次来非洲；得到非洲人的答复后，优哉游哉地去干自己的事的人，脑中大概已经有了Sasha式的时间概念，才算得上合格的“老非洲”。

望故乡

□刘　建

暖暖的温度
是我身体里的一滴血液
那遥远的星辰明明灭灭
像一阵阵退涨起伏的疼痛
我的窄窄的胸怀
是一小块寂寥的夜空
——哦，故乡
风吹落枝叶上的残雪
斑驳的月华低垂
寂寞一样冷，忧伤一样重
巨大的乡愁啊
此刻小得像挂在我眼角的泪珠
轻得像我微微的一声叹息

气候能塑造人的性格吗

□李紫苏

性格的形成是很复杂的，它往往是许多因素综合作用的结果，比如童年经历、父母文化水平等。有研究表明，气候在性格形成过程中也发挥着重要作用。而且气候对性格的影响遵循着“金发女孩原则”（指凡事恰到好处就好），即温和宜人的环境温度是有益的，而太热或太冷的环境都可能造成伤害。更具体地说，在环境温度常年接近22℃的地区成长的人，相比于那些在温度过低或过高的地区成长的人，其性格会更加外向，情绪更稳定。这是为什么？

气候宜人性格更外向

研究人员认为，对于人类来说，最令人舒服的环境温度通常在22℃左右。在接近心理和生理的最佳温度下成长，人们往往更愿意到户外活动，比如社交活动和户外探索，从而影响他们的个性。相比之下，当环境温度太低或太高时，都不利于个体外出。当温度过低时，人们往往更愿意待在室内，减少外出；而温度过高时，人的情绪会更容易愤怒，导致攻击性动机增加。

研究人员选择中国和美国这两个地理面积大且文化迥异的国家进行研究。在中国，来自59个城市的5000多名大学生参与了研究。由于出生到成年这一人生阶段对性格的形成非常重要，研究者收集了参与者成长地区的气象数据，包括气温、风速、气压、湿度等。且为了排除迁移选择可能带来的影响，研究者将样本限制在上大学前都在其籍贯所在地出生、成长的学生。温和度通过测量各个城市近40年来的年平均气温与最佳气温22℃之间的差值来衡量，越接近22℃表示温和度越高。而性格特征则通过随和性、责任心、情绪稳定性和外向性、开放性五大特征来衡量，前三项可归为稳定性，后两项为可塑性。经过多层次回归分析，其结果与预期一致，即城市平均气温越接近22℃，性格稳定性和可塑性的水平都显著更高，且温和气温是影响性格的唯一气象因素。而在美国进行的实验中，研究人员调查了160多万跨越不同年龄、种族人群的美国人，其结果与在中国的研究一致。

由此可见，生长的气候环境对人的性格发展有着一定的影响。

宜人、温和的环境，人们往往会更加外向，情绪稳定性更高。因为一个更为宜人的气候环境，更鼓励个体去参加社交活动，而社会互动对于整体情绪水平是至关重要的。

不过，有科学家认为我们没有必要对此做出过多的解读，因为气候变化会使天气更难预测，了解人们对气候平均水平的反应不会有多大帮助。事实上，生存在艰苦、恶劣天气的区域的人也可能更加开朗、乐观。例如挪威人，尽管生活在极寒地区，却很少患上季节性抑郁症。科学家认为这是因为挪威文化中并不认为冬天是宅在家中的糟糕时期，而视其为可以进行冬季运动的美丽季节。所以，心态很重要，人们不需要让刻板印象来限制活动。

全球变暖

此外，这项研究还给我们留下一个有趣的问题：全球变暖会有怎样的结果？随着气温的持续上升，人们是否会变得更加外向，更频繁联系？在这个变暖的世界里，人们是否会更加和蔼可亲？

答案是否定的，而且人们可能会变得更加不善于交际，情绪更不稳定。因为全球变暖会导致更极端的天气，有些地方会经历更严酷的冬天，有些地方则会变得更加干燥和炎热。而极端的天气是不稳定情绪的助推器、愤怒的导火索，这将导致更多的暴力行为，增加犯罪率。心理学家通过研究加拿大因纽特人社区在应对冰雪融化时的表现，来表明气候变化对心理健康的影响。对于他们来说，冰越少，狩猎和捕鱼的机会就越少，这已经威胁到他们基本的生存问题，给他们造成极大的压力和负面情绪。因纽特人现在站在变暖世界的最前线，但不久之后，即使是温带地区那些和蔼可亲、性格外向的人也无法避免。

拿什么拯救『现代式社恐自闭』

□周　晓

本着“这门课看起来学分特别好拿”的原则，我笃定地按下了选修戏剧课的确认键。迈着轻快的步伐，我来到了表演厅。看到老师正积极地张罗着大伙来到开阔的活动室围成圈时，我忽然意识到这课堂内容似乎与课题名称“世界经典戏剧观摩”不太相符——它要求我们参与其中。

在大脑识别了这一重要信息后，我的身体做出了反应。是的，上了一年大学，习惯了在熙熙攘攘的大课室里，做一名安静的观众看着台上的老师表演，我根本不习惯成为一名参与者。我开始本能地拒绝——手心冒汗，心跳加速，呼吸急促。

“来，大家拉起手围成一个圈吧。”“男生女生交叉站啊，别分成男半球女半球啦。”老师轻松地布置了一项项任务，对于幼儿园的小朋友来说都很容易。但是，作为一个大学生，完成这几个动作是多么困难啊！我感到自己是一个常年躲在黑暗里窥探光明世界的人，忽然被别人推了一把，赤裸裸地暴露在世人面前。

所有人都开始犹豫不决。

围成圈？为什么没人带头？那我要不要移动？会不会很突兀？人群开始像一堆蠕虫一样蠕动，扭扭捏捏，圈终于围好了。牵手？上了高中之后，我还与何人有过任何“肌肤之亲”吗？我上一次拥抱母亲是什么时候？我上一次挽着父亲的手臂是多久前？我跟陌生人握过手吗？现在要我和身旁素不相识的异性牵手？“不！”我在心里呐喊，仿佛一位自闭症小孩。理智让我的大脑发送信号给感受器，我最终缓缓地抬起了手。旁边充满朝气的男生对我笑了笑，一把握住了我。刹那间，有一道电流通过我的全身。此时的我，却像是一只奓了毛的猫咪，被不知道什么安抚了，渐渐变得温顺。

嗯，我的心开始不那么慌了。好像做出点改变，和世界进行接触，也不这么难了！

下一秒，我被打脸了。非常难！因为接下来老师说：“接下来3小时里，手机要锁在小黑屋里。”自从上了大学，除了洗澡睡觉，几乎手机不离手，现代人不都这样的吗？我真的打从心眼里认定自己不可能离开手机3小时的。我心里发毛，忽然意识到这跟瘾君子好像没有什么区别。

在接下来的3小时里，我的专注度达到了前所未有的高度集中。到底集中到了什么程度？高考的时候，最紧张的理综考试上，我也不能说是所有时间都精神集中。然而，在这3个小时里，谁说过什么话，脸上的表情，肢体的动作，我是一点也没落下，尽收眼底。为什么会这样？因为老师说：“玩几个热身的小游戏，谁出错了，反应慢了，就学狗撒尿。”好一个狗撒尿，我一个女孩子形象何存？好一个热身游戏，玩完以后冒了一身冷汗。

3个小时结束，我还沉浸在课堂缓不过神来。我惊讶于自己的接受能力，3小时内我从害怕交流，害怕接触，害怕陌生环境，害怕犯错，迅速成长为可以随意交流，自然接触，肆意在地上打滚加模仿狗撒尿……忽然间意识到，这应该就是大家常说的戏剧的魅力吧！完全专注，完全沉浸，完全释放自我……是一种艺术，也是一种生活态度。

我，一个“现代式社恐自闭”人，在一节戏剧课上，痊愈了。

我们是不是比古人更焦虑

□陆 地

张继在唐朝算不上大诗人，但他的《枫桥夜泊》让他名垂千古。张继写这首诗时，心里是非常焦虑的，从诗中看，他已经失眠了大半夜。“月落乌啼霜满天”这一句，说明月亮快要落山了，但诗人还是睡不着。

诗人为什么焦虑到睡不着呢？

有人说是落榜返乡，船到姑苏城外停靠时有感而发；也有人认为这是无稽之谈，应该是当年发生“安史之乱”，士子们大都逃往江南躲避战乱，张继就是其中的南逃士人，那年秋天，他搭乘的船夜泊在苏州。

在唐诗和宋词中，“焦虑”是一种普遍性情绪，也是大量作品创作的源起，很大一部分诗词中都有描写各种焦虑的情绪。

今人是不是比古人更加焦虑？从这个维度上是无法比较的，但人类的情感应该是一致的，焦虑总是与人如影相随，无论是古人还是今人，外界的“风吹草动”就是焦虑的源头，换言之，焦虑更多来自外界的影响。

百度百科这样定义“焦虑”这个词：焦虑是对亲人或自己生命安全、前途命运等的过度担心而产生的一种烦躁情绪。其中含有着急、挂念、忧愁、紧张、恐慌、不安等成分。它与危急情况和难以预测、难以应付的事件有关。

从这个角度来看，今人或比古人更焦虑？

不仅仅因为时代发展加快，每个人的际遇动荡，而且因为信息革命之后，信息传播极快，人们每天大量地接受各类信息的轰炸，比起古人，心境受外界影响的概率几何级地增加。而在古代就完全不一样了，“安史之乱”发生后，近一个月后江南民间才有消息，因为当时信息传播手段落后，信息传播路径狭窄，一些偏僻山乡，或许根本不知国家发生内乱了。

在陶渊明的《桃花源记》中，就描写了一种“信息传播闭环”现象，文中这样写道：“自云先世避秦时乱，率妻子邑人来此绝境，不复出焉，遂与外人间隔。问今是何世，乃不知有汉，无论魏晋。”

陶渊明其实把医治焦虑的“药方”开出来了，你看历史中的大汉，风云变幻，战事不断，东汉末年又三国起，三大巨头在神州大地上斗得天昏地暗，你死我活，可人家一点都不知道。可见，接受外界信息或者选择性接受信息，自成一体，自给自足，人人都可以生活在自己的“桃花源”中。

古人可以凭借落后的交通和信息传播方式，构筑起一个物理层面的世外桃源，而对于现代人来说，是根本做不到这一点的。广播电视互联网以及移动互联网，还有越来越细化的“网络化的社会管理模式”，让每一寸土地都处于“被管理”之中，信息在这些网络上流畅地传播着，谁能躲得掉，逃得了？

在同一个时间节点，若是在古代，一个生活在北方的古人不知道一个生活在南方的古人的日子好不好。而现在不一样了，如果一个生活在北方的现代人如果开了一家饭店，月入1万元，他觉得非常幸福和美满了。但有一天，他一刷手机，发现在南方的城市里，一个在路边卖“煎饼馃子”的老妪都可以月入万元的时候，他的幸福感一下子就崩塌了。

所以一个现代人要筑起一个物质和精神上双重“世外桃源”是不太可能的，或者说因为构建物质意义上的“世外桃源”条件的不具备，大大增加了现代人构建心灵上的“世外桃源”的难度。那些能真正摆脱焦虑的人，往往是一些善于认清传播本质，有选择性接受信息的人，这需要一些精神上的“修行”。

我们所需要的“修行”又是什么？我觉得不过是守得住本心，忍得了孤独，耐得了寂寞。虽然简单，但要做到极其困难。网上有句十分流行的话：“愿时光能缓，愿故人不散。”其实，故人必然会散，而时光却是可以缓的，就在于你能否守得住本心，面对信息“轰炸”，内心有所不动。

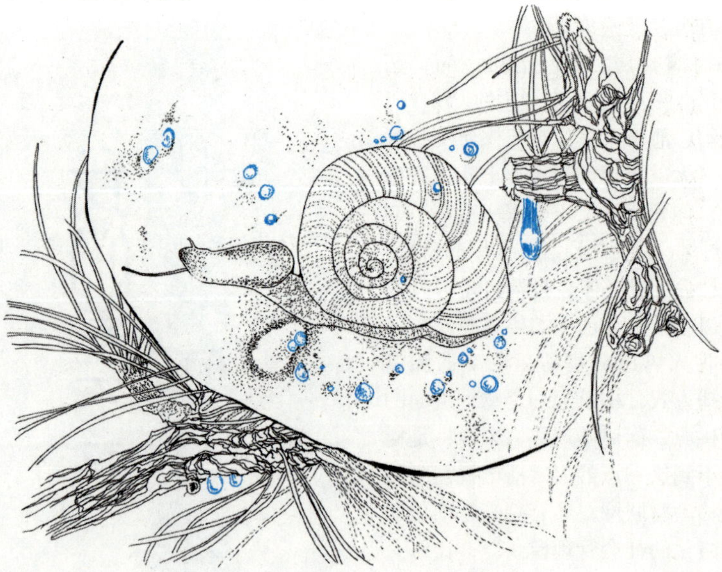

巧合如何影响内心

□佚　名

我们在生活中经常会出现令人惊讶的巧合，调查发现，有74%的人在职业发展中因巧合而受益。对于统计学家来说，巧合“仅只是巧合”，一切都是随机，不可想象的巧合事件注定会偶尔发生。他们提出“大数法则”来解释巧合——在非常庞大的人群中，极低概率的事件是一定会发生的。我们不妨将“罕见”事件发生的可能性定为“一百万分之一”。按地球人口约70亿折计，全球每天可以发生7000件“罕见”事件。你遇到的巧合可能就是7000个罕见事件之一。

但对于那些亲身经历过巧合的人来说，没有什么是“巧合”，一切都是注定的。这方面一个著名的例子发生在美国传媒女王奥普拉·温弗瑞身上。20世纪80年代初期，奥普拉在芝加哥主持一档早间电视节目。那时，她非常喜欢小说《紫色》，尤其欣赏索菲娅这个人物；她祈愿在制作人昆西·琼斯和导演史蒂芬·斯皮尔伯格筹划的改编电影中饰演这一角色。琼斯来芝加哥出差时，在酒店房间的电视上看到了奥普拉。虽然并不知道她想演这一角色，他认定她演索菲娅最合适。取得联系之后，奥普拉答应了邀约，这部电影令她知名度大增。

“我不相信巧合，我相信那是神圣的机缘。”奥普拉说。

心理学家相信，尽管巧合可能随机发生，但它仍是有内涵的，随机里面蕴含着特别的意义。要讨论意义，就进入了心理学领域。

美国斯坦福大学的心理学博士伯纳德·贝特曼是一位专门研究巧合学的专家，他研究了大量与巧合有关的案例和论文后发现，巧合对人类的心理影响巨大。人们甚至可以将其视为某种“信号”，据此做出重要决定。

一个典型实例来自参与贝特曼研究的一位妇女。这位妇女是个寡妇，她告诉贝特曼：“当我开始新的恋情，我担心已故的丈夫会怎么想。有一天，我去他的墓地，无名指不小心被草割伤。我不得不去看急诊，他们取下了我的婚戒来疗伤。我的男友和我把这看作我们可以继续发展的信号。”

贝特曼说：“她把她的手指给割伤了！而她觉得，医院不得不取下戒指是来自已故丈夫的信号。许多浪漫故事也显示，许多人都不自觉地在制造巧合，像这位妇女一样。但他们下意识创造所需要的巧合的方式，往往比她有意识的方式更难解释。”

巧合可以将自己的意愿提醒给我们，它们可以帮人自省，心理学家称之为“共时性”。共时性是贝特曼界定的几类巧合之一，另一类别是序列性：“这是让你留下印象的一系列客观发生的事件。和共时性事件不同，没有什么特别的主观因素。理论上任何人都可以验证。”比如你与朋友见面时，发现他刚订了飞北京的机票，而你也刚订了机票去北京；然后你和老板谈话时又获知他也刚订了去那儿的机票。

不少研究人员已对频繁遇到（或留意到）巧合的人进行心理分析，发现的特质包括自我指涉、直觉力，以及更倾向于寻求生命意义、情感丰富、拥有信仰。而发现巧合及其背后的含义可说是人类的天性——一定程度上我们都有这种倾向。

无关岁月

□蒋　勋

我有一梦，
总觉得自己是一种树，
根在土里，
种子却随风云走去了四方。
有一部分是眷恋大地的，
在土里生了根；
有一部分，
喜欢流浪，
就随风走去天涯。

暴躁，也是一种自我保护

□从非从

很多人觉得“暴躁”是一种不好的性格。有人说：我这个人就是脾气暴躁，脾气上来的时候，自己都不认识自己，根本控制不住。也有人非常讨厌别人的暴躁。跟性格暴躁的人在一起，就像跟炸弹在一起，不知道哪根筋搭错了就要爆炸。

其实人人性格中都有暴躁的一面，只是不一定有机会表现。在亲子关系中，有很多爸爸妈妈，看着孩子总是玩手机，打游戏，写作业三心二意，就大发脾气，骂的时候自己都不愿意睁开眼看。在情感关系中，你看着另外一个人愚蠢、不负责任、自私、冷漠，你会有一种想打人的冲动。

暴躁的主要表现，就是看不惯、受不了的特别多，而且没耐心、爱发脾气、遇事急、不理性、难以自控。暴躁，其实既伤害别人，又伤害关系，也伤害自己。

有些人，想改掉自己的暴躁，采用的方式就是告诉自己“凡事忍耐”“万事克制”“要充满爱”。最后，也还是失败。除非你深入理解暴躁的形成，才能真正改变暴躁。只用意志力来改变，仅是一种徒劳的压抑。

暴躁是人在感到危险时，自我保护的结果。那么，暴躁在保护我们什么呢？

有的人因为感到被压迫而暴躁。当一个人总是要求你做这做那，对你的行为指指点点时，你会忍不住暴躁。比如，妈妈看着太阳告诉你衣服要赶紧收起来，不然一会儿下雨了。你心里的压迫感越强，你暴躁的冲动就越强。

有的人因感到被忽视而反抗。在感情里，有时候你看着一个人总是在玩手机，不理你，你就会产生一种巨大的想把他的手机夺过来摔了的冲动。有的爸爸妈妈特别用心地辅导孩子写作业，孩子却不愿意听，这时候爸爸妈妈的暴躁，其实也是因为感觉到自己的用心被辜负、被忽视了。

有的人是因感到被否定或误解而暴躁。你可能很努力地做好一件事，另外一个人却对你说“一般吧”，你就容易暴躁。你戴着奶奶留给你的项链，有人评论“一看，就知道很拜金”，你就产生想骂他的冲动。

暴躁还有很多别的可能。每个人受的伤可能不一样，但可以确定的是：暴躁，是人与伤害他的环境互动的结果。环境和他人不一定真的伤害他们，但只要人内心体验到了被伤害，就暴躁了。

我们要问自己：我暴躁的时候，内心感受到了怎样的伤害？他暴躁的时候，他体验到了什么伤害？

伤害的体验，由两个原因造成：一个是现实刺激，真的有伤害；一个是对伤害的敏感度。在同样的现实刺激基础上，对伤害越敏感，越容易暴躁。

知道了暴躁是怎么来的，之后怎么办呢？

第一步，感谢暴躁。暴躁在告诉你，有人受伤了。受伤没有应不应该，疼就是疼，没有对或错，你不能告诉自己“你不该疼，这也是矫情的表现”。暴躁只是一个信号，它在提醒你，你应该去关注下这种受伤。

第二步，倾听暴躁。你问自己，我受到了什么伤害？这个伤害在说什么呢？你不该这么对我，你不应该忽视我、否定我、要求我。

第三步，睁开眼看看。别人在否定你、不理解你、忽视你时多少部分是因为他真的很过分，多少部分是因为激活了你早年的创伤？你创伤的部分，是你需要自己负责的部分。

第四步，看到需求，并为之负责。暴躁的时候，你的需求是什么？你应该尊重我、倾听我、关注我，这是我的需求。问自己：我可以为这个需求做点什么呢？

第五步，选择。当你愿意为自己的伤害和需求负责，你就可以去找方法了。每种需求，都可以找到至少100种方法来应对，使用暴躁本能反抗，只是其中之一。

暴躁，成了我们更了解自己和他人的一个机会。当我们想与人亲密，就可以利用这个机会；当我们不想亲密，就可以做点什么保护自己。

一个孩子身上的英雄主义

□刘华剑

❶

以前支教的时候，班上有一个贫困生，当时那个男孩子只有十二岁，爸爸死得早，妈妈离家出走了，留下他和年迈的奶奶相依为命。

他每天一起床，就得先做农活挑水做饭，然后急匆匆地赶去学校上课，放学后又要去放牛割草，把家里的事情都忙完后才能写作业。

一个十几岁的孩子，身体都没有发育好，却要和大人一样做农活，我曾经看过他割麦子的样子，戴着一个草帽，握着镰刀，一低头几乎就看不见他的人，烈日炎炎下他的动作缓慢却坚定，就像《孤独的守望者》那幅插画。

这个孩子成绩特别好，当时学校有两个数学竞赛名额，我把他报了上去，去市里考试需要一天，中午吃饭的时候我看到他拿着两个干瘪的馒头对着白开水在那儿吃，就把他带去餐馆吃饭，点了几个小菜，他却迟迟不动筷子。

我问：“你不饿吗？怎么不吃饭呢？”

他支支吾吾地说：“我没钱。”

我拍了一下他的头：“和老师一起吃饭，能让你出钱吗？快点吃，下午好好考试。”

他感激地看了我一眼，然后才狼吞虎咽，城市的一切对他来说都是新奇又陌生的，他兴奋地望着那些高楼大厦和电子屏，仿佛看到了新世界。那一次他发挥得很好，得了一等奖后县里还专门派人把奖状和奖品带到学校，其实也不是特别大的奖品，就是一块电子手表，估计也才几十块钱，但他把手表握得紧紧的，仿佛拿到了宝物一样。

这个孩子沉默却不敏感，并不像一般贫困生那样容易自卑，我去他家做家访的时候，虽然早有耳闻他家很穷，但亲眼见到的时候还是震惊了。

这是一个怎样的家啊？就是黑黢黢的两间房，满是灰尘和杂物，唯一的电器就是一台黑白电视机，还是搜不到信号做摆设的。他却很大方地给我找了个椅子，然后从开水瓶里给我倒了杯水，像个大人一样招呼我。他奶奶拄着拐杖颤颤巍巍地出来，说这孩子从小就懂事，脑袋也聪明，就是命不好，两个大人都不靠谱，要我多照顾一下他。

面对老人的嘱托，我只能红着脸点头答应，但我自知没什么能力，我也不过是个大学生而已，我能改变什么呢？

我只能尽力去教他，我经常对他说，你想改变现状，就要拼命读书，人要突破自己的逆境，就得拼了命去努力。

❷

他也确实这样做了，他经常去镇里的书店看书，从他的村子到镇上，步行要一两个小时，他早上出门可能中午才能到，有时候回来时天都已经黑了，他却不觉得疲倦，脸上往往有满足的笑容。

这个孩子有两件事让我印象深刻，第一件是有个学生被牛给顶伤了，大概是那个学生调皮，故意去挑衅路边的水牛，结果牛发狂了用牛角把他给顶伤了，伤得特别严重，胸口都出血了。这个孩子看到后疾步跑过去扯住牵牛的绳子，把绳子系到一棵树上后把那个受伤的学生一背，飞一样往村里医务所跑。

结果受伤学生的家长赶过来，二话不说就给了他一巴掌，那个家长怒骂说肯定是他不好好牵牛把那学生给弄伤的，要是有什么问题要他偿命。

旁边的小孩子连忙为他辩解，说那牛是别人家的，他只是帮忙救人而已。

那家长讪讪地看了他一眼，却没有道歉，扭过头看受伤的儿子去了。

他的脸都被抽红了，他捂着脸走出门外，然后蹲在地上哭起来。农村往往是这样，没爹娘的孩子是会被欺负。

但是后面遇到这种情况，他还是会毫不犹豫地去帮别人，因为善良已经刻进他的骨子里，他的奶奶经常教导他，要做一个好人，哪怕做好事受了委屈，也不是去当坏人的理由。

第二件事就是村子里的大孩子要抢他手表，他当然不会给，大孩子就把他围起来打，下手也挺没轻重的，他的脑袋和下巴都出血了。

有个大孩子打起兴了，拿起一块砖头说："你到底给不给？不给我砸死你。"

他把手表护在胸前，眼神里满是倔强。

那孩子说砸就砸，砖头砸在他胸口上，他闷哼一声眼泪都疼出来，却还是不肯求饶，我那时赶到现场，给了那大孩子一耳光，吼着说："你想做什么？把你爸喊来。"

那大孩子还还嘴："你给我等着，我爸来了打死你。"

我又给了他一嘴巴，他终于怕了，开始哇哇大哭，结果那个家长赶过来，因为我是支教老师又是大学生，村民都对我很客气，那家长给我赔了个不是就把那孩子拎走了。我把躺在地上的孩子扶起来，掀开他的衣服一看，胸前瘀青了好大一块，我说："下次再有这种事，你先把东西给他们好了，老师事后会给你要回来的。"

他擦擦眼泪说："这是我最看重的东西，我不会给他们的。"

我这才想起来，这块电子表是他考试获得的奖品，是他长这么大第一份荣誉，对他而言，有着无可比拟的意义。

3

我支教结束离开小学的时候，特意去书店买了几本书，然后送给了他，每本书上我都写了一些话，我并不能给他多少物质帮助，我只能尽力给他一些希望和勇气。

七年过去了，他考上了南京大学，以镇上第一名的成绩，他还特意给我发了信息，说谢谢我当年的教导。

我只觉得感动，因为我能想到这个成绩背后的艰辛，他读书时的每一分学费，可能都是省出来或者借来的，他的每一件衣服，可能都有补丁和线头，而在每一个寂静的深夜，他都会和恐慌不安做对抗，一次次给自己打气，鞭策自己拼命走下去。

天行健，君子以自强不息；地势坤，君子以厚德载物。

世上只有一种英雄主义，即是遭受了不公正的命运，认清生活本质后依然能无畏前行。作为一名老师，我感到惭愧，因为我从他身上学到的远比我教给他的要多。

考拉从不死抱着一棵树

□赵盛基

考拉是澳大利亚国宝，栖居在桉树林区。之所以栖居桉树林区，是因为考拉对食物非常挑剔，只吃桉树的叶子。

考拉几乎一年四季都居住在桉树上，而且很少活动，多数时间都慵懒地抱着树枝趴在树上。一天当中，它用20小时睡觉，2小时吃树叶，2小时发呆。它呆萌的样子，非常招人喜欢。

考拉饭量不是很大，每天只吃500克桉树叶，但它们的领地意识极强，自己的领地决不允许别的考拉或其他动物染指，一旦自己的领地被入侵，主人会毫不客气地将其赶走。当然，它们内部的规矩考拉们都能各自遵守，不会轻易进入别人的领地，即使一个领地的考拉死去一年多，别的考拉也不会贸然进入。因为死者的气味信息尚存，不去冒犯，也许是生者对死者的尊重吧。

难道考拉一直待在树上不下地吗？不是，它们也有从树上下来的时候，但是，考拉下地的时候的确很少。它们是懒惰的，但有时也是很勤快的，那就是从一棵桉树转移到另一棵桉树上的时候。这是它们下地最多的时候，在这件事上它们从不偷懒。它们从不死抱在一棵树上，而是经常换树。为什么要经常换树？是所在树上的叶子吃光了吗？不是，考拉从不把一棵树上的叶子吃光，它们换树的目的是给桉树充分的时间，让桉树的叶子趁机再生。

可见，考拉也非常懂得保护生态。

为什么总害怕给别人留下不好的印象

□陈以二

我这种下巴缺一块星人，吃东西时很容易掉在衣服上，我时常会想：身边的人怕会觉得我是个傻瓜吧，怎么又把东西吃到衣服上去了？

最尴尬的是穿白色的上衣，喝咖啡时不小心洒了一些上去，擦不干净的咖啡渍在白色的衣服上尤为明显。走在街上的时候很不自在，如果在熟人面前，还可以解释一下这是不小心弄上去的，来不及回家换，在陌生人面前则根本就没有解释的机会。越是这么想，就越觉得别人都能注意到我衣服上的这块污渍似的。

其实，走在摩肩接踵的人潮里，真正注意到我的人很少，能够注意到我衣服上有一块咖啡渍的人更是微乎其微，一切只是我的心理作用。有一个词叫概念焦点效应，说的就是我们总把自己当成焦点，从而高估别人对我们的关注程度。

也许我们都有过这样的体验，刚到一家新公司入职，总觉得别人有意无意投来审视的目光，所以一言一行如履薄冰，但对别人来说，无非就是又来了一个新人。我们在意的那些东西，别人很少会注意，就算注意到了，常常很快就会忘记。

人们不仅会高估别人对自己的关注程度，还会高估自己内心外露的程度，放大我们的失误。比如第一次做项目提案，你紧张得手心微微发汗，格外在乎这个小细节有没有讲错，那个地方的口误是不是很糟，你觉得整体发挥比预期差很多，没想到客户却很喜欢你的方案。

洒在自己衣服上的咖啡渍就像我们的情绪变化一样，只有我们对自己身上有没有污渍最为了解，也只有我们能够敏感地察觉到自己的情绪发生了细微的变化。有时我们以为自己的不快都写在脸上，以为内心的忐忑即将跌出胸口，事实上这只是错觉。

如果不是处于接受审讯这样的特殊场景，想要别人察觉你身上那些细枝末节的东西，真的不是一件容易的事情，因为别人同样也会下意识地把焦点放在自己身上，你担心他是否发现了你身上的咖啡渍，他心里想的却是自己的新发型是否引来了路人的笑话。

这也是为什么我们总觉得，我都已经这么不高兴了，男朋友怎么还没有发现。

找到能够敏锐地察觉你心事的朋友或情侣，是一件难能可贵的事情。我们苦苦想要寻找的那些理解和懂得，建立在对方愿意给予更多关注的基础之上。

意识到大多数人给予我们的关注总是比我们认为的要少之后，在对待亲密的人时更应放低自己的要求，别总是索取他们的关注。或许可以想想，你需要被关注的部分被你正确表露了几分，而你又对身边的人给予了多少关注。

我、小鸟和铃铛

□金子美铃

我张开双臂，
也不能在天空飞翔，
可会飞的小鸟
也不能像我一样，
在大地上奔跑。
我晃动身体，
也摇不出动听的声音，
可会响的铃铛
也不能像我一样，
会唱好多的歌谣。
铃铛、小鸟，还有我，
我们不一样，我们都很棒。

中国式家长：『逗你玩』与不许爱美

□西　西

时隔多年，那一刻的局促和难过，我依然记忆犹新。

妈妈和她的几个同事坐在沙发上哈哈大笑，而我一个人蹲在地上，低着头，眼泪吧嗒吧嗒地掉在砖头铺成的地上，然后迅速渗入不见。

她们在开玩笑，说我不是妈妈亲生的。妈妈也附和着，说得很起劲儿。而小小的我蹲在地上，蜷缩着身体，一边无声地哭，一边用树枝在地上画来画去，头都不敢抬起来，心里想的是：“我该怎么办？我要到哪里去才能找到我的亲生父母？”而我的拘谨让她们感到更加兴奋和欢乐，她们围观我，大声喊道：“你们看，哭了，哭了！”

如今，我已为人母。有一次看到一篇文章，写中国式的家长“逗孩子”的方式，就是“我侮辱你，但你不许哭”。我忽然情绪激动起来，问妈妈当时为什么会那样对我。她无辜又无奈地看着我，说：“当时大家都那样啊！”

可我还是觉得很伤心。为当年弱小无助的自己感到心疼，为她们“逗孩子”的出发点感到愤怒。

我看着自己的孩子，心里想：“你有一个敏感的妈妈。这可能会给你带来无数的烦恼和困扰，但这至少有一点好处，就是她会深深记得自己曾经受过的委屈和伤害，会更加在乎和理解你的感受，绝对不会用那样的方式来对待你。”

初中时有一次，我正在对着镜子洗脸，我妈从旁边走过，看着我，语重心长地说：“你可别以为自己很漂亮……”

追求美、展现美，在当时被很多人认为是禁忌，甚至是不道德的。

记得那时学校有一名音乐老师，特别爱美、爱音乐，经常穿着自己设计、裁剪的裙子弹钢琴，试图给我们传达音乐的美。

可那时，包括我在内的孩子都看不惯她，背地里叫她“妖精”，甚至为她比我们高两级的儿子感到羞愧。是的，在那个年代，在那座落后的小县城，她实在是太特立独行了。

就像我们对她的态度一样，我们的父母也在用同样的态度对待我们。打扮是禁忌，想变得更美是思想不健康，挑衣服、戴首饰，那简直是有了早恋的苗头……那时的人当然没法追求美，一方面是受到物质条件的约束所致；但影响更深的，是那种对爱美天性的否定、打压……所以我到现在还是不太会打扮。

我找到当年那位音乐老师最近的视频，看到已过六旬的她身材还是保持得非常好，在退休后还积极地组织老年合唱团，在参加比赛的时候给他们当指挥，我心里非常感动。我想，她这一生，过得真明白、真勇敢、真美好。

在我的记忆里，我的父母很少这么自然而且由衷地夸赞我。特别是我妈，不管我考了多好的成绩，她对我说得最多的一句话，永远都是：“不要骄傲，要谦虚。”哪怕在我还不知道什么叫“骄傲”的时候，一种要缩手缩脚、不要在人前大声讲话的气氛，也已经漫过了我。

这种“谦虚”，也成了父母生活的日常。发挥到极致，就会深深地影响到孩子。

所以，我每天都会对我的孩子说很多句“我爱你”，并告诉她：“不管发生什么事，爸爸和妈妈都永远爱你、支持你。”而她，总是会心满意足、神情自若地拍拍我，说：“知道啦！”

我们这对患了失语症的母女

□李蒙 Lemon

我妈给我发来一张照片，照片上赫然是我刚刚刊载在杂志上的一篇文章。她问我："是你写的吗？"

我的脑袋里传来一声闷响，我丝毫没想过我那从不买杂志的妈妈竟然能够读到它。那篇文章很长，详细地记录了一些小时候我被我妈痛揍以及长大后我们之间不断争吵的故事。

我在微信输入框里写："那篇文章有虚构的成分在……"但文章中的细节分明都是我们无法擦除的共同记忆。我重新打字："那些事我早就不放在心上了。"但解释得太牵强，再次删掉。

我手心里冒出一层细密的汗珠，烦躁不安地用睡衣一角擦拭着手机屏幕上的指纹印记。过了半晌，我终于硬着头皮再次打开微信界面，发送了一条简短的回复："嗯，是我写的。"

我无从知晓，也不敢问她读过之后的感受，反正我承认文章确实系我所写之后，她再也没回复我一个字。

我和她的关系始终就是这样，我不停地掘下一条鸿沟并站在沟的另一端，她每每想跨过沟渠与我并排站在一起，却又因太过急切而不得章法。

她和我爸把我保护得太好了，他们尽可能地不让大人世界里的琐事给我造成任何困扰。我感激他们的隐忍，但这份密不透风的保护，恰恰成了隔开我与他们之间的一道玻璃墙。

从小到大，他们从不肯让我参与到任何家庭事务中，连一言半语都不肯向我透露。毫不夸张地讲，我在填写高考报名表的时候才知道了父母的职业；在我奶奶病危住院时，我才窥到了家族中亲戚们那庞杂琐碎的关系。

二十多年来，他们给我买书，支持我学习，带我去很多地方旅游，当我成绩出色时奖励我，当我表现不如意时严厉地惩罚我，除此之外，我们的关系再无其他。

他们从未在我面前暴露一丝成人的脆弱，他们在我眼中表现得完美又陌生。于是我也学会了把破碎凌乱的心事小心翼翼地聚拢成一堆，囫囵吞到肚子里。

我只允许自己展现给他们一个美好的女儿形象。

我曾对这样"标准"的亲子关系感到骄傲，然而通过与朋友的家庭对比，我才发现，我们缺失的分明是对彼此世界的参与感。

我的一位好友是家中长子，从初中起就开始参与到家庭的重大决策当中。我的一位前同事与母亲的关系像极了姐妹，她从不避讳和母亲聊起她的经历……我的母亲也曾多次表示想和我做"闺密"，她坐在床边目光灼灼地看着我："你可不可以不要这么封闭自我？有什么你就和我说呀，像朋友那样。"我拿起一本书，一边连连点头一边说道："知道了。"

有那么几次，在我遭受挫折一蹶不振的时候，我心中那层厚厚的铠甲似乎松动了一个角落，我拨通妈妈的电话欲一吐为快，可是等到她拿起电话时，我几乎本能地调整了语调，云淡风轻地和她聊起了当天的天气。

她用恳切的语气跟我说："你遇到什么事一定要和我说啊！"我随口答应着，问她和爸最近怎样。她却不假思索地回应道："很好啊，你不用管我们，照顾好你自己就行。"

可是，爸爸妈妈，我不想做一枝被罩在美丽玻璃罩中的玫瑰花，要知道玻璃虽然透明，但整个世界映入我的眼帘时也已经因折射而发生了变形。

我希望我能和你们站在一起，虽然也时时活在你们的荫庇之下，但我可以和你们晒着同样的阳光，淋着同样的大雨，待我长到和你们一样粗壮高大时，我能够坦然地让你们看到我身上粗糙的疤痕，也能够用我柔软的枝条去抚摸你们身上被岁月割开的伤口。我不想要完美，我想要我们一起经历人生道路上所有的坎坷。

初　雪

□［俄］叶赛宁

我驾着雪橇，四野宁静，
雪粉在马蹄下沙沙作响，
只有一群喧闹的灰鸦，
在草地上不断地扑腾。
森林被隐身人施了魔力，
在梦的神话中打盹。

3 就算前路漫漫，也有你在身边

孤军奋战的路上，谁都需要安慰、需要惊喜、需要美好。需要那些点滴的幸福告诉你，夜黑透了接下来就会有黎明。人生旅途上，我们在一起时彼此照顾，分开后也能各自成长。即使前路漫漫，也庆幸曾有你的陪伴；山高海阔，我们就此别过。所有真心对待过、陪伴过我的人，虽然已隔万水千山，但还是祝你一切都好。

萧萧青春逝，淡淡人别离

□木小六

1

上中学时，我本是传说中的“别人家的孩子”，安静、省事、成绩好，我的父母也是“别人家的父母”。但这样的好日子在我上初三时，突然终结了。

原因是，我家有了一个新邻居——了不起的孙阿姨。

孙阿姨为什么了不起？因为她原本住在繁华的省城，却为了儿子迁居到我们那座小城。她儿子也很“了不起”，明明高大、帅气，却一脸凶狠，喜欢独来独往。但是，他得过很多唱歌比赛的奖，经常上电视。

做了邻居，免不了经常碰面，但我每次跟他遇见，最多只是和他对视一眼，就扭头各走各的。虽然我妈跟孙阿姨一见如故、打得火热，但毕竟我是“乖乖女”，他是“桀骜男”，我们不同类。

而且，由于孙阿姨老说她儿子收到了多少封情书，我妈就开始暗中防范，怕我也迷上他。

那时候我爸长年在外地工作，我妈要照顾我，没什么社交，孙阿姨的出现，正好满足了我妈的心理“刚需”。只是，自家儿子没多少新话题了，孙阿姨就开始跟我妈说，女孩子学习没后劲，越是在初中成绩好的女孩，上高中后问题越多。

之前，这样的话别人也说过，但孙阿姨一说，就有了“众口铄金”的力量。我妈突然就“沦陷”了。

我妈长年生活封闭，心思简单，凡事不爱跟别人比较，但当她开始了解别人家的孩子是怎么被教育时，知道得越多，就越恐慌。我这个一年到头被放养的好学生，突然间在她眼中变得一无是处。

小时候我也学过绘画、唱歌和舞蹈。可绘画班去了几次，我妈嫌离家远就放弃了；歌舞班则是因为我爸听说女孩子学唱歌、跳舞容易影响学习，所以一声令下，便让我都退出。

但在孙阿姨的刺激下，我妈终于发现，昔日我那些兴趣班的好多同学，不但多才多艺、出尽风头，还拥有诸多获奖证书。而我，只是鼻梁上多了一副眼镜。

2

孙阿姨还说，女孩子学习好，靠的是死记硬背，应付平时的考试还行，一到高考就歇菜。只有参加过各种比赛、见过世面的孩子，综合素质才高，心理素质才过硬，才有长足的后劲。

经过孙阿姨对我妈的“洗脑”，我妈在心里树起了“素质教育”的大旗。她认定我是暂时的高分和长久的低能，甚至因为懊悔，她动不动就把自己气哭。

成绩好就是能力差，而且必将陨落于高考，这是什么逻辑？可我淡定多年的母亲，就被这歪理给蛊惑了。

母女关系四面漏风，我们越发轻视彼此。孙阿姨高亢的嗓音让我觉得无比聒噪，再见到她的儿子，我就产生了新的念头：他无缘无故地回到小城，是在省城打架被开除了吗？

这话说了一两次，我妈就告诫我，不要拿别人当幌子来遮掩自己的缺陷。再多说一句，她就疑神疑鬼，说我是癞蛤蟆想吃天鹅肉，暗恋人家。我简直百口莫辩。

在我们母女俩剑拔弩张的阶段，我爸调回来了。

本以为讲道理的人来了，可是，随着我爸回来，家里来的客人就多了。客人们带着孩子前来，一定会撺掇着孩子当众献艺。而我最讨厌别人让我“来一个”，或者说“你那么爱看书，实在不行就背首诗”。

我心中像有一座堡垒，塞满了青春莫名的顽固。别人越鼓励，我就越逆反，坚决不肯当众表演。于是，我爸也开始焦虑，说我这么没有竞争意识，以后怎么在社会上立足。

“没能耐还这么倔，都是被闲书带坏的！”在又一次没当众给父母长脸后，他们火速达成共识，迅速地抄检书架。那个时候，学习就是指学课本上的知识，除了参考书，其他的书都被统称为“闲书”，不是学生该看的。

书架被扫荡一空，战利品被粗暴地塞进一个大纸箱，胶带一圈圈被缠绕上去，发出刺耳的声响。见我只是闷声站着，连争辩都没有，爸妈更愤怒了：“懦弱！无能！没出息！”

3

爸妈一会儿互相指责，声嘶力竭，一会儿又同仇敌忾，掉转矛头针对我：“都是因为你！”

那一刻，我，一个成绩名列前茅、不知被多少同学羡慕的好学生，体会到了什么叫“哀莫大于心死”。

我转身回到房间，重重地关上门，反锁。然后，无声地哭。

头涨痛难忍，憋了好多委屈。摊开稿纸，我开始给爸妈写信。浩浩荡荡，洋洋洒洒，把心中的不满都宣泄出来。

信写完，才发觉门外很安静。父母不知何时已鸣金收兵，更不知何时又会重启唇枪舌剑。我突然生出一个强烈的念头——我要离家出走。我要让他们着急，让他们愧悔，我要夺回尊严。

我把信丢在客厅，把大门摔得一声重响。晚上11点多，父母刚躺下，绝对听得到。

他们很快追了出来。我突然意识到，他们应该还没看到我留下的信。如果就这样被带回去，恐怕只会换来一顿暴揍，以及更大的羞辱。

心一横，我跑进附近一条漆黑的夹道。刚一个踉跄，手腕就被抓住了——这里有人！我被那个人拽着手腕拖着向前跑，他还警告我：“别出声！”

我吓得想叫又不敢出声，但心里又好像有一种离奇的畅快感，应该是被吓得产生幻觉了。

脚下磕磕绊绊，眼前混沌一片。没有路灯，我这个近视眼的夜视力差到伸手看不清五指。我被那个人拖拽着跑，感觉是到了夹道深处的“鬼屋”附近。

那是一座平房，常年挂着锁，门口杂草丛生，还有传言说那里闹鬼。

早已听不到爸妈的声音，世界一片寂静，他们不会想到我在这里。那个人松了手，我这才感觉到手臂生疼，他使的劲儿太大了。

松开我，他开始大口喘气。恐惧感顿时铺天盖地，我甚至想象，这个阴森的“鬼屋”或许就是一个血腥的杀戮场，而我短暂的人生就要在这里终结。

那我活得太亏了！

4

“吓死我了！”他声音颤抖，蹲了下去。

我愣住了，我——吓着他了？

他又剧烈地喘了几下，才颤巍巍地站起来，“啪”的一声点着打火机。借着微弱的火光，我这次看清了，是他——孙阿姨的儿子。

“你也没看上去那么乖啊，干什么去了，大半夜被坏人追到家门口？”他灭了火光，还警惕地四下张望，声音依旧轻得只够我听到。

“你——害怕？”我心里突然一阵平衡，好想大笑几声。这个“桀骜男”平时看上去凶神恶煞、不可一世，胆子居然这么小？难道他是故意装出一副凶相来掩饰自己？

因为太震惊了，我一不留神嗓门便大了些，他紧张得一把用袖子捂住我的嘴。如果这时灯光骤亮，不知情的人大概会以为他想捂死我。

眼前的景象颠覆了我对他所有的认知，那个夜晚的气氛陡然换了风格。

事实是我没被坏人追杀，他也是演出回来恰好路过。误会消除后，我忍不住问他：“你要当歌手，留在省城不是更好吗？”

我看不清他的表情，只感受到他片刻的沉默。之后，他淡淡地说：“其实你应该庆幸，没真的遇到什么过不去的坎儿。以后别离家出走了。”

然后，我被他押送回家。快到家的时候，他一闪而过，没让我爸妈看到。家里的大门敞开，爸妈在客厅等我。他们已经看过我留下的信，也算准以我的胆量，必定会回家……

没有挨揍，没有交谈，大家都心照不宣，爸妈只说了句：“赶快睡吧。”

事情好像就这么过去了。可我睡不着。孙阿姨的儿子是不是遇到过什么事？他爸爸呢？我心里还有好多疑问。

不过我想，经过这一出，大家就是熟人了，我以后一定要找机会打探出究竟来。可隔天再遇到，他还是瞄了我一眼，便像往常一样扭头走自己的路。他的脸上依旧挂着冰霜，好像我们从未有过交集。

好吧，我还是“乖乖女”，你还是“桀骜男”。

几天后，爸妈归还了我的书。孙阿姨也还是常来找我妈闲聊。而我从那以后，好像突然长大了，淡定了。我想，就算父母继续疯狂下去，我也不会再感到煎熬。

再后来，上了高中，我的成绩开始摇摆，爸妈没做出任何评论。其实，他们也是佯装镇定，终究还是被我那一次的出走给吓着了。

因为住校，我一直没意识到，有多久没听见孙阿姨聒噪了。等意识到时，已经是高考结束，等录取结果的时候了。

“他们都搬走快两年了。孙阿姨有个好儿子，自然是儿子去哪儿发展，她就跟着去哪儿。”我妈边说边观察我，她居然还在疑心我暗恋某人。

所以直到现在，我还是不知道他们去了哪里，又发生过什么。昔日的小城早已不复从前，他却始终是一个谜。我们偶然撞见，又理所当然地离散。

但我想，他应当是一个很好的人。

黄蓉的自卑

□六神磊磊

看到题目你都会觉得奇怪。黄蓉？自卑？有没有搞错？

金庸写的女孩子里，不少人都自卑过。程灵素自卑过，陆无双自卑过。但是要说黄蓉自卑，打死都没人信。

她的人设，是海的女儿+王的千金+武林公主+绝顶美貌+最强大脑。家里是5A景区，老爸的武功学都学不完，名家字画差点儿的在她家只能糊窗户。这样鲜花着锦的人生，没有自卑的理由。

闯荡江湖，她在任何人面前都有天然的优势心理，化装成小叫花子去饭店都有城管的气势。遇到再了不起的人、再大的排场，她也一点都不懂什么叫自卑。

你看她在赵王府里的表现。

本来明明是做贼，半夜跑到人家大金赵王府里去搞窃听、偷窥，还被发现了。换了一般人，白天去赵家大院都要缩头缩脑、惴惴不安，何况晚上跑去？何况还被当场发现了？

黄蓉却完全当成自己家院子。高手梁子翁蹿出来抓贼，她却微微一笑：

"这里的梅花开得挺好呀，你折一枝给我好不好？"

你听这句话，"这里的梅花开得挺好"，这是在给人家堂堂王府打分来着，评头品足。

"你折一枝给我好不好"，这是使唤武林高手，把梁子翁当物管老伯伯。

梁子翁瞬间被搞蒙了，一看黄蓉的品貌气度，"一个秀美绝伦的少女"，而且"衣饰华贵，笑语如珠，不觉一怔，料想必是王府中人，说不定还是王爷的千金小姐"，于是老老实实当了一次老伯伯，帮她爬树折梅花。

你当然可以说她这是机智、善于应变，但骨子里还是因为气场足，有一种与生俱来的优越感。要不然梁子翁也不能一秒就信。

不然你去赵王府让人给折枝梅花试试，当场打骨折。

以上都是在男人面前。在女人面前，她更是不知道自卑为何物。

有个好玩的细节，黄蓉和郭靖跑到赵王府偷药，无意间听说王妃很漂亮，是个大美人，黄蓉立刻药也不偷了，换频道了："咱们瞧瞧去，到底是怎样的美人。"

这固然是好奇，但更多还有一份自信，再是什么王妃、大美人，也不会美过我。

哪怕岁月流逝，一二十年之后，黄蓉见到小龙女，眼看小姑娘"容色秀美，清丽绝俗"，自己心里有一点点觉得青春飞逝，感叹皮肤不如、身材不如了吗？马上着急上火做面膜、做提拉吗？半点都没有。

后来，她又遇到了江湖网红——赤练仙子李莫愁，直接开火较量。

在李莫愁面前，黄蓉完全是优势心理、上位碾轧。她以"兰花拂穴手"对赤练仙子的那一拂，如果截成剧照，将是《神雕侠侣》里最美的画面之一：

"黄蓉一只雪白的手掌五指分开，拂向自己右手手肘的'小海穴'，五指形如兰花，姿态曼妙难言。"

书上说，李莫愁看见黄蓉"掌来时如落英缤纷，指拂处若春兰葳蕤，不但招招凌厉，而且丰姿端丽，不由得面若死灰。"

能让李莫愁"面若死灰"，固然是因为"招招凌厉"，是不是也因为"丰姿端丽"？

这是武功上的胜利，也是气质、美貌上的平推。什么赤练仙子，本天后带娃不闯荡江湖，你们就把我忘了？

少女都有心事。但黄蓉好像从来

只有娇痴嗔憨、忧喜愁乐，没有妒卑懦丧。

然而，凡事总有例外。像她这样从来不知道什么是自卑的人，有一次也是有过一丝自卑的。就是对华筝。

“我须得和华筝妹子结亲。”当着黄蓉、华筝两人的面，郭靖说出了这句话。还用汉文、蒙古语各说一遍。

当时的情况，是华筝、托雷南下寻找郭靖，要他兑现婚约。形势已经成了二选一。郭靖义无反顾地倒向了华筝。

那一刻，除了痛苦、自怜之外，黄蓉多了一种人生从未有过的情绪。我相信她真的有一点点自卑了。

黄蓉伤心欲绝，隔了半晌，走上几步，细细打量华筝。见她身子健壮，剑眉大眼，满脸英气，不由得叹了口长气，道：

“靖哥哥，我懂啦，她和你是一路人。你们俩是大漠上的一对白雕，我只是江南柳枝底下的一只燕儿罢啦。”

当爱人决绝离去的时候，她也像一个普通女孩一样，自以为是地想找到个缘由。

她觉得自己不如人家“身子健壮”，不如人家“剑眉大眼”，不如人家“满脸英气”。对方是高大英武的公主，自己却那么孱弱。

对方的一切优点，都让她羡慕、沮丧；自己和对方的一切不同，都成了她强加给自己的缺陷。那瞬间，她觉得自己和郭靖哪儿哪儿都不般配，觉得低到尘埃，一无是处。

我们旁观者都知道她美、她出色。她是造物的精灵，是天地情之所钟，是上苍福泽倾注的宠儿。但都没用，那一刻，她自认只是江南柳枝底下的一只小燕儿。

爱会让一个人卑微，生出一种“守着窗儿，独自怎生得黑”的患得患失。世上最强大的一种无力感，就是心上人倒向别处。它能给最骄傲的人以重锤，让人没来由地自觉卑微下去。

面对着生命中似乎不可战胜的华筝，人甚至会无厘头地贬损自己的一切，甚至头发不如对方多、鼻孔不如对方圆，都足以自卑。

你看段誉是王子，挺帅，伸手六脉神剑抬腿凌波微步，才貌人品够可以了。

但他既然钟情王语嫣，看到慕容复就一秒自惭形秽，像被雷劈了一样。

黄蓉记得那么多诗词，那一刻，当她忽然卑微起来，觉得自己是个小燕儿、不配草原的时候，不知道会想起那一首？

大概会是一首现代诗：

如果给你寄一本书，

我不会寄给你诗。

我要给你一本关于植物，

关于庄稼的。

告诉你稻子和稗子的区别，

告诉你一棵稗子提心吊胆的春天。

救人的智慧

□易中天

曾祖父曾经讲了一个故事。

故事不知是发生在湘江还是浏阳河。总之，那天江河上突然风涛大作，巨浪滔天。大风大浪中，两只渡船在颠簸。

两船载客共百人，眼看性命不保。一位刚刚上岸的老者急呼救人。老者是位行商，长期在江湖行走。他对港口渔船上的船夫们说：“我悬赏！救一个人给一贯，救一百个给一百贯。”

船夫们你看看我，我看看你，都不动。老者急忙改口：“你们快去！去一个人给一贯，去一千人给一千贯。”所有的渔船都动了。两只渡船上的人全部得救。而且，他们上了渔船没多久，渡船就沉了。

获救的人排着长队来到老者的船上向他拜谢。最后一个人，上船之后就扑倒在地号啕大哭。老者一看，竟是自己的独生子。真的是善有善报！这个故事，说出了人性的真实。那么请问，老者第一次悬赏时，为什么大家都不动呢？

因为船夫们有自己的盘算：救一个人给一贯，救不上来呢？

岂不是白干了？何况还有风险。

还有，如果是几个人一起救了一个人，难道分那一贯铜板不成？分不匀呢？问题很多啊！

后来的办法就简单了：只要去，就有钱，当然都去。既然去了，人性中的善就会升腾，大家也会竭尽全力施救。结果是什么呢？船夫们从自私的念头出发，却达成了善果。这就是那老者的智慧。所以说，没有聪明才智，光有善心也是不行的。

我的“寒酸”童年

□王小二

永远也忘不了那个炎热的夏日午后，我和姐姐并肩坐在家门口的石级上，眺望着远处那车碧绿的西瓜，肆无忌惮地吞咽着口水。

姐姐想到了以物换物。我们俩抬着一篮麦子，骄傲地走向了西瓜摊位，我们志在必得，说话也理直气壮。我们把篮子往地上一放，响亮地说：“叔叔，换个西瓜。”

说完姐姐就抱起一个最大的，用手拍打着凑到耳朵上听。卖西瓜的大叔先是一愣，紧接着就伸出大手，一下子把姐姐抱的那个西瓜夺了回去。

他挥动着手不耐烦地说：“去去去，不换西瓜，我家的粮食都发霉了。”

我们打了败仗，回去后都垂头丧气，我逐渐地陷入了一种迷离恍惚的状态……一阵咕咕噜噜的声音把我吵醒了，我摸摸肚子，准备去找些吃的。妈妈走的时候在锅里给我们留了饭，就在这时，我眼前一亮，我发现对面卖西瓜的叔叔已经睡着了，他的身旁，扔着很多的西瓜皮，西瓜皮上还留着厚厚的瓜瓤。我赶紧拉着姐姐过来看，姐姐看了摇着头说：“这个人也太浪费了……”

我们决定把那些西瓜皮捡回来吃掉。我挎着个小竹篮，走出家门时，姐姐忽然跑到我跟前说：“弟呀，谁要是问你捡这个干啥，你就说喂猪的，知道不？”

我走到三轮车旁，把那些西瓜皮小心翼翼地放到竹篮里。等我挎着篮子离开西瓜摊位的时候，心情激动，满脸都飘荡着微笑。姐姐在院子中央放了一大盆清水，她把那些西瓜皮倒进去，拿着丝瓜瓤小心翼翼地擦拭着。

我们把西瓜皮洗了一遍又一遍。姐姐让我拿来一个碗，她用菜刀把那些红色的瓜瓤都削到碗里，又让我把碗泡到凉水里，她说，这是留给妈妈的。

说完她又举起菜刀把西瓜皮最外边那层绿色的硬壳削掉，她说，把这个切成一段段的，放上糖，很好吃的。我尝了一口，果然很甜。

天快黑的时候妈妈回来了，然后姐姐变戏法似的端过来一碗红色瓜瓤，亮闪闪的，如同一碗红色的水晶。妈妈没有像我们预料的那样夸赞我们，她把脸一沉说：“哪儿来的？”

为了表示这碗西瓜瓤的来之不易，姐姐把我们从吞口水以来所有的战略计划原原本本地说了出来。突然看到妈妈的眼角扑簌簌地掉下几颗水滴，她随即站了起来，拿起那碗瓜瓤，快步走到猪圈旁，一扬手，全倒到了猪槽里。她让我们跪在院子里，拿着藤条在我们身上抽打着，她一边打，一边说：“让你们去捡东西吃，没骨气！”

第二天，妈妈没有去挖草药，临近中午的时候，妈妈突然走过来，摩挲着我的脑瓜说：“二小，妈去镇上一趟，你在家听你姐的话……”

妈妈的抚摸让我浑身颤抖不已，不过我还是不准备原谅她，我挣脱她的手，一头栽倒在炕上，本来想着大哭一场，可头一挨枕头，我就昏睡过去。

不知道什么时候，吱吱呀呀的开门声把我吵醒了，我趿拉着鞋子，揉着眼睛走到院子里一看，发现妈妈正从我家那扇高高的木门外走进来，她浑身淌着水，头上冒着烟，如同一根融化的雪糕，她挥动着手里的西瓜说：“二小，快帮妈妈接着。”

我们打来井水，把西瓜泡在水桶里，又把水桶卸到了井里。我们一家三口开始烧火做饭，妈妈负责切菜，姐姐负责烧火，我则像一只蚂蚱似的蹦来蹦去。

那天我们吃的什么饭我已经忘记了，只记得吃过饭后，妈妈把西瓜从井里提上来，又从屋里搬来一张大桌子，放在院子中央那棵山楂树下，阳光从树叶的缝隙里掉下来，斑斑驳驳地洒在我们身上。

我们开始吃西瓜。那种冰凉甜美的味道这辈子永远也忘不了。

更幸福的事

□蒋骁飞

经过漫长的跋涉后，精疲力竭的我们终于抵达了守林人建在路边的一座老旧木屋里。热心的守林人为我们烧起壁炉，大家围绕着壁炉席地而坐，喝起了热茶。

水壶在火炉上咕嘟咕嘟地响，柴火在壁炉里噼啪噼啪地跳。我们惬意地享受着这份舒适和安宁，直到有一位朋友打破沉寂：“还有比这更幸福的事吗？”

有一个人答道：“当然还有，如果此时外面来场大风雪，待在屋里的我们说不定会感觉更幸福。”

世上哪有绝对的幸福？幸福是一种比较，更是一份比较后的满足。

如何救尬聊于水火

□潘姜汐熹

在眼看着跑偏的对话中力挽狂澜是一门语言的艺术，怎样轻松自如地转换话题，救尬聊于水火？

1. 真正的勇士，敢于直面惨淡的话题

先正面回答，再迅速引出一个新话题。比如当对方问“你怎么看待叙利亚难民的问题”，而你并不想就这个问题和他发生争论，那么你可以说“美国会接纳他们的，Trump（特朗普）不就是个移民的儿子，而且他的几任妻子也是移民。话说现如今这种短暂的一次性婚姻这么流行是怎么回事？”

2. 制造一点小混乱

制造一点小混乱暂停对话，比如帮对方拍掉身上并不存在的小飞虫、手里的矿泉水瓶神秘坠落、不小心碰到路过的人赶快说sorry（对不起）之类，接着你就能自然地另起话题了。

3. “对对对，是这样，而且……”

最好的办法是向对方表示同意，用“没错，你说得太对了，还有……”或者“对对对，而且我听说……”这种句式，后边接啥都挺自然的，因为当接收到表达同意的句子时，大脑会倾向于一起接受接下来的话。

4. 对话里很少人能注意到你的关联词是不是瞎用的

最好不要直接说“不”，避免过于明显地否定对方的观点，这需要一点技巧。

比如在讨论某个你不想与对方交换观点的政治话题时，可以用“对啊，最近新闻里看到关于这个的报道”起头，接一段与之相关的小故事，然后再说，“更好玩的是……”或者“对了朋友，你知道王菊吗？”然后就接着聊你想聊的吧。

5. 问一些基本的“傻问题”

当和一些气场很强的、特别喜欢插话的人交流时，你可以试试问一些基本的“傻问题”来开启新的对话。

有种人通常都喜欢滔滔不绝地谈论自己，如果你不喜欢他继续天南海北地胡扯，从他自己的描述里挑个你还算感兴趣的名词请他解释，能够在不引起对方注意的情况下换话题。

不过考虑到跟这样的朋友交流，即使切换话题仍然很容易重新被他带跑偏，我们觉得更好的建议可能是……换个人聊天。

真正的高情商是你自己觉得舒服

□蔡康永

传统上我们对于高情商的定义是：和所有人都能好好相处，永远没有情绪、很冷静、很会处理麻烦的场面……抹杀自己的情绪，委屈自己成全别人，这完全不是高情商该有的样子。

真正的高情商是你自己要觉得舒服。

在娱乐圈里，有两个人能很好地代表传统定义里的高情商和我认为的高情商。

林志玲属于前者，她永远都在微笑，温柔待人。我曾经跟志玲说：“不要那么忽略你自己，要更多地探索自己，让她呈现出来。”

我认为情商最高的人是周杰伦。他知道自己要什么，也没有为了做自己伤害别人。不管他决定结婚、当爸爸，还是拍电影，每一件事情他都一步一步探索自己的需求是什么，也都做到了。

他不讲一些打马虎眼的话，不敷衍别人，也不敷衍自己。即使有喜怒哀乐呈现出来，你也不会觉得被冒犯，会觉得他很真实。

搞好人际“弱”关系

□S叔

说出来你可能不信，我们公司的清洁工阿姨帮我们公司省了1万块钱。

上周四的早上，我们正在讨论小程序设计，外包的两家公司，要价都不低。我们正发愁的时候，一旁给植物浇水的清洁阿姨来了一句：“106办公室的5个小伙子是搞创业的，好像就是设计你们说的这个小程序，你们可以问一下。”

我听完挺惊讶：一向低调的清洁阿姨，原来掌握着这么强大的信息量？

果然，午饭的时候我找他们聊了聊，几个回合就把事情给敲定了，还比外包的公司便宜1万块钱。

我以前听说上海张江的保洁阿姨拿出几百万拯救资金链断裂的创业公司时，还半信半疑，但近日一见，我真的觉得：永远不要忽视“人际弱关系”的存在。

那些你不经常联系、分布在不同领域的人际关系就是弱关系。这些人并不会经常出现在我们的社交圈里，但有可能给我们提供行业之外的重要信息。与之相反，我们平时经常联系的家人、好友、同事、主要客户等，就是一直互动的“强关系”。

有的人可能会反驳：“我们经常和强关系接触，肯定是从他们那里获取的信息更多啊！”

其实刚好相反。弱关系的真正力量体现在：那些真正能帮你的人，往往跟你不熟。

处于强关系下的我们，很有可能每天做着相似的事情，有大同小异的想法，很难发掘出新鲜有料的信息。但“弱关系”可以告诉我们之前所不知道的事情。因为它连接了不同圈子、不同领域，弱关系是你获取其他领域信息最直接的通道。

最典型的代表就是跳广场舞的大妈们。大家虽然都是来跳舞健身的，可是每个人到底扮演着多少角色，有什么样的身份，我们都不清楚。所以借着跳广场舞的契机，为了满足八卦的好奇心，大妈们都可以在这里换取和交流各种情报：哪个超市的鸡蛋打折，哪家的婆媳打起来甚至报警了，哪个地段的房价跌了可以购买……

从她们的嘴里，你可以获取各种各样的信息，所以大妈们是行走的情报站。

清洁阿姨们也一样。她们不仅知道每个办公室有几个人，而且清楚地知道这帮人是做什么的，就连加班习惯都了如指掌。

别看她们每天就是打扫一下卫生，实际上阿姨们连通了公司几乎所有的信息流。她们才是整个公司的“信息枢纽”。

真正有用的人，往往藏在你的弱关系里。

斯坦福大学一个叫马克的教授以前做过一个统计，面对面访问100个人找工作的方法。

教授发现，靠投简历这些正规渠道找到工作的人不到一半。而通过个人关系找到工作的，远远超出前者。这些靠关系找到工作的人中，只有16%能经常见到这个“关系人”，而84%的关系户们几乎一年也见不到一次“关系人”。

实验结果还挺让人惊讶的：真正对你有用的关系，不是经常见面的“强关系”，而是那些不常联系的“弱关系”。

在选择与努力、人脉与实力平齐的时代，很多人都误解了人脉的真正含义。人脉的关键不在于你融入了哪个圈子，而在于你是否能从某个圈子中得到有效反馈。

初级人才在搞人际关系，而高级人才能够搞好人际“弱”关系。

1998年，陆奇和同学在餐馆吃饭时，谈起了自己对互联网发展的一些猜想。正在邻桌吃饭的雅虎技术主管听到陆奇的一番言论后，直接对他说：“你可以来一趟雅虎公司吗？”

陆奇到雅虎办公室之后，聘书已经放在了桌上。这就是很典型的弱关系，陆奇可能没想过会跟雅虎“有一腿”，因为出色的饭桌表现带来的弱关系，他得到重用。

很多人追逐的社交，完全靠定期吃饭、过节送礼艰难维持，而弱关系呢？“弱”关系不用交，却可以直接用。弱关系，弱在应酬，强在双赢。人脉是个伪命题，常人所说的好运气，其实都藏在运用弱关系的能力里。

你真的会问问题吗

□克里斯·沃兹

心里有了疑惑想要发问，不敢问或者不知道如何开口是常见的沟通困扰：想要了解刚认识的人，问多了像查户口；想要关心某个人，但问起事情经过像是在审犯人，惹得对方更不高兴了。

还有一些很难回答的问题，比如“家乡灵魂拷问”系列：“你是山西人，家里是不是有矿？”“你是四川的，是不是天天吃火锅？”以“你知道×××吗”开头的自问自答式提问。领导谈话开场白：“你觉得你的价值在哪儿？”还有根本不该问出口的问题：“你怎么还不结婚？”

为了让大家少受点儿折磨，哈佛商学院的一项研究给出了几个提问法则。

善于区分“开放式问题”和“封闭式问题”

很多谈话技巧会建议人们“多提开放式问题，这样会让谈话更自然流畅”。这是因为开放式问题会让回答者占据主动权，体现出“倾听比表达更重要”的谈话模式。简单来说，开放式问题不能通过“是”或“否”来简单回答，要让回答者说得更多。

通常来说，封闭式提问是有限定条件的，比如，你问别人关于生小孩的看法，如果限定了“你喜欢男孩还是女孩？生一个还是生两个”，这种提问本身就会“先入为主”，很多时候回答起来并不舒服。线上聊天的“在吗”也属于典型的封闭式提问。

但开放式问题并不是万能的，如果你想得到一些明确的回答，比如，询问某件事的进度，封闭式问题是最有效的提问方式。所以，如果下次老板问你“这件衣服好不好看”的时候，少扯些别的，告诉他好看或丑就够了。

想要对方诚实作答，试着把糟糕的情况放进问题里

有时候在一些不乐观的情况下，负面的预设型提问会更有效。比如，外卖迟迟不来，你心生疑虑时可能会问：“怎么回事？什么时候能送来？”或者朋友迟到了，你问：“你到哪儿了？”这些问法都不如改成：“你是不是得晚一些才能到？堵车了，还是遇到啥情况了？”再如，工作中想要确认对方进度，直接问“这件事什么时候能做完”，不如换成“是不是得延期了？还要多久？”

这种提问方式类似于“给对方台阶下”，降低了对方回答问题时的心理负担，否则你的提问听上去很容易像是在指责和质问。

不要乱抛问题

与人在初识阶段聊天，想要了解对方难免会问很多问题，但如果操之过急，会引起对方不适，这时候需要找到一个有趣的切口，把话题深入聊下去，就可以避免“查户口”式的尴尬。

比如你问对方：“老家在哪里呀？你是做哪方面工作的？你平时喜欢做什么？”这种连续的东拉西扯就尴尬而不自然。所以在试探性地提问时想要显得自然，可以集中在一个话题上慢慢寻找双方共同的兴趣点，再慢慢用“为什么”或“怎么样”的问法来延展话题让对方聊下去，这既体现了你对他回答的好奇和感兴趣，又让对方不断有“被倾听”的感觉。

心理学家Arthur Aron（亚瑟·阿伦）提出了著名的“36个问题”，号称能够帮助约会的双方更好地了解彼此、进入谈话状态，大家不妨参考一下。

秋风诗人

□孙丽萍

风喜欢写诗
叶子就是它的稿纸
写了撕，撕了又写
从白天一直写到黑夜
从夏天一直写到秋天
你看，红叶子，黄叶子
彩色的诗句，撒得到处都是

走出『伪合群』，取悦真实的自己

□希 文

中国古代，集体主义一度盛行，合群往往会成为随波逐流的正确选择，不合群的则被视为天然的异类。

古有指鹿为马，做出了种种令人发指恶行的合群主义领导者赵高，今有经典励志《时尚女魔头》中毅然离开杂志，离开时尚界，追回最初报社记者梦的早期合群症患者安迪。

这两个人物大多是现实中很多人内心的一个缩影。在现实生活中，有很多人和他们一样活得无比孤独和焦虑，不敢三人一起走时系鞋带，不敢一人吃火锅、看电影……为了融入人声鼎沸的团体，常忍受着心中不耐，费尽心机让自己合群。

久而久之，小团队主导者的生活方式就成了一群渴望成功、害怕孤独的人们的生活方式。他们将自己交给合群症状，用别人和社会既定的轨道牵绊自己，渐渐陷入怪圈：喜欢出席各种灯红酒绿的场所，卖力塑造朋友多的形象，到处留电话、要电话，把和名人的合影当成席间炫耀的资本。

到头来，他们才发现，人的情感容量终究不是很大，认识人多不等于人脉广，人脉基础是你的“被利用价值”。就比如在酒局中被消磨掉的时间，能起到的作用就是霸占你生活中的一块重要区域，只会让你不断与内心的欲望缠斗，渐渐失去节制、判断的能力。

有人说：“在一个糟糕的环境里，合群有一个同义词——浪费时间。”

我想这句话是对的。时间最公平，当你因为别人而迁就时，你不是合群，而是被平庸同化。一旦屈服，放弃了自己，那就注定少了独处的时光，不能吸引同频率中有趣、真正心意相通的人，注定只能成为平庸群体的保卫者。

列夫·托尔斯泰在谈到独处和交往的区别时说道：“你要使自己的理性适合整体，适合一切的源，而不是适合部分，不是适合人群。”想要走出“伪合群”，就要尝试寻找内心的边界与和平，拒绝表面。如同日本东京“天妇罗之神”早乙女哲哉，五十六年如一日独撑一隅，精益求精，选定“天妇罗”这件美食艺术品，潜心烹饪。

他是我眼里的精致，知行合一，专注地调油、裹浆、糊炸，仅凭手艺吸引着成千上万的人慕名而至，有尊严、体面地活着。无关风月，美在当代，是一种深入骨髓的高贵和自爱。

真正的合群，一定是内心有所倚持，明确自己真正的目标，知道自己想要什么。

真正的合群，一定是从一些细小而又美好的习惯开始。

比如，买一瓶香水。兴起而至，营造一座气味宫殿，适时歇歇脚，舒展自己的明亮轻盈，享受独处。比如，钓一次鱼。青箬笠，绿蓑衣，找好钓竿的落点，全身心观察和投入，不急不躁。比如，养一盆绿油油的狗尾巴草。观赏它蓬松的尾巴，经过太阳的洗礼和微风的带动，刺溜一下钻到另一棵花植的花冠上，闪烁着各种各样渺小却又不平凡的光芒；比如，读一本纸质书。又或是去菜市场买菜，看场电影，听听老歌，散步，喂动物，烤糕点，观察小鸟，睡个懒觉……这些有弹性的事，都可以试上一试。

好生活都是一件件关乎品质的事取悦出来的。有时候，该从慢态度出发，从细节处改变。每次慢的经历，每次慢的感受，每次专注的积累，都会逐渐填充你精致的灵魂，成为正常生活的内在，让你从往复的日常中解脱出来，拥有丰富的外延和温度。

相信随着定期扔掉不需要的东西，丢掉不舍和执着，我们会越来越清楚，什么才是自己真正在乎的。也只有这样，才能在任何群体中都不会活得太累，享受真正的简单，把生活过成自己想要的样子。

我们的生命是由每一天构成的，这是一个时间滑坡的过程。无内在，不风格。生活不易，请及时用真正的合群温润灵魂，取悦自己，让每一个平凡的日常，生出不一样的情趣与感动。

如何正确地道歉

□［西班牙］劳拉·冈萨雷斯
□译/刘 梦

美国南俄勒冈大学语言学教授埃德温·巴蒂斯特拉，在《对不起：公开道歉的语言艺术》中写道：“很多人对‘道歉’这一行为存在误解，觉得道歉是一种软弱无能的表现，但其实，正确的道歉不仅能表达出道歉者的悔意，化解对方的负面感受，还能增强道歉双方彼此间的信任。”

2017年的欧冠决赛中，莫雷诺因踢了对方球员一脚被罚下场，事后第二天，他在道歉信中写道：“我一直深爱着足球这项运动，但在那一秒，我抛弃了自己长期以来对这项运动的尊重；在那一秒，我为那些在球场边呐喊的孩子们做出了坏的示范；在那一秒，我满脑子只想着要如何攻击那位毫无防备的对方球员。我没有靠着球技堂堂正正地击败对手，而是使用了如此不入流的手段，就像一个懦夫。我的行为给对方球员、球队，我方球员、球队，现场及所有喜欢足球运动的球迷造成了无法弥补的伤害，对此我深深地感到抱歉，我背叛了足球精神，我会为自己愚蠢的行为负责。”莫雷诺真诚的道歉不仅赢得了对方的谅解，也化解了两队的纷争，可以说是很成功的一次道歉了。

美国马萨诸塞大学精神病学教授艾伦·拉扎尔曾说过，道歉与接受道歉，是人与人之间能够进行的最深刻的互动。道歉可以缓解犯错一方心中的内疚感、羞耻感，让其不再那么恐惧会遭到对方报复；接受道歉则可以化解被冒犯一方的屈辱与怨恨，打消要报复对方的念头，转而给予对方宽恕，双方的关系最后得以修复。从莫雷诺的道歉中，人们可以感受到他的内疚感、羞耻感，再加上他没有找任何借口，坦白地承认了自己的错误，所以争取到了人们的同情和理解。

道歉除了必须发自内心之外，还有一些小小的技巧，可以让道歉更容易被对方接受。

首先，道歉要尽量避免用到“但是”这样的词汇，例如：“很抱歉我踩了你一脚，但是你当时站得实在是离我太近了。”包含“但是”的道歉，听上去很像是在为自己的错误找借口，还顺带把责任推给了对方，结果可能是道歉不成，反而让对方更加反感。

其次，在道歉中千万不要使用条件状语从句，例如：“如果我没做好你交代的事情，那么对不起。”这样的道歉听上去不像是你在主动承认自己的错误，而好像在暗示是对方要求你道歉，你才不得不道歉。想表达一样的意思，只要把句子换成“我没有做好你交代的事情，对不起”，对方听起来就会舒服很多。

还有，在道歉中不要回避自己的问题，要简单明了地说出自己到底做错了什么。例如，当你把别人的东西弄丢了，对方因此生你的气。这时如果你说“我很抱歉让你生气了”，这样的道歉听上去不像是你在承认错误，反倒像是在把责任推给对方，给对方造成一种你在避重就轻的感觉。同样情况下，简单的一句“我很抱歉把你的东西弄丢了”，听上去反而更真诚。

最后，除了言辞上要注意之外，道歉时的肢体动作也很重要。在注重礼仪的日本，人们在道歉时会使用“最敬礼”，它不同于一般鞠躬30度的敬礼，要求鞠躬的倾斜角度超过45度。行最敬礼时，双腿应合拢站定，双手交叉放在身前，或者垂直贴在裤子两侧，身体形成一条直线，先注视对方的眼睛，然后上半身迅速倾下45度，鞠躬停留一会儿，再缓缓抬起上身。

由于道歉的礼仪太过烦琐，近年来，日本出现了很多专门的道歉公司，为那些做错了事，但又不方便道歉或道歉被拒绝的人士服务；业务内容主要分为电话道歉、鞠躬道歉、下跪道歉、扑地道歉等，收费标准从80欧元到200欧元不等。由此可见，日本的道歉文化是多么普及啊！

长得快不如长得久

□黄小平

一位植物学家对我说，高大的树，一般长得缓慢。树长得太快，木质一般很疏松、很娇嫩，抗压差，当长到一定程度，树就会因承受不了自身的重量和压力而折断，还没有等长成一棵高大的树就夭折了。

我问，一棵树长不快，又如何长得高大呢？植物学家说，高大的树，不是长得快，而是长得久，坚持每年都长大一些。正所谓长得快不如长得久啊！

第一次与陌生人对话

□侯一涵

说来奇怪，小时候一见到人就手舞足蹈、喋喋不休的我，随着年龄的增长竟变得沉默寡言、不善言辞了。尤其是在面对陌生人时——哪怕对方是个孩子，往往别人还未开口，我便先胆怯了。因此，闲暇的时候我总喜欢“宅”在家里，以避免与陌生人接触。

可悲的是，很多时候我又不得不走出家门，与各种陌生人接触，比如乘坐公交车的时候。

一旦身边出现陌生人，我便感到一种莫名的不适与尴尬。比如现在这个公交站台上，总共只有两个人——我坐在这一端，一个和我年龄相仿的陌生男孩坐在另一端。

为了缓和尴尬的气氛，我不时地站起身向着公交车驶来的方向张望，坐下时还装作不耐烦的样子，嘴里嘀咕一句：“这车怎么还不来啊？真慢！”说话时总不忘用眼角瞄一瞄那个男孩。“没办法，再等等吧。”男孩随口应和着，两人再次陷入沉默。这样的桥段一遍遍地上演，尴尬的气氛非但没有缓和，反而越来越凝重。我也不好意思再重复这单调而毫无创意的表演，只得装作什么都没有发生的样子，一脸平静地端坐着。

我一直羡慕爸爸妈妈的社交能力，他们与别人交谈时似乎总有聊不完的话题。他们遇上陌生人，一两句话之后，气氛便会活跃起来，对面的人仿佛不是刚碰面的陌生人，而是熟识多年的好朋友。我曾试图模仿他们，可往往说了几句话之后，便觉得词穷墨尽，只能待在一旁，默默地看着别人热火朝天地交谈。我一直在思考，为什么跟别人交谈时，我总是口未开、胆先怯呢？是忌惮别人嘲讽我的语言贫乏？是害怕别人讥笑我的见识短浅？还是担心自己挑起的话题无人回应？我说不清楚。因此，我只能沉默，默默地看着别人神聊胡侃。

不过今天的情境不太一样——偌大一个公交站台，没有三三两两交谈的人群，只有我们俩各自枯坐着。为什么我不能试着与他交谈？我努力地转过头去，没想到正好对上了他的视线。两个人的目光瞬间交会，我心里一阵紧张，但表面上还是一脸的镇定。我朝他礼貌地笑了笑，却不知从何说起；男孩动了动嘴唇，也是欲言又止。

等车的时间或许因为气氛的尴尬而让人觉得更加漫长。我急切地盼望着公交车快点来，以结束这难堪的局面。

“你在哪里上学？”男孩似乎也忍受不了这沉重的静默，突然问道。

“实验初中。”我似乎早就准备好了答案，随即回答。

“几年级？”他追问道，似乎也是在没话找话。

“初三。”我的答案简单得不能再简单。而男孩不断挑起话题，神奇的是我竟然没有感到不耐烦，甚至还能反问他一些问题。交谈的收获是——原来我们俩就在同一所学校的同一个年级读书，我们每天都要爬同一座楼梯，但我们竟然素不相识！

22路车到了，他站起了身。“你是坐22路吗？”我问道。

“啊！是！我先走啦，学校见！”他向我挥手告别。不知怎么的，我心里竟然有些责怪这辆公交车来得太早。

我也站起身来，凝视着渐渐远去的22路车，脑海中不断回放着我们刚才交谈的画面。

原来和陌生人谈话也没有那么难嘛！我心里有些小得意。

什么是“心智模式”

□罗振宇

我们经常听见一个词，叫“心智模式”。人和人之间最重要的区别，不是长相，而是心智模式。

那到底什么是心智模式呢？很难定义。

最近，陈春花老师有一个说法，她说：“心智模式，就是在开始做一件事之前，你内心的判断。”哎，我觉得这个定义好。

不同的人在面对同一件事的时候，内心里对这件事的定义、做它的方法、最终要达成的目标、可以协作的对象，所有这些东西的判断都不一样。这才是人和人之间最微妙的差别。

那其中最悬殊的，我觉得是两种典型的心智模式，我称之为“怎么应对”和“怎么解决”。

你看，一种压力来了，被压力推着走，目的就是卸掉压力，这种心智模式，就是“怎么应对”。

而一种压力来了，思考压力背后的问题，然后把问题消除，这就是“怎么解决”。前者是本能，而后者需要你有强大的理性。

可以结交真正朋友的黄金期

□南仁淑

人们普遍认为，我们的今天早在十年前就已经确定下来了。

也就是说，大家都以为除了读书时期的朋友，进入社会以后，我们很难再找到新朋友。

在读书期间，我们都很纯真，彼此之间虽没有什么利害关系，却也能心灵相通，这样的朋友才可能维系一生。而一旦过了这个时期，和再遇到的人相处，总会有一定的局限。尤其是打小一起长大的朋友，关系更加亲密稳固。

这几乎是所有人认定的成见。

认真想来，在像学校这样相对封闭的空间里，强迫自己接受一份可维系终生的友情，这本身就是不成立的。

世上的人林林总总，从其中找到一个和我处得来的人，并不是一件容易的事情。在学生时代，我必须在数十名同级生之中找到一个和我情投意合的人，但在这种情况下，更多的时候只能是强制性地让自己和某一个人成为朋友，而不是自然地和某人走到一起。

由于我们当时都很单纯，因此也意识不到自己是在和不对的人生硬地相处，于是在这一过程中，回避冲突或显得懦弱等做出单方面牺牲的情况时有发生。

直到成年后，懂得了不少人生道理，我才明白所谓朋友，并不意味着是一种必须忍受痛苦的关系。不知过了多久，那些只让我感到厌倦和痛苦的关系，才终于得到妥善处理。

有一段时间，我不再过于留意朋友之间的关系，而全身心投入家庭和事业上。

这样过了一段时间以后，我从几年前起，开始和那些与过去结交过的朋友全然不同的人相处。

我和这些好朋友彼此分享共鸣，尽情享受着甚至有过分之嫌的友情所带来的喜悦。我们明白了这样一个事实：三十来岁时的友情缺乏相应的品质。我们给意气用事打上终止符，开始尽情享受略显孤独的自由。

经过这样的自我调整以后，对于人际关系的看法才会变得更加明朗，才会迎来获得更加成熟的友情时期。这种“全盛期”也降临到我的头上。

学生时代仅以回忆勉强维持的友情，在生活过程中，因价值观和环境的变化，逐渐淡漠下来。

但是，在人格和所关注的事情都已有所收敛的年龄段所结交的朋友，他们之间的友情有其坚固的一面。他们从经验上已经认识到相互之间可以授受的限度，因此只要是在这个限度之内，彼此间都可以做到倾囊相授，而无须左思右量。和小时候相比，无论是物质还是精神上的，能给予的事物更加丰富起来。这是何等美事！

我建议大家不要总是局限于和邻居或妈妈朋友的子女们打交道，而要通过各种渠道和更多的人相处。在行业聚会或各种兴趣小组、网上聊天遇见人生挚友的情况也并不在少数。

也不要囿于“只有学生时代的朋友才可以无所不谈”的错误观念，而只是到几十年来才组织一回的小学同学聚会上晃来晃去。

人是一种不大容易改变的动物，所以当时就没什么好感的朋友，到了今天也好不到哪里去。回忆和友情本就属于两个范畴。我们不该因缺乏与某人相遇的勇气，而一味地沉浸在用“回忆”这种堂而皇之的东西包装起来的过去。

让我们在更加明朗的广阔天地展翅翱翔吧。

现在是做这件事的最佳年龄段。

初　春

□舒　婷

朋友，是春天了
驱散忧愁，揩去泪水
向着太阳微笑
虽然还没有花的洪流
冲毁冬的镣铐
奔泻着酩酊的芬芳
泛滥在平原、山坳
虽然还没有鸟的歌瀑
飞溅起万千银珠
四散在雾蒙蒙的拂晓
滚动在黄昏的林荫道
但等着吧
一旦惊雷起
乌云便仓皇而逃
那是最美最好的梦呵

你回家时的表情，决定全家人的心情

□青榄君

01

听一位医生朋友说过一个病例：一名健壮的男青年，平时跟正常人没什么两样，可是开车的时候，他每过一会儿，身体就会向一侧抖动一下，旁边的人看了都害怕。十几年来，青年多方求医，却不见效果。

原来，在他7岁时，有一天在学校受了委屈，回到家一直哭。

父亲回来见此情景，不但没有安慰他，还非常生气，把手提包往沙发上一扔，面目狰狞地冲上去做了一个要踢孩子的动作。虽然没有真正踢下去，孩子却被吓得不轻。从此，他每过几分钟就抽搐一下，一抽就是十几年。

爸爸回到家的一个动作，埋下了儿子一生的阴影。

事实上，相当多的家庭矛盾，都源于家人回家进门时的表情。

很多人工作一天之后，积累了一肚子的怨气，回到家时，板着一张臭脸。得知妻子还没做好饭，就张口责备："一天到晚忙什么呢你，做个饭都拖拖拉拉！"

妻子受了气，就去骂孩子："还有脸玩！赶紧写作业去！"

孩子的气无处可撒，冲家里的小猫踹了一脚。受惊的小猫猛地一蹿，将茶几上的花瓶打翻，玻璃碎了一地……一个原本平静的家庭，顿时山雨欲来风满楼，每个家庭成员都心惊肉跳。一家人当天的幸福，从进门的那一刻就被毁了。

02

为什么进家门那一刻的情绪，有如此大的"威力"？

社会心理学家洛钦斯发现了著名的"首因效应"，指人际交往中给人留下的第一印象在头脑中占据着主导地位。

家人之间虽然不是第一次见面，但是"首因效应"同样起重要作用。

回家，是与家人的"再一次见面"，这一面决定了家人如何判断你这一天的状态，并且在接下来的整个晚上，这个判断都会在脑海里占据主导地位，影响着人的情绪和行为。

心理学中还有一个著名的"费斯汀格法则"：生活中的10%由发生在你身上的事情组成，而另外的90%则由你对所发生事情如何反应决定。

《围城》中，方鸿渐回到家时，李妈"从没见过他这样板着脸回家"，孙柔嘉问他吃了没有，说她们已经吃过了。方鸿渐继续沉着脸，说："我又没有亲戚家可以吃饭，当然没有吃饭。"

就因为这一点琐事，夫妻俩又吵起来，方鸿渐动手打了孙柔嘉，李妈劝架不成，只好通知房东，这一下闹得左邻右舍全知道了，孙柔嘉愤然离家而走，这段婚姻在愤怒与哭声中走向终结。

讽刺的是，就在五小时以前，方鸿渐走在回家的路上，还暗下决心要对妻子好一点。此时，孙柔嘉也正在家里等方鸿渐回来吃晚饭，并告诉他可去姑母那儿干一份高薪的工作。

这个故事中，方鸿渐因为找工作的事心情沮丧，只是其中的10%，这10%是无法控制的，但完全可以通过心态与行为决定剩余的90%。

试想，如果方鸿渐回家时笑着说："那麻烦李妈赶紧去买东西，再给我随便做点吧。"是不是就会有完全不同的结局？

03

其实，这个世界上从来不缺少幸福的家庭，缺少的是不懂进门艺术的家人。

有一位家庭主妇，她的家中，男主人大方和善，孩子彬彬有礼，温馨、和谐的气氛充盈整个空间。

她的家看起来跟普通的人家没什么区别，除了房门上挂着的一方木牌，上面写着——"进门前，请抛去烦恼；回家时，带快乐回来"。

有朋友来拜访，询问起那块木牌："我也会时常提醒丈夫，不要带着怨气回家，可是他总是当耳边风。你用木牌提醒爷儿俩真的有用吗？"

女主人笑笑，解释说："我并不是提醒他们。有一次我在电梯镜子里看到一张充满疲惫的脸，紧锁的眉头，忧愁的眼睛……把我自己吓了一大跳。于是，我开始想，孩子、丈夫看到这副愁眉苦脸时，会有什么感觉？接着我想到孩子在餐桌上的沉默、丈夫的冷淡，我原来认为都是他们不对，其实，也有我自己的原因！第二天，我就写了一块木牌钉在门上提醒自己。结果，被提醒的不只是我自己，而是一家人……"

换了一种方式进家门，垃圾情绪的传递链在进门的时候就被截断了，留在家里的，是一片平和与温馨。这一切都得归功于那一块小小的木牌。但这木牌背后，是"面孔管理"的学问。

04

每一个人在进家门前，都有必要管理一下自己的面孔。把疲惫、忧愁的表情卸载，更新为轻松、愉悦与舒展的脸庞。

首先，关心一下自己的面孔。

回家前，先用随身的镜子看看自己的脸，我们是否不小心把坏情绪带回来了？

如果发现自己脸色不好，不如先给自己一个微笑，即便只是刻意的嘴角上扬，也会对人的情绪产生积极的影响。加州大学心理学博士莎拉·普莱斯曼表示："在经过同样的压力测试后，被要求面带笑容的受试者，心率下降得更快，压力也减轻得更快。"

人一旦有了笑容，愤怒的、抱怨的、忧愁的话常常就说不出口了。如果发现自己的面孔很糟糕，又笑不出来，不如先让自己舒服一些，别着急回家。

可以在小区的椅子上坐一下，嚼一块口香糖，或是把车停好，听一下电台的节目……总之，以令你感到舒适和放松的方式，休息片刻，补充一些能量。先让自己开心，才有能力带领全家人开心！

然后，关心一下家人的面孔。

人心情不好，自然就会写在脸上，希望得到他人的关心。如果发现家人的面孔不小心带了坏情绪，我们不能要求对方"你要笑啊"，而是应该放下手头的事，及时地给予关怀，这样许多大事都会变小。

有的孩子一回家就摔门，或是一言不发，其实这是孩子希望获得注意和帮助的方式。这时候，父母很可能会因为孩子的糟糕表现而大发雷霆，从而忽视了孩子内心真正的需要。如果给予孩子适当的关心，你会发现，孩子的表情会很快变得缓和、舒展。

家人是我们的一面镜子，一个人笑了，其他人也会受到感染。

回家时的一个笑容，就是带给家人的最好礼物。

借大势做大事

□陆长全

我在青藏高原旅游，思考过一个问题：从青藏高原流下来的河成千上万条，为什么大多数流着流着就没有了，只有长江和黄河最终形成了两条奔腾不息的大河呢？我请教一些地质学家，得到这样的答案：只有这两条河发源的高度和角度不同。

高度比别人高会导致什么呢？会导致这条河的起点和终点之间落差大，水的落差大就会形成较大的势能，导致水流流淌的速度大。

所以，高度决定速度。那么，河流发源的角度不同将会导致什么不同？

假如给一些人10个小时去走路，以同一个起点向不同的方向走，看他们每个人能走多远？你沿着45度的方向，他沿着90度的方向，另一个人沿着135度的方向。每个人在不同角度将意味着他遇到困难的性质和大小是完全不同的：你在45度的方向遇到一条高速公路，一马平川；他在90度的方向遇到的是几座高山；另一个人在135度的方向遇到的则是几条大河。

在不同角度上行走的人，得拿出不同的资源和时间来克服道路上遭遇的不同困难，也就决定着每个人在不同角度上，在10个小时内能行走多远。

所以，角度决定长度。

在日本下馆子，落座见“常识”

□李珍

下馆子是件稀松平常的事，但在日本有很多外人不知道的“常识”。日本人能一眼区分出你是不是外国人。

我在读博士研究生一年级时，只申请到半额奖学金，加上有“走遍日本”的计划，就决定去打工。日本人闲暇时打工很常见，大学教授偶尔在加油站打个零工也不稀奇。

我在距住处不远的一家高档餐馆当服务员，这才明白原来日本餐馆有那么多“常识”。

日本人平时去的餐馆主要有三种：快餐店、居酒屋、和食餐馆。快餐店出售拉面、牛肉盖饭等；居酒屋有烧烤、凉菜、啤酒等；和食餐馆则供应正规的传统日本菜，这也是很多人“潇洒”一下的地方，环境很好，菜品精致，价格略高，只在下午5时至晚上11时营业。

我打工的和食餐馆位于电车站附近一幢日式房屋内，大约200平方米。店内摆放着七八张4人桌和6人桌，有一个长长的吧台，还有4个可容纳10至15人的榻榻米包间。周末公司职员聚会和年底忘年会的时候包间使用率很高，其他日子都空着。这店说起来并不大，老板娘却说忙的时候可同时容纳120人就餐。我不太相信：120人？坐不下吧？

第一天上班，下午5时左右陆续有客人进店。第一位客人是位西装革履、拎着公文包的上班族，我将他从门口引领到店内时，对让他坐到哪里有些为难：现在店内很空，可以让他坐4人桌，但一会儿来的客人多了，尤其是一次来4位顾客没座位时，老板会不会要求独占4人桌的顾客换到吧台？顾客会不会不同意而吵闹起来？正在犹豫间，我回头一看，那位客人已经自己坐到吧台了，还熟练地拿起水杯给自己泡茶。老板娘给他递上热毛巾后，走过来对我说：“一两个人来的顾客自己会主动选择吧台，而不是坐到4人桌去，这是日本人的‘常识’，你不用引导他们。”

后来我观察，情况确实如此。日本的餐馆大都很小，基本都有吧台，一两个人的顾客主动选择落座吧台，这是日本人在狭小空间中共存的规矩。这个规矩能避免冲突，保持餐馆的和睦气氛，也能让商家最大化地接待客人，怪不得老板娘说能同时接待120人呢。如果外国人不知道这一点，单独就餐还径直走向大桌子，店内的日本人会立刻感觉异常。

在日本，无论什么类型的餐馆都会放音乐。拉面店肯定放的是当下最流行的歌曲，居酒屋多数放的是怀旧老歌，和食店放的是日本演歌，以此烘托店内气氛。日本人进餐时也聊天，但声音大小也就是让对面人能听见的程度，自觉地不让说话声音超过店内音乐声。如果很多人就餐，难免碰杯时会引人注目，所以一般都坐在包间。和食店的服务员会在不打扰顾客的情况下为顾客添加茶水，但不会为顾客斟酒，因为日本人喝酒不劝酒，完全自己决定喝多喝少，同桌的人也不会相互劝酒。

这些都是日本人下馆子的“常识”。如今，到日本旅游的外国游客越来越多，我想，如果游客提前了解日本餐馆的“常识”，就不会发生不愉快的事了。

冰冻的梦

□[美]谢尔·希尔弗斯坦

我要把昨天我做的梦，
拿到冰箱里冷冻。
到遥远的一天，
我变成了白发苍苍的老翁，
我就把这个可爱的美梦
拿出来解冻，
然后把它煮沸，坐下来，
浸暖我冰冷的双足。

『心理账户』原则与一对旧藤椅

□岑嵘

年底的时候，单位发了一笔钱，说是去年年终奖所得税的退税，于是，大家开始讨论怎么用掉这笔“意外之钱”，有的说买部游戏机，有的准备大吃一顿。

大家之所以毫不心疼地花这笔钱，其实就是“心理账户”的关系。

“心理账户”是2017年诺贝尔经济学奖获得者理查德·泰勒在1985年的一篇名为《心理核算和消费者选择》的论文中率先提出的。通俗点说，“心理账户”就是人们在获得收入或进行消费时，总是会把各种不同的收入和支出列入不同的“心理账户”，比如“家庭日常开支账户”“消费娱乐账户”“孩子学习账户”……如果是“买彩票中奖的钱”，就比较容易大手大脚使用，“朝九晚五的辛苦工资”我们则会精打细算，把钱花在“负责任的事情”上。

有一次，我应邀做一个讲座，话题就是关于“心理账户”的。我举了金庸小说中的例子，比如在《连城诀》中，狄云对新买的衣服倍加珍惜，因为买衣服的钱是卖掉了和他感情很深的黄牛换来的；而《鹿鼎记》中韦小宝则出手大方，因为钱是他通过赌钱作弊赢来的……有个朋友特地赶过来听了我的讲座，这个朋友是70后，家中的独生女，再次碰到她时，她对我说：“我想讲讲我们家的故事，也许这也和‘心理账户’有关吧。”

于是她对我讲了这个故事：1980年，母亲又怀孕了。

然而，一来家中经济条件不是太好，再要个孩子担心负担不起；二来父母的工作太忙，实在没有精力再抚养一个孩子。考虑良久，父母决定不要这个孩子。

很快，父母领了独生子女证，按照当时的政策，还可以有27元的独生子女奖励。

因为家里什么像样的家具也没有，于是母亲打算添置点什么东西，想来想去最后拿这笔钱买了一对藤椅。椅子带有藤制品特有的光泽，靠背和扶手还编有精美的花纹，母亲又给它们配上自己做的垫子，它们就成为家中最奢侈的家具了。傍晚，父亲喜欢在昏黄的灯光下舒服地坐在椅子上看报纸，母亲则往往是坐在另一把椅子上织毛衣。那是他们一天中最轻松的时光。

母亲也常常念叨起那个没要的孩子，她常常对我说：“也就是多了双筷子，当时咬咬牙辛苦一点，现在你就有个弟或者妹了。”

说完就看着那对藤椅出神。

藤椅用了很多年，边边角角磨得发亮。它坏了修，修了又坏。

几次搬家明明已经放到门口准备扔掉，但最后还是拿了回来。

一晃十七八年过去了，这期间家里也发生了很多大事，包括父亲的去世。

因为这两把椅子实在破得不像样子了，最后母亲决心把它们丢掉。吃完晚饭，我和母亲一人提着一把藤椅，来到小区垃圾站。因为体积太大，无法塞进垃圾桶，只好把椅子放在垃圾桶边上。临了，母亲又依依不舍抚摸着椅子好久。

终于，我们开始缓缓往家走，母亲边走边不停地回头看，终于到了拐弯处，我忍不住随着母亲驻足回头看去，这两把椅子孤零零地站在垃圾桶边上，像是被遗弃的小狗，绝望地蹲在原地忠诚地等待着主人；还像是走丢的孩子，站在路边低声哭泣；又像是家中要远行的亲人，在暮色中向我们告别……“为了一对旧藤椅，母亲回家竟然哭了一场。”朋友说。

不紧不慢

□骆瑞生

我向你走来，
不紧不慢。
看水，看山，
还在茶馆吃了一碗面。
我与你别去，
不紧不慢。
乘舟，骑马，
也不至于辜负一路的梅花。

好好的嘴巴

□陈文卿

“有没有想过一辈子我们说了多少话？根据统计学家估计，一个正常人一天所讲的话，大约要用二十张B5的纸来记录，以这样的说话量来累计，一个月可以写成六本一百页的书，一年下来就有七十二本，如果寿命以七十岁来算，总共就讲了五千零四十本一百页厚的书了。”

学生听完这样的数据，不约而同地发出惊呼：“哇！这么多的书足够开一家小型图书馆了。”

“是呀！”我说。

“可是，这家图书馆有多少本有价值的好书呢？”

这是个有趣的问题，只见每个孩子都皱着眉头，很认真地思考它的答案。

我们每天所说的话大致上可分成三类：一、好话：诸如安慰语、智慧语，能提振人心、授业解惑，等等。

二、应酬话：“今天天气真好”“早安，吃饱了没”等礼貌上的招呼或工作上的对谈，没什么好不好的分别。

三、恶语：聊人隐私、传些八卦，抱怨这个、批评那个，通常都是拿别人当话题。

哪些话出自我们嘴巴的频率最高呢？许多人终日言不及义，制造一大堆语言垃圾而不自知。

我们应该从小教导孩子学会说话，在正确的时间，合宜的地点，说该说的话，“三对”连成一线，才是最高格调的嘴巴。

第一，正确的时间：很多孩子只知道自己想讲就讲，完全不懂得尊重别人，下课说不够，上课也说，排队要讲，连走路也不放过。

一张嘴巴似乎没有空闲的时候，东拉西扯惹人厌烦。俗谚说得好：“沉默是金”，懂得在适当的时候闭上嘴巴，其实是智慧的表现啊！

有一个年轻人慕名前来拜希腊哲学家苏格拉底为师，他一看到苏格拉底进来，便立即上前自我介绍，从他显赫的家世到他心中的抱负，唠叨个不停。苏格拉底看他没有停下的意思，便伸手捂住他的嘴说：“我得跟你收双倍的学费。”

这年轻人惊讶地问：“为什么？”

苏格拉底对他说：“因为我必须教你两样功课，首先要教你如何勒住舌头，再教你如何开口说话。”

第二，合宜的地点：热闹的场合，可能因一句戏言而跌落谷底；喜庆的气氛，也常常因不当的话而瞬间冻结。在需要的地方加几句如珠妙语，掌握状况往好的境界发展，这正是语言艺术的魅力！

有一位钢琴家应邀到美国某一城市演出，当他出场时发现观众稀稀拉拉，不到全场座位的五成。他当然很失望，但是他走到舞台的前端，对观众说：“贵市的人一定都很有钱，我看到你们都买了两三个座位的票。”整场的人听了哈哈大笑，那是个充满音乐和笑声的夜晚，隔天在媒体上也出现了极高的评价。想想看，一句贴心鼓舞的话是多么神奇啊！就像天使手中的魔法棒。

第三，说该说的话：身体的伤痕易治，心中的怨恨难解，有很多人都难以释怀曾遭受的语言上的伤害。许多人肆意批评，殊不知字字如刀、句句似剑，传言往往失真，一下子就伤了人，所以说话前先用三个筛子过滤一下吧！

第一个筛子叫作真实，如果只是道听途说或人人都这么说，那就停止开口！第二个筛子要了解是否为善意的，如果说者其心术不正，爱嚼人舌根，那就更没有说它的必要了。第三个筛子是检查看看这件事是重要的吗？街谈巷议闲人打发时间，这样的内容能免就免才对。如果一件事并不重要，又不是出自善意，更不知道它是真是假的，我们又何必传播它呢？

“没把握的事，谨慎说；没发生的事，不要胡说；做不到的事，别乱说；伤害人的事，不能说。”言之有物，谨言慎行，一辈子都将受用不尽。

那天我回到家中，面对着先生拿出一张白纸。然后对他说，在纸的上边，请写下“我的支持系统”这几个字；在纸的左边，请写下“人物的称谓或姓名”；在纸的右边，请写下“与我的关系”。好了，开始吧，尽快，不假思索。你要知道，所有的心理测验都烦请再三斟酌。

他笑眯眯地看着我说，你今天又学习到了什么新知识，想在我这里做个试验？

我说，你猜得很准嘛。好吧，听我慢慢说个分明。

我们每个人都有一个支持系统，就像一个好汉三个帮，一个篱笆三个桩。比如说，柱子是宫殿的支持系统，双脚是身体的支持系统，绿叶是花朵的支持系统，桥墩是高架桥的支持系统……一个人，在世界上行走，没有好的支持系统是不能持久的。它是我们闯荡江湖的根据地，它是我们长途跋涉的兵站。当我们疲倦的时候，可以在那里的草丛栖息。当我们忧郁的时候，可以在那里的小屋倾诉。当我们受到委屈的时候，可以在那里的谅解中洒下一串泪珠。当我们快乐的时候，可以在那里的相知中聊发少年之狂……

这种精神的疗养生息之地，你有多少储备？

先生是个缜密的人，他说，既然你已做完了这道测验，不妨把你的讲来听听。

我说，好啊。我告诉你。

我最先写下了我的母亲……

于是，忆起那天的课堂。

静寂。这是心理测验常常出现的情形。人们在想。片刻之后，有人就唰唰地动起笔来。这种事情，一旦有人开了头，谁都顾不了谁了。同学们埋头去写，然后分成小组，描述自己的支持系统。基本上包括这样几类——家人、亲属、同学、师长……

有同学说，我飞快地检视了自己业已走过的人生，我为自己多年来储备下的丰厚资源而欣慰和思考。我对自己的今后更有了把握和信心。我的

谁是你的支持系统

□毕淑敏

支持系统是，从我幼年的朋友到最新的职业同事。他们涵盖了我的历程，好似风暴过后海滩上遗下的贝壳。那是经历了考验的生命的礼品。

有一位同学的支持系统是一片空白。他坦诚地说，我的支持系统就是没有一个人。我是自己支持自己，是思想支持着我。

不管怎么说，我钦佩这位同学的坦率。有的人在这种时候，不敢暴露自己，明明没有，但他随便填上几个名字，把自己凄凉的真实隐藏起来。但是，你要想一想，为什么自己的支持系统是空白呢？再有，如果有的同学全部填写的是家庭成员，那也是不够完备的。如果一个中学生，他的支持系统也都是同龄人，那么，很容易出现盲人领盲人的情况。要引起高度注意。

支持系统的性别单一化，也是不理想的。理想的支持系统应该是两性都有，各年龄段都有。也就是说，我们生命的支持系统，最好的状态应该是平衡的，不过分倾向于哪一类。

那么，最后，好好分析一下你的生命支持系统吧！你生命中有哪些人支持你成长，支持你走过？又有哪些人帮助你渡过难关，帮助你一次次蜕变？

或许从这其中，你能懂得一些生命中最重要、最珍贵的东西。

荷

□刘墉

荷的叶叫“荷”，荷的苞叫“菡萏”，荷的柄叫“茄”，荷的实叫“莲”，荷的茎叫“藕”，荷的花叫“芙蓉”，至于那咏荷的诗篇文章、写荷的丹青绘画，更是不计其数了。

荷真是美！她的枝条袅娜，纠葛而不错乱；她的叶子亭亭如盖，舒卷而有韵致；她的花盈盈如贝，迎风而愈娇、香远而益清；她的藕，虚心有节、出泥而不染；尤其是她的莲，在开完一塘夏荷之后，素朴如一枝朽木的莲蓬，整整齐齐地蕴藏着那颗颗的果实，且温润如玉。

走运的你与不走运的你

□岑 嵘

A中学是我们市里最好的中学之一，毕业的学生大都出类拔萃。那年升学考试，我差两分没能被录取，为此一直耿耿于怀。每次经过这所学校时，我都会想一个问题，如果那一年考试时某个选择题我没有选错误的D，而选了正确的C，或者批作文的老师心情好那么一点点，那么我的人生或许会完全不同。

这样的节点也许就是所谓的人生转折点吧，我把这想象成一个平行世界，那么在平行世界那一端里那个幸运的我，人生会有怎样的不同？

这个看似永远无法解答的谜，经济学家却出人意料地给出了答案。

经济学家把一些重要事件产生的分叉，用一个专业名词来命名——“断点回归”。即任何时候都有一个精确的数字（一个断点）把人们分成两个不同的群体，经济学家可以对极为接近截止点的人们的人生结果，进行比较或回归分析。

纽约史岱文森中学是一所让人梦寐以求的中学，这所学校的学生大多能考上全美排名前20的名牌大学，然而，要进入这所中学并非易事，因为只有5%的考生能考上这所中学。

一个叫耶尔马兹的少年和当年的我一样，遗憾地差了两分没能被这所中学录取。耶尔马兹当然永远没有办法回到少年时代的那次考试并且拿回那两分，然后比较一下两者的人生有何不同。我们想当然的办法是比较上了史岱文森中学的学生和没上史岱文森中学的学生的人生差异显而易见，从史岱文森毕业的学生更多地考上了名牌大学，因为能进入这所中学的学生，都是当年经过激烈竞争的优胜者，他们在总体素质上比其他学校的学生更好，是顺理成章的事，因此这并不能真正说明问题。

更精确的比较是什么呢？经济学家需要找到两个几乎完全相同的小组，这个时候，“断点回归”派上用场了。

麻省理工学院和杜克大学的经济学家阿蒂拉·阿卜杜勒卡迪罗格鲁、乔舒亚·安格里斯特和帕拉格·帕塔克等人组成了一个团队，他们比较了“断点”，也就是史岱文森中学录取截止点分数上下的学生的最后结果。这些经济学家研究了数百位像耶尔马兹一样因一两道题而错过史岱文森中学的学生，然后将他们和数百名考试成绩稍好，因为多对了一两道题考上史岱文森中学的学生进行比较。他们评判成败的标准是这些学生的大学预修课程分数、学术能力评估测试分数和最终进入大学的排名。

研究的结果让人吃惊，几位经济学家发现，分数线两边的学生最后的大学预修课程分数和学术能力评估测试分数都难分高下，所就读的大学也都是排名相当的名牌大学。

这几位经济学家评价道：史岱文森中学不会使你在大学预修课程考试中表现得更好，也不能让你最终考上更好的大学。竞争激烈的入学考试席位的价值似乎并未体现出来，入选的精英学子在这里学业进步的程度并不足以证实学校的优势。

我们再看另一个例子。在美国哈佛大学毕业生进入职场10年后的年薪收入平均达12.3万美元，宾夕法尼亚大学的毕业生10年后的年薪平均达8.78万美元。尽管两所都是很好的学校，显然能够上哈佛似乎更让人走向成功，因为是哈佛大学总体生源质量比宾夕法尼亚大学要好。

经济学家斯泰西·戴尔和艾伦·克鲁格用了同样的方法来研究精英大学与毕业生未来收入潜力之间的关系。他们发现，当两组背景相似的学生都被哈佛大学录取，然而，其中的一组最终选择了宾夕法尼亚大学时，其结果和史岱文森高中的研究惊人相似，两组学生的职业收入难分伯仲，如果以未来的收入作为衡量标准，他们也大致相近。

上述研究表明，如果真有平行世界，在某个重要节点走运的你（比如幸运多了一两分考上心仪的学校），并不意味着从此会比那个不走运的你更成功，只要你不气馁，不怨天尤人，两者的差别其实最终是微不足道的，一时的幸运对人生没有很大的影响。

告别进行时

□苏　南

有一回我们英语老师发了火，她在黑板上写下一个句子：He is dying。然后在后面画了个“×”，转身质问我们：“死怎么可能是进行时？不都是一下子的事情吗？”因为老师的气急败坏，让我记住了这么个语法概念：死是一瞬间的事情，不能用进行时。

多年以后，我在好友的订婚宴上接到我妈的电话：“你快点来医院，你爸不能说话了。”我迅速赶到病房，看见父亲侧躺在病床上，嘴巴半张——但说不出一个字。我甚至忘了他跟我讲的最后一句话是什么。

从确诊以来，我们以为悲观的他会接受不了身患肺癌这个现实，但他却出乎意料地，以一种全新的乐观姿态，坚持了两年多。只是到了最后，各种生理的疼痛和心理的压力，渐渐将他吞噬，他哽咽着说不想死。连带我们，也对死亡充满恐惧。

我捕捉到父亲眼里的惊慌和飘忽，不久后，主治医生拿来了最新的诊断报告，我念给他听：“肿瘤稍微大了一点，不过好消息是没有骨转移。”他最担心骨转移了，多年的住院经历，让他明白一旦骨转移，就意味着时日不多了。而我没有告诉他的是，他的癌细胞脑转移了。

我问他：“晚饭想吃点什么呢？”他说感觉什么也吃不下了。

我替他做了主：“那就吃饺子吧。”医院食堂二楼的饺子，他已经连续吃了很多天，他喜欢这个，能下肚，能供能。他有自己的一套理论，吃下的东西大多数会被癌细胞抢走吃掉，但是如果不吃东西，癌细胞就会吃起他的身体来。

现在他真的什么也吃不了了。我们不得不掰开他的嘴巴，用手去掏他喉咙里的液体，那些东西源源不断地出现，如果不及时清理，他恐怕就有窒息的危险。到了夜里，他已经筋疲力尽，蜷缩着身子，侧躺在病床上，不再那么重地喘气。我看着他，说不上来地心酸：这个小老头真的要离开我们了吗？

我想起更早一些时候，有一天晚上在医院，他忽然扯着我的衣服说他想吃冰淇淋，我以为听错了，他又用力重复说要吃冰淇淋。我就赶紧出门去给他买，等到超市门口，我姐打电话来说他要吃那种尖角脆皮的，我到肯德基才买到，我蹬着自行车赶在融化前送回医院。他像个小馋猫一样吃起来，说想吃冰淇淋很久了。

第二天，他还想吃冰淇淋，我在家里给他准备好晚饭，准备出门去医院，就顺手在路边的小店里买了一个。他吃了一口，就骂我，说我拿过期的东西给他吃。我顿感委屈，扯过冰淇淋上面的包装，指出生产日期：“你自己看看，哪里过期了？！”

他不响应，一点一点吃掉那个冰淇淋，然后背过身去生起了闷气。我真的哭笑不得，他就是一个老小孩啊！要是时光倒流，我当然愿意多跑点路去给他买肯德基的冰淇淋。

结果当天他的胃就大出血，医生过来让我在病况通知上面签字，让我做好思想准备。我都记不清这是第几次有人叫我做好心理准备了，可我依然希望他像从前那样逢凶化吉。另一边我又怀疑是不是冰淇淋让他的胃出血，可他都那样了，想吃点冰淇淋还不满足他吗？

没过两天，晚上我们正从家里收拾好东西准备到医院去陪他，电话响了，是爸爸，叫我们不要过去。我妈说，不好，该是隔壁床的老头走了。我们赶紧去医院，病房里乱糟糟的，护士、家属都在，哭声此起彼伏。两张病床之间被一个屏风挡住，我冲过去，爸爸正蜷着身子一脸木然，他看到我，就有些激动，叫我赶紧走开。他是怕我沾了晦气，我说别管了，我不讲究这些。然后去请求医生找个床位先度过这一晚。我们来到新的病床前，我准备扶他起来坐到床上，这时他忽然脸色一变，哭了起来。我让他躺下来，替他脱下裤子，盖上被子，安慰他：“别怕，没事了。”

他执意要我回家，路上，我脑袋里挥之不去的是刚才他哭的样子，不禁一阵后怕，如果今天走的人是他呢？我又该怎么办？在那之后，他对死亡的恐惧越发明显，最终还是在这场跟癌细胞的战争中落败了。

他被推进火化炉，变成了一堆灰。我捧着他，走去骨灰盒存放的地方，泪水模糊了双眼，我脑子里却莫名地想到那堂英语课，那个句子并没有语法上的错误，那老师又为什么要那样气急败坏呢？也许我们不愿面对的，就是我们的恐惧所在。

死亡是一个过程，把人生的所有经历慢镜头播放，你可以睁大双眼目送全部，也可以闭上双眼熟视无睹。但时不时地，我想念他——我的父亲。

如何掌控主动，成为一个社交高手

□罗辑思维

初次见面，怎样给人留下好印象？怎样克服紧张，避免谈话冷场……这些问题，困扰着很多人。

下面，为你提供一些实用的社交妙招，助你在开工前，有效提升自己的社交段位，成为一个社交高手。

怎样给人留下好的第一印象

1.想留下好的第一印象，核心就是一句话：主动给对方“社交好处”。常见的社交好处有四种：①欣赏，适当夸奖对方；②共同点，找到彼此都感兴趣的话题；③鼓舞，投入自己的情绪到对话中，让对方感到你很感兴趣；④启发，对话的内容让对方有收获。

2.在相对正式的场合，告诉你个社交小技巧——主动握手。这能让对方感受到你的诚意，认为你愿意接纳新朋友。如果你是女性，在握手时不要过于拘谨，稍稍用力，更显落落大方。

3.保持亲切的面部表情。细微的面部表情，能传达我们的态度。交流时眼神要关注对方，让对方感觉到被尊重；此外，保持微笑能给人亲切感，更容易获取对方信任。

4.初次见面聊什么来破冰呢？给你一个公式：环境+自我介绍。首先利用环境这个共同点，打开话题，比如“这个活动很少有人了解，你是怎么知道的呢”；话题被打开后，再进行简短的自我介绍，能快速拉近和对方的距离。

如何克服紧张，敢于交流

1.大部分的社交紧张，能归结为一个原因：过度关注自我。比如，发言后总在担心“我刚刚说的话是不是很蠢，别人会怎么想我”，而不是关注对方回应了什么。想要克服紧张，你可以有意识地把注意力放在对方身上，不要纠结自己说过的话。

2.具体要怎样做呢？你可以提前做好准备，把可能遇到的问题列出来，然后想出应对方法。比如，参加一个大型活动，会碰到其他行业的人，你可以事先对其他行业做点了解，还可以准备一个和自己职业相关的自我介绍。

3.你还可以找一个熟悉的人陪伴。邀请一位关系好的同事或朋友一起前往，即使他不说话，但你能感受到他的支持，也会给你开口的勇气。

如何让双方都感到舒适

1.沟通不是一个人唱独角戏，而是双方有来有往。所以谈话时，不要只单方面表达，还要学会换位思考，做一个聆听者。特别是发现对方的想法和自己有很大出入时，只需要安静地倾听就好，不要一味地表达自己的意见，更不要试图说服对方。

2.你还可以用肢体动作，让对方感到你的关注。比如，身体稍微向前倾斜，说明你听得很投入；双手放在桌面上或者搭在扶手上，就比插到口袋里或者抱在胸前，更能表现你对谈话感兴趣。

3.想让一段谈话舒适，话题也需要好好选择。最好能够选择双方都感兴趣的话题，其次是对方专业领域内的话题。要注意，尽量避免说太多自己的烦琐小事，否则很容易让对方感到无聊。

4.你还可以通过向对方提问，给他表现的机会。要尽量多提开放式问题，少提封闭式问题，这样更方便调动对方情绪，表达自己的想法。

如何建立深入的强社交关系

1.在一开始就要避免目的性太强的社交方式。虽然寒暄客套很常见，但过于热情、露骨，就会显得太功利，很难赢得对方的尊重，难以建立起真正的长期关系。

2.借助共同的联系，维持并加深关系。想加深关系就需要突破口，最简单的方法，就是找到彼此间的共同联系点，在合适的场合投其所好。这种联系可以是共同的朋友、爱好，甚至是一本书。

3.把握好该有的分寸。无论双方有多熟悉，都不要主动提及对方的私事，比如薪水、感情。给对方留出适当的空间，他才会觉得你很可靠，交情才能长久。

4.“喜新不厌旧”，定期和老朋友见面。再好的关系，不维护也会疏远。如果你和朋友最近联系较少，不妨主动安排一个时间，请他出来吃饭聊天。对于异地的朋友，可以多注意他们社交软件的动态，并适时回应。

如何面对别人的误解

□佚　名

面对别人对自己的误解，应该怎么办？马东说：“被误解是表达者的宿命。”面对这一种“宿命”，我们该怎么办呢？这是一个有趣的话题。不仅因为每个人都或多或少被误解过，以及正在被误解，还因为，每个人也都或多或少误解过并正在误解别人。

被人误解，无疑是不愉快的经历，大多数人的第一反应，是去澄清误解，去解释。毕竟，误解可能会带来一系列糟糕的结局，可能会让你和别人的关系变糟，等等。

但是我想说的是：对待误解，最好的方式是顺其自然。

可能你会觉得这很荒唐，我知道，我们都有一种强烈的冲动，要证明自己的正确性，要让所有人都正确看待自己。但是我希望你能用几分钟来听听我的理由。

首先，“被误解”是谁的事？大部分人第一时间反应：误解侵犯到了我，当然是我的事，当然我有义务，有责任去澄清误解。但是我要说：误解不是被误解者的事，而是产生误解的那一方的事。也就是说，是搞错的人的事。

设想一下，一个男生爱上了一个女生，他以为她很美好，以为她会喜欢他，以为她很适合自己，于是他坠入爱河，每天幻想如何对她表白，如何等她下班，他付出了许多爱心，经过好几个月时间，他终于表白了，然而对方告诉他，她并不想接受他。这时候男生一定非常伤心，非常难过，他可能会责怪对方，恨她没有回报他的爱意，但在我看来，这一切是因为男生误解了女生。她从头就对他没有兴趣，所以女生没有义务为男生的单相思负责，是他自己误解了。所以，并不是让女生去解释“我为什么不喜欢你”，而是让男生承认“我误以为你喜欢我”更能平复男生的情绪。

所以被误解是误解者的事，如果你的行为并没有刻意去引导误解，那你是没有必要为之负责的。尽管那个误解你的人可能会让你很不开心，可能会对你产生不利的影响，但归根结底，那不是你的问题，那是他的问题。既然是他的问题，你就没有义务替他思考，帮他解决。

其次，就算你想去解决，这也很可能是你能力范围以外的。

遇到误解，我们第一反应是去纠正别人，可能你会觉得纠正别人是一个最简单的办法，但是根据我的经验，纠正别人是一件最难的事情。

举例来说，我有两个朋友，他们之间有一些芥蒂，我听了双方的说辞之后，觉得我应该帮他们两个消除误解，于是我分别对两方都澄清了误解，然后再把两人拉到一起碰个头。结果呢，结果是令我泄气的——在见面之后，两人的关系完全没有进展，只是表面上和气，背地里又变成另一种表达方式，继续延续他们彼此的误解。

这件事让我意识到：“消除误解”的作用力很可能会产生“加强误解”的反作用力。这是由于人的思维是很固执的存在，它的基本设定是“我是对的”，为了维护自己的正当性，思维会找出种种理由来强化它原有的认知。换句话说：人没有那么容易认错。

再讲个小故事吧：有一个人在餐厅吃饭，听到邻桌有人在对孩子讲“木须肉”就是木耳炒肉呀。他于是上前纠正道：“这位先生，你搞错了，木须是鸡蛋，不是木耳。”结果店主端出来的正是一盘木耳炒肉，于是他又对店主说：“你这个不对啊，木须是鸡蛋，不是木耳啊。”结果店主说：“我说木须就是木耳！”——当你心怀善意，觉得你可以去纠正误解的时候，往往也是你搞错了。因为别人并没有准备要接受你的批评。

如果我们不再纠结于要去纠正别人，那么我们可以做的事情就很简单了：如何最低限度不要受到误解的影响？

第一，心情上通畅。理解“误解不是我的事，我没有义务去解决”。

第二，行为上通畅。远离是非，避免和误解你的人发生争执、冲突、矛盾。实在避不开的时候，保持礼貌对待。如果误解你的人不幸是你很亲近的爱人、朋友、家人，那恐怕你需要与之保持距离。你或许会问：“逃避是一种正面的态度吗？”我会说：“是。”许多关系之所以会变得很糟糕，恰恰是因为人不知道如何保持距离，越是挣扎，越是被套牢，就像网中之鱼。当你适时地学会避开矛盾，不再和家人朋友发生正面冲突，你们之间的心结才有松开的可能。

听上去，我似乎是要你做一个无情的人。但我想说的其实是：消除误解最好的方式是“顺其自然”，并不是什么都不做，你可以适当解释，也可以做一些努力，但不要要求别人认错，最重要的是让自己理清思路，保持心情不受影响。那个误解你的人，你要允许他的误解，你也要给他时间去发现自己的错误，在此期间，心情愉快地做你自己就好。

别再问孩子『长大后想做什么』

□佚名

小时候我们常常被大人询问：“长大以后你想做什么？”

成人之后，我们又开始问小孩子同样的问题。

沃顿商学院教授亚当·格兰特在《纽约时报》写文章提出，我们应该停止问孩子们“长大后想做什么”，并且给出了自己的理由。

首先，这个问题逼迫孩子们用一种工作来定义自己。格兰特说，当你被问到长大以后想做什么时，如果你回答说“一个父亲”“一个母亲”，这在社交意义上是不可接受的，更不要说“一个正直的人”了。

这可能是为什么许多家长声称，他们自己觉得最重要的价值是关心他人，但孩子们认为最重要的事情是成功。

其次，这个问题有一种强烈的暗示，那就是人人都有属于自己的一样天职。格兰特表示，尽管拥有天职会让你感到快乐，但研究显示，寻找天职会让学生们感到迷茫和困惑。而且，即便你足够幸运碰上了一样天职，它也可能不是个可行的职业。格兰特说，他和同事已经发现，很多职业梦想并不能支撑你的生活，无法支付的生活账单，更糟糕的是，我们中的很多人并不具备相应的天赋。

喜剧演员克里斯·洛克在听到一名管理人员告诉刚入校的高中生，他们可以成为任何他们想成为的人时，洛克问道：“女士，你为什么要骗这些孩子？”也许他们中有四人可能会成为他们想成为的人，但其他2000个孩子最好学会怎么焊接。他接着说：“不如和孩子们说实话。你可以去做任何你擅长的事——前提是他们在招人。”

格兰特说，即使你能克服这些障碍，还有第三个问题，那就是你的职业生涯很少能达到你童年期望的高度。在一项研究中，寻找理想工作让高年级大学生在整个过程中感到更加焦虑、压抑、无力和沮丧，并对结果更加不满。

就像作家蒂姆·厄本写的那样，幸福等于现实状况减去期望值。

如果你寻找的是狂喜，那么你注定会失望。因此我们可以理解这样的研究结果，在经济萧条期毕业的大学生30年后的工作满足感会更强，因为他们不觉得有份工作是理所当然的事情。

格兰特认为，低期望值的一个好处是，能消除我们所想与所得之间的差距。大量证据表明，与其把一份工作想象得很美好，还不如在入职时贴合实际地预想一下它真实的样子。当然，你在接手时可能会少些激动和憧憬，但总的来说，你最后的收获会更大。

最后，格兰特强调，他完全支持年轻人力争上游、志存高远，但这些志向应当不局限于工作。

比起问孩子们以后想从事什么职业，不如请他们思考一下他们想成为什么样的人，并想想他们可能想尝试的各种不同的事情。

送别

□[土耳其]塔朗吉

去什么地方呢？
这么晚了，
美丽的火车，
孤独的火车？
凄苦是你汽笛的声音，
令人记起了许多事情。
为什么我不该挥手舞手巾呢？
乘客多少都跟我有亲。
去吧，但愿你一路平安，
桥都坚固，隧道都光明。

不起眼的清/华/哥

□另　维

我们学校重视视野，鼓励每个人至少出国一学期。对外国来的交换生，也配以本校生做新手向导。如此一来，我认识了清华哥。

听到介绍，“跟你做新手村任务的是清华生物系第一名哦，奖学金拿到手软，这次仅生活费就每月1200美元。”我扑上去顶礼膜拜。心想，沾一沾学霸气息，有助于自己的“进化”。

我带清华哥吃冰激凌自助餐，他没见过，很是新鲜，捉住店员小哥疯狂发问，一张口吓了我一跳。那是一口地方口音浓郁的中式英语。清华也太不重视学生口语了，弄个英语角不行吗?

我听不下去，让他把疑惑告诉我，我帮他问。他摆手拒绝，非要自己说，说不明白就手舞足蹈，还闲聊起来了。一时间，人人进店都要瞄他几眼。

我忍不住离他远一点。

一学期11周，开学两周后就是期中考试，一轮连一轮考到期末。学期步入正轨，人们走路都恨不能飞，依然有清华哥逸事口耳相传：“有人隔三岔五在中餐厅狂说英文，那发音标准闽南语系，还嗓音嘹亮，连语言班的都听不下去要纠正他。出来交换三个月还把自己当美国人了，真可怕！”配微信视频传播。我悲痛地想，真是砸清华的牌子。

清华哥回国前请我吃饭，张口点单，又吓我一跳。“你是掉进山洞捡到了《九阳真经》吗？闭上眼睛听你完全是个美国人！”我惊叫，才三个多月啊！

“抓住一切机会狂听狂说而已。我不像你们常年在美国，本科四年，我只有这三个月可以生活在纯英语环境，只能尽可能多收获一些。”他说得腼腆。

我想照旧打趣：如今的美国西海岸算哪门子纯英语环境，中国人、中餐厅到处都是，商场里设置汉语导购，除了上课和写作业简直用不着英语，根本不是学语言的好去处。

可我羞愧得说不出来。

他怎么就做到了呢？“我知道自己说得不好，可是如果我不说，就永远不会好。凡事有过程，早晚要走一遍。”

我连忙摆手，“不不不，你已经说得太好了，不知道的以为你高中就留学了呢！”

我的双学位之一是心理学，知道人脑理解语言的部位11岁已经发育成熟，因此英语口音是否纯正，几乎与人生活在英语环境多久无关，而是取决于多早接触。看遍了形形色色的留学生，众人公认刻苦的高中留学生还有可能彻底摆脱不纯正口音，18岁出国的本科生不用痴心妄想，流利就好。我大约就是这样渐渐放松自我要求的。我忽然有点恨自己。

清华哥瘦瘦白白小小，不太起眼，我却再也不敢小觑他。原来清华人厉害，不在于成绩好、会考试。三百六十行，行行不一样，成功的充分必要条件却大同小异。他们知道如何做好一件事，更知道如何做好每一件事。

清　晨

□[俄]鲁勃佐夫

消除了朦胧的睡意，
松树倒映在河中，
霞光倾泻在村庄的街心，
当寂静的庭院里，
大人和孩子都喜迎朝阳，
我精神振奋，向山冈跑去，
举目远眺，万物生辉，尽收眼底，
树木、茅舍、桥头上的马儿、
绿茵茵的草原——
一切都使我留恋。
倘若我对这种美景也会生厌，
大概就再也不懂美的概念……

纯棉朋友

□王太生

按材料和质地划分，朋友可分为两类，一类纯棉朋友，一类化纤朋友。

纯棉朋友，吸汗、透气。你提意见，他听得进。你有什么心事困难，他会帮你化解、消散，是可以掏心窝子的，就像流汗时，两片棉布汗衫和皮肤经常粘在一起。

化纤朋友，有江湖义气，说出的话，称兄道弟，这样的朋友，属于生意场上的合作伙伴，大概是在酒桌上认识的。为了某种利益而走到一起，因为特殊的关系，彼此走得近。酒热耳酣，脱去很华丽的外套，静电会啪啪作响。

朴素的纯棉，保暖、熨帖。

一碟茶干、二两花生米，聚餐都在小酒馆里。从前，我和于二经常用干净的荷叶，包半斤猪头肉，坐在荷塘边喝酒。我们一边喝酒，一边谈诗。于二摇头晃脑，“水珠在荷叶上滚动，我们坐在荷塘边喝酒，喝的是二两瓜干的兄弟情谊……”

我和张哥是三年前认识的。

一次，我们一行人到古村采风，我走累了，坐在村口一块大石头上，张哥见我不再挪步，怕落下我一个人寂寞、孤单，就陪我坐在那块大石头上说话聊天。

历史上那些著名的好友，刘、关、张，桃园三结义；竹林七贤，竹下纵歌饮酒，酣畅淋漓；俞伯牙和钟子期，高山流水；管仲与鲍叔牙，患难莫逆；廉颇和蔺相如，将生死置之度外……这些都是纯棉朋友。

王子遒是古今第一“纯棉哥”，他夜半刚想安寝，忽然想起好友戴安道多日不见。便穿衣下床，乘一叶小船，冒着鹅毛大雪，天明时赶到戴的府上，见朋友安卧酣眠，便转身折返。“纯棉哥”看朋友，凭的是感觉，对朋友的情义，尽在一个“挂念”。

乘兴而来，尽兴而归，这样一个过程，他享受到了。

李白和汪伦也是纯棉朋友。

在皖南泾县旅行时，我不忍再看那潭水，让它保存在我心中想象的样子，只与桃花潭擦肩而过。

纯棉，绿色、环保。我在苏北离海不远的地方采过棉，棉从棉桃里喷薄而出，有着很强的柔度和韧性。

有些朋友天生就是纯棉质地。我在外地的酒桌上，认识一个人。那个人见到我也很开心。

酒宴散后，他说他家住在附近，独自步行回家，走得很远了，还回过头来，步履踉跄地倚在一根昏黄的电线杆下，老远冲我招手，又招手。

朋友聚会，终有一别。人散后，我常常沉浸于丰子恺“一钩新月天如水”的朦胧意境之中，起风了，天已凉，该披上一件棉质地的外衣，保暖、保温。

人与动物之间，也有纯棉朋友。尼采就曾抱过一匹马哭泣；金岳霖和一只大公鸡，曾在同一张桌上吃饭。网上读到有个小伙游新疆，临别时抱着一头驴号啕大哭。这个小伙在朋友的帮助下，买了一头驴，用了两个多月时间，赶驴车游新疆，风餐露宿的戈壁沙漠，风尘仆仆的旷野孤烟，小伙与驴建立了深厚的感情。数千公里的旅行结束了，由于驴没法运走，小伙子只能把它卖给当地一户牧民，离开时抱着驴依依不舍。

还有一类朋友，棉和化纤混纺，要看材料的混合比例。比如，80%的棉，是结识时间长久的少时玩伴或旧友；60%的棉，是一个圈子里的，有相同的喜好和口味。

纯棉朋友，不跟你借钱，也不跟你合伙做生意。朋友之间，一涉及钱，染上铜臭，关系也就不纯了，他们之间也就很难再是纯棉朋友。

微笑

□戴望舒

轻岚从远山飘开，
水蜘蛛在静水上徘徊；
说吧：无限意，无限意。
有人微笑，
一颗心开出花来；
有人微笑，
许多脸儿忧郁起来。
做定情之花带的点缀吧，
做遥迢之旅愁之凭借吧，
微温轻渺，欲说还休。

4

愿你年岁渐长，依旧无惧风雨

随着年龄的增长，我们似乎慢慢都学会了掩藏自己的情绪。网上流传着一句话：我不希望你太懂事。是啊，谁不想发自肺腑地笑，不想淋漓尽致地哭呢？人生只有一次，希望你不要隐忍，做一个真正快乐的人。越是长大，我们越要学会管理好心情，调整好心态，拿得起放得下，不怕路上的荆棘，成为更好的自己。

有趣都是自找的

□杨熹文

我在新西兰生活时，有一年冬天，日子有些忙碌，却缺少了一点乐趣。后来，我想了一个办法，试着在每周的生活里建立一种“主题模式”。这纯粹是一种寻求快乐的自救方式。每个星期一早晨，我郑重地在日记本上写下一个主题，并记录下完成任务的过程：

“上一周的主题是‘每天去一个不同的地方写字’。5天里，我去了酒馆、公园、海边、咖啡馆、朋友家，在小小的城市里不断发掘新的乐趣。写作的基础是生活，多走走总是没错的。”

“这一周的主题是‘每天主动认识一个陌生人’。周一，我认识了开寿司店的北京大姐；周二，我认识了来自小镇的旅行者；周三，我认识了卖电脑的销售员；周四，我认识了因为工作经停新西兰的女孩；周五，我认识了因为体重太轻还不能做手术的新西兰少女。心得：遇见，乃生命之有趣的开始。”

这个“主题模式”的想法，源自我的朋友萨奇。她是一位日本姑娘，32岁，单身，几年前漂洋过海到南半球生活。在“最近做了什么”的问题上，我给她的回复常常是简明的一句：“最近在写作。”而她和我说的内容却丰富多彩：“跑了马拉松，去了墨西哥，学会了冲浪，在学做蛋糕，周四学拳击，准备去练瑜伽……”

你可能以为这样的萨奇一定拥有足够的空闲，可事实上她每周工作近50小时，比常人更加忙碌。你或许以为萨奇很富有，但她如大半的背包客一样，拿一份普通的工资，牺牲了喝啤酒的钱去上拳击课。你也许以为她天生能量充足、不知疲倦，但她之所以能够让生活如此充实有趣，仅仅是依靠着强大的意志力，意识到自己尚且年轻，日子万不可冷清地过。

我的性格中有点“宅”的因素，怕交际，怕麻烦，怕抛头露面，却从萨奇那里得到了非常重要的启示——有趣都是主动的。

今年年初，我认识了一个新加坡女生，她的男朋友在北京做与金融相关的工作，在新西兰停留一个月，和她游山玩水。在他快离开新西兰时，我们三个相聚在海边烧烤，这个男生感慨地说：“我身边有很多同事移民到新西兰，他们经常和我说新西兰有多么无聊，我还以为这是一个寸草不生的地方，结果来了之后，看到这里有很多活动，如马拉松，铁人三项，爬山徒步，驾驶小型飞机，慈善活动。有这么多有趣的事情，怎么能说无聊呢？”他笑笑，继续说，“我回去后得和他们说，不是新西兰无聊，而是他们无聊。”

这几年我通过写作，“遇到”了很多朋友，在世界不同的地方，他们纷纷向我表示生活的无聊：巴黎的华人太多；伦敦的天气阴郁；上海的节奏太快，让人来不及享受；北京拥挤不堪，空气令人窒息；二线城市缺乏娱乐；小城镇毫无发展；村庄里人人熟悉。

从前我也这样以为，有趣的事一定发生在很棒的地点，而现在却知晓，真正有趣的人，或许在哪里都能找到趣味。

如果在巴黎、伦敦，就去当地的艺术展，因为你一定会遇到一个人和你站在同一幅画像前。

如果在上海、北京，就去参加那里的同城聚会，因为你一定可以和某个人聊聊你为之漂泊的梦想。

如果在二线城市，就去看看那些不断做出成绩的人，去了解他们到底通过什么样的途径跳出了“舒适区”。如果在小城镇，就和那些做小生意的人聊聊天，说不定某段对话就让你找到了商机。如果在村庄里，就去看一朵花的盛开，拍一张照片寄给杂志社，也许你会成为专栏摄影家。

也许你会问我：“人生那么有趣，有什么用呢？”

借用萨奇的话回答你：“尽情享受生活，因为它有保质期。”也许很多年过后，你会发现，当年的有趣，不仅仅是有意思，还变成了有意义。

那些小说教我的事

□陈沐

有一本关于食品的书上讲道，一位妈妈注意到她女儿拿回家的便当盒（饭盒）太干净了。询问后才知，女儿的中学同学大多觉得在便利店买的便当（便携餐食）才够档次，而妈妈亲手做的饭则太寒碜：颜色暗淡，汤汁四溢。于是女儿模仿同学，在上学途中的便利店里倒掉妈妈准备的便当，然后又在那里买了便当去上学。最初看到这一段时，我觉得这个孩子太可恶了！虚荣、愚蠢、薄情，她怎么能够把妈妈辛苦做的便当倒掉呢？

但是某一天，我忽然看到《平凡的世界》中有这么一段：“对于孙少平来说，这些也许都还能忍受。他现在感到最痛苦的是由于贫困而给自尊心带来的伤害。他已经17岁了，胸腔里跳动着一颗敏感而羞怯的心。他渴望穿一身体面的衣裳站在女同学的面前；他愿自己每天排在买饭的队伍里，也能和别人一样领一份乙菜，并且每顿饭能搭配一个白馍或者黄馍。这不仅是为了嘴馋，而是为了活得有尊严。”

这段话让我想起自己的中学时代。父母不想让我养成“爱慕虚荣”的习惯，加上当时我的身材偏胖，所以我的衣着总是很俭朴，我经常穿着母亲的旧衣。他们一遍遍地向亲友夸我“朴素”，我便越不好意思开口要新衣。但是，我一直都很羡慕那些身材苗条、穿着漂亮衣服的女孩。有一次母亲出差几天，我就穿着一些不符合我平日着装风格的衣服去上学，一天换一套，内心像度假一样雀跃，觉得自己更好看了。等到母亲回家，我便把那些衣服收起来，穿着宽大的旧衣服去上学。

现在想起来，少年时代对服饰或者饮食的在乎，在很大程度上只是希望自己跟大家一样，被同龄人接纳。而所谓的价值观、人生观之类宏大的命题，都是后来的事情。上大学之后，他们会选修传统文化讲座、读《瓦尔登湖》；会见识不施粉黛的女学者以及“穿布鞋上课的院士”……于是，他们的人生开始有了不一样的追求。而所有的这些，并不是普通中学生所能理解的。他们的生活单调重复，除了学业，大概也只有衣食。所以他们在乎衣服与饮食的体面，并将之视作尊严的象征，实在是再自然不过的事情。即便是那么善良、懂事、上进的孙少平，在17岁时也不过是“渴望穿一身体面的衣裳站在女同学面前”以及“领一份乙菜”。

再回到那本讲食品的书。一位食品工程师给中学生做演讲，演示了“增添多糖类凝固汤汁，不让沙拉的汁液流出来”，以及“用染色剂将腌制的萝卜染成漂亮的纯黄色”的实验，孩子们受到了很大的冲击：妈妈辛苦做饭，只是为了让我们吃到不放添加剂的健康午餐，我们却嫌弃它汤水多、颜色不好看。有的孩子说：“从明天起我要大大方方地把妈妈做的便当带到学校来，一边炫耀一边吃。”

孩子的心，太容易被成人误解。幸好还有小说，让我跨过时间的沟壑，回忆起那些单纯柔软的少年心思。

不乱看

□栀子心香

记者采访村上春树，问他的生活是怎样安排的，村上春树说，他的生活准则是：不说泄气话，不发牢骚，不找借口；早睡早起，每天跑十公里，坚持每天写十页，要像个傻瓜似的。

像个傻瓜似的生活，集中精力写作、跑步，保持充沛的精力，时时鼓励自己，不让负面情绪消耗自己的能量，这样怎会不成功呢？蒋勋画了一幅名为《云淡风轻》的画，在云门剧场展出，就只展这一幅画。他说他喜欢这个展示空间。以前带朋友去卢浮宫，最害怕被问哪幅画还没看到。他说，美术馆像人生，人生要看的东西很多，却不可能都看到，领悟不要贪多，专心看一件作品，在一件事情上感觉满足，就够了。

人在什么时候最容易说谎

□［美］迈克尔·舍默　译/红猪

“转投盖克真能节省至少15%的汽车保险金吗？亚伯拉罕·林肯诚实吗？”盖克保险公司（Geico）的广告代言人煞有介事地问道。接着，屏幕上出现了一段做旧成老电影的镜头，画面中玛丽·林肯问她丈夫：“我穿这条裙子屁股显大吗？”诚实的林肯先生扭身上下打量了一番，犹豫片刻之后，用拇指和食指比画出了一小段距离，最后嘟囔着说：“好像是有点大。”夫人一听，立马掉转身子，气呼呼地走了。

这则广告之所以幽默，是因为林肯夫人提出的问题，表面是在征询意见，其实却是希望获得我们的赞美，测试我们的爱与忠诚。

然而，神经科学家萨姆·哈里斯却在2013年的著作《论说谎》（*Lying*）中主张，即便如此，我们还是应该说出真相：“对朋友说谎，阻绝了他们通往真实的道路，他们会因此变得无知，从而遭受无法预估的伤害。我们的朋友也可能会把谎言当作行事的依据，原本可以根据实情解决的问题，现在也没那么容易了。”玛丽的屁股显大，或许是因为她的裁缝手艺不高，又或许是因为她真的需要减肥，让自己变得健康、快乐些。而且，哈里斯还指出，善意的小谎话往往会引出恶意的大谎话：“很可能用不了多久，你就会变得和大多数人一样，不假思索就能隐瞒真相，甚至径直撒谎。”更好的办法，可能是有策略地说出真相。正如哈里斯的研究显示，“一切形式的谎言，包括为了照顾对方的情感而编出的善意谎言，都与糟糕的人际关系有关”。

我们大多数人都不是因为想当坏人才说谎，但是，几乎人人都会有意无意隐瞒一部分真相。究竟我们的话中有多少谎话？大约10%——这是行为经济学家丹·艾瑞里在2012年的著作《不诚实的真相》（*The Honest Truth about Dishonesty*）中提出的数字。艾瑞里描述了一项实验，实验要求受试者在有限的时间里尽可能多地解出数字矩阵（一种数学上的运算方式），每解对一道题，就能得到相应的奖金。研究人员要求参与者将结果交给同一个房间里的主考官，结果发现，20道题里他们平均能解出4道。在另一项实验中，参与者只需自己数出答对的题目，然后把答题纸扔进碎纸机，告诉另一个房间里的主考官即可。结果显示，平均20道题里他们声称自己能解出6道——比对照组实验的结果增加了10%。当答对每道题的奖金从20美分、25美分增加到1美元、2美元，甚至5美元时，作假率维持不变。但耐人寻味的是，当奖金增加到答对每道题可获得10美元时，作假率反而略有下降。艾瑞里说，这是因为，人们并不一定是在分析了成本与收益后，才决定是否说谎；说谎其实是一种自我欺骗。小小的谎言，能使我们在提升形象的同时，仍然自认为是一个诚实的人。但这一套，放到“大谎话”上就不行了。

2013年，心理学家沙乌勒·沙尔维、奥里·埃尔达尔和尤依拉·比尔拜麦尔在《心理科学》（*Psychological Science*）上发表了一篇论文，题目叫《诚实需要时间，还得找不到借口》（*Honesty Requires Time, and Lack of Justifcations*）。论文验证了一个假说：当人们可以为自己的欺骗行为找到借口时，更容易说谎。研究中，受试者在一个研究人员看不见的装置中掷三次骰子，然后将第一次掷出的数字报出来（掷出的数字越高，受试者得到的奖金就越多）。结果，受试者往往把三次数字中最高的那一次报告上去。由于所有数字的确都是他们掷出来的，所以也能为说出的谎言找到不错的借口。

这些受试者中，一些人必须在20秒之内报告他们的数字，另一些人则不受时间限制。虽说两组参与者都说了谎，但时间更紧迫的那组，更加容易说谎。实验进行到第二轮，改为受试者掷一次骰子就要报告数字。结果，没时间考虑的那组说了谎，有时间考虑的那组则报告了真实情况。这两轮实验说明，人在时间紧迫的时候更容易说谎，但当时间已经不是决定性因素时，他们会在有借口的时候才说谎。

也许，玛丽根本不该给林肯先生那么长的时间思考答案。

你是哪一种拖延症患者

□刘 轩

历史上，许多伟大的创作者都有拖延的毛病，有些还为自己发明了对抗绝招。《悲惨世界》《巴黎圣母院》的作者雨果，每天开始写作前，会把衣服脱光光，换上一件破破烂烂、衣不蔽体的睡袍，因为当他这么见不得人时，就没办法写到一半跑出去逛街，只能乖乖待在书房里写作。

美国大作家梅尔维尔，也是个严重的拖延症患者。据说他在写《白鲸》的那段时间，接近故事最重要的完结篇时，还曾经要求他的妻子用一条铁链把他拴在书桌旁，没写到进度就不准开锁！

有些人认为拖延症与创意有关，也确实有研究显示人在拖延时，会把事情挂在心上，而这种“悬念”有助于创意思考。但拖延的行为所造成的不良后果，也往往抵掉了任何好处，尤其在公司和团体合作的环境下，拖延只会拖累大家，所以不要再把“艺术家脾气”当借口了！

心理学家整理出了生活中最常见的拖延症患者，大约分为以下四大类型：

第一种类型，就是想要拼到最后一刻的冲刺者。有些人喜欢那种在最后紧要关头，一鼓作气把事情做完的感受，甚至还能从中得到别样的刺激。但这么做势必给自己带来许多不必要的压力，而且实际的效果太不可靠。

第二种类型，出自人的逃避心态。这类型的人习惯在心中充满假设，比如事情完成后将面对的批评与失败，也因为经常怀有恐惧，所以自然不想完成事情。其实，几乎所有人都会对自己应该要完成的事情有所预期，但不一定人人都会因此拖延逃避。这种对结果怀有恐惧的拖延类型，多半发生在对自己的能力缺乏信心的人身上。

第三种类型，是选择困难的后果。有些人本来就容易犹豫，对自己的决定容易动摇，每一个选择好像都对，又好像都不对，因此无法决定该怎么做事，所以就越拖越久，消耗自己的精神。尤其当你因为无法评断做这些事情到底有没有价值，或能不能让自己快乐而左思右想时，拖延就自然发生了。

第四种类型，是那些特别冲动、寻求刺激的人，这类型的人拖延事情，是因为他们总是把精神放在更好玩或更感兴趣的事情上。这种人容易分心，时间观念也比较差，在做自己喜欢的事情时，也无法知觉时间的变化。但对于他们不想做的事情，几乎不放在心上，才导致事情总是拖到最后一刻。

今天的你要解决拖延症，可以先检视一下自己比较接近哪种类型。这些背后的动机稍有不同，所以进一步认识或许能帮助你跟自己对话。但无论你是哪个类型，有个观念必须认知，那就是我们对当下快乐与未来快乐的评估。这点很重要，所以请我们钻进自己的脑袋，到里面认清自己。

食有定数

□钱婉约

很久以前读到一则故事，只依稀记得大概，却一时查不到准确的出典。写在这里，以求正于方家。

主角似乎又是苏东坡，其素嗜食鸭，某次身染微恙，请了卜卦师来看看。算命人说，先生爱吃鸭，你一生可食鸭子数在三百，现已食至二百八十，从今而后请节制而食之，勿使满定数。

于是，东坡放慢了食鸭节奏，思念鸭膳而不敢轻易尝食之，直到定数只剩下最后两只。不料，有一次偶在友朋家做客，鸡鸭鱼肉，食前方丈，无意间不慎又吃了一只。于是乎，东坡在食鸭定数到达之前止步，过完了他无鸭的余生……

故事虽出典不明，缺乏考据，而古人对于人一生“食有定数”的观念是普遍存在的。衣食无忧的人们，纵使是美食家，纵使是大肚郎，遍尝而不偏颇，嗜爱而有节制，细水长流，亦才是不违“吃饭之三昧”吧。

该停手时就停手，及时止损的秘籍

□玛德琳·格兰特

生活中的沉没成本谬误

你突然赶着去买牛奶，走到一半的时候，想起来这家店礼拜天下午是不开门的。而且据你所知，附近的店都不开门。不过，你已经朝着那个方向走了10分钟，所以至少应该把路走完，对吗？

除非你真的很想活动活动筋骨，不然这种想法真是蠢得可以。但奇怪的是，这种不合逻辑的认知模式在我们的决策过程中非常普遍，而且往往是涉及高额投资的决策。

一个赌徒可能会称之为“要捞回本钱”。英国有谚云“不要把钱来填无底洞”，说的也是类似意思。经济学家称之为沉没成本谬误，它无处不在。

我们都会做这种事。去电影院，明明看了10分钟就不喜欢，却坚持看到剧终；或者已经不再喜欢的电视节目，却又看了一季。这就是“我在我的旧车上已经花了好多钱，舍不得现在就把它扔掉，我真的应该更换那个出了故障的变速箱”背后的逻辑。还有那些因为不想两人的关系“烂尾”，相处不来，却又数年不愿分手的人。

在这些例子背后，是这样一种现象，把资源（时间或者金钱）投入无底洞，希望情况会有起色，虽然并没有充分理由让人相信会发生这样的变化。

换句话说，人们无意止损。我们更乐于把时间或者金钱不明智地投入一个不会有结果的项目上，心里期盼着它会改善，而不是遭受打击后走开。这背后的推动力是乐观情绪（尽管克服重重困难，但未来一片光明），以及对失败的厌恶。

甚至动物都表现出了一种沉没成本偏见。美国明尼苏达大学最近的一项研究发现，在涉及延迟和奖励的实验室试验中，老鼠跟人类一样，变得失去了理智。在各种情况下，用于等待“奖品”的时间越多，它们就越不可能在结束前放弃追求。据一些研究人员的说法，该模式可能表明了这种经济上非理性缺陷的一些进化原因。

公共决策中的沉没成本谬误

在工作中，无法收回成本，但又拼命不放手，这样的后果可能会是灾难性的，将最终导致企业出现大量亏损，失去市场份额，并最终陷入停滞状态。但是，就像一个赌徒在牌桌上要捞回本钱一样，陷入沉没成本陷阱的人会假装自己胜券在握。1995年导致巴林银行破产的尼克·利森正是基于类似的理由，想把之前的一系列灾难性交易损失扳回来，结果却得不偿失。

这种灾难不仅表现在经济领域，同样表现在政治领域。比如在美国，“毒品战”政策增加了入狱人数，创造了世界上最大规模的监狱基础设施。尽管有证据表明，专注于打击毒品供应对遏制毒品滥用效果甚微，但对于是否废除这个已经普遍存在的制度，议员们仍很挣扎。

避开沉没成本谬论

那么，我们如何才能避免这些陷阱呢？

“我们都容易受到这些偏见的影响，”荷兰莱顿大学的社会心理学家和研究员埃弗雷特说，“但通常情况下，我们可以后退一步，考虑其他选择，这样就可以部分抵消它们的影响。”

埃弗雷特说，在权衡是否坚持一个行动方案时，要问自己：“如果我坚持这个选择，会得到什么？会失去什么？如果我做出其他选择，又会得到什么或失去什么？”

如果存在疑问，埃弗雷特建议你反思一下整个决策过程，是怎样走到了今天的地步，并且想象一下与事实相反的状况——换句话说，就是什么是真实的，什么不是，进行现实检查。

“如果再次面临相同的选择，我还会做出同样的决定吗？如果不会，为什么呢？”

所以，这是一个简单的想法，却具有全球影响力。最终，这一切都可以追溯到赌博的第一课：任何一个优秀的扑克玩家都知道什么时候该退出。

焦虑让你容易被狗咬

□[英]布兰顿·斯皮科特 译/孙开元

你可能遇到过这种情形：几个人一起走，半路碰到一只陌生的狗，这只狗看上去很凶，但它只朝着你们当中的某个人又叫又咬，对别人似乎视而不见。让你郁闷的是，有时候，一只狗特别喜欢咬的人就是你。最近，英国《流行病学和社区健康》期刊发表文章说，英国人实际被狗咬的次数，或许比官方统计的数字高三倍。

这是怎么回事呢？科学家们通过研究得出结论：心理焦虑的人最容易成为狗的攻击目标。本次研究首席撰稿人、英国利物浦大学流行病和人类健康学院研究员凯丽·韦斯盖瑟说："对于在英国发生的狗咬人事件，官方唯一的统计数据是来自患者的住院记录，连挂急诊接受治疗的病例都没有包括在内。所以，我们一直不清楚发生过多少次狗咬人事件，有多少人因为被狗咬伤而需要治疗。"

为了获得关于狗咬人事件更准确的数据，韦斯盖瑟和她的同事们对生活在切希尔郡的385个家庭的大约700人进行了调查，研究他们被狗咬的经历。兽医系学生先是对这些切希尔郡居民挨家挨户进行简短采访，询问他们的养狗情况，然后请他们填写内容更为详细的调查问卷。

问卷中有一项，就是让曾经被狗咬的受访者详细描述一次被狗咬的经历，包括他们当时的年龄、他们和"作案狗"的关系，以及他们事后是否就医疗伤。成年受访者还需要回答另外十个问题，以便研究者从中测试他们的性格，然后根据"五大人格特质"区别他们的性格。"五大人格特质"即外倾性、情绪稳定性、开放性、随和性和尽责性。

研究者发现，受访的切希尔郡人报告的被狗咬伤率为1873/100000，大大高于国家统计的740/100000。

对于被狗咬的一些背后因素，研究者发现了一个有趣的现象。比如，男性一生中被狗咬的次数大约是女性的两倍；大约44%被狗咬的时间发生在他们16岁之前；55%被狗咬过的人说，他们和咬人的狗在出事前从来没有遇见过。"曾经有研究称，多数狗咬人事件发生在人和他们熟悉的狗之间，但是这次研究结果与之相反。"韦斯盖瑟说。

不过，最让韦斯盖瑟和他的同事们感到惊讶的是，研究结果显示，狗咬人事件更多是发生在情绪最不稳定的人身上。也就是说，人的情绪动荡得越厉害，越容易被狗咬。

韦斯盖瑟说："我们的研究表明，一个人少一些焦虑、急躁和抑郁等负面情绪，就会减少被狗咬的可能。"

遗忘比记住更费脑力

□佚　名

美国研究人员通过神经影像技术发现，遗忘某件事可能比记住它耗费更多脑力。

得克萨斯大学奥斯汀分校研究人员向一组健康成年人展示了一系列场景和人脸的图片，指导他们记住或忘记每一张图片，并通过神经影像技术跟踪这些人的大脑活动模式。

研究发现，忘记一次不愉快的经历比记住它需要集中更多的注意力。研究结果不仅证实了人类有能力选择要遗忘的内容，也表明有意遗忘某件事需要大脑感官和知觉区域的"适度"活动，这一活动的水平比记住同一件事要高。

"我们可能想要抛弃会引发不良反应的记忆，比如创伤性记忆，以便我们能更好地面对新体验，"负责研究的得克萨斯大学奥斯汀分校心理学助理教授贾罗德·刘易斯-皮科克说，"一旦弄清楚如何削弱记忆并找到控制这一过程的方法，我们就能设计出治疗方案，帮助人们摆脱不想要的记忆。"

游戏里诞生哲学家

□马　文

门将是足球场上最让人费解的角色之一。整整90分钟，一名门将要焦虑地等待偶然降临的命运，而多数情况下都不是什么喜事。

博尔赫斯怒斥足球是愚蠢者的游戏，很显然是因为他没去球场上体验一下当门将的感觉：要么在人生苍茫命运捉弄中大喜大悲，要么一整场比赛无所事事，望着天空和草地发呆。

作为英超足球俱乐部朴茨茅斯队历史上的第一位门将，柯南道尔爵士在等待中为全世界创造了大侦探福尔摩斯；而写《鲁滨孙漂流记》的笛福，在发奋成为英国小说之父以前，也是一名门将。天知道这些球队到底有多狂野，居然放心让这些擅长做白日梦的家伙靠在门柱上。

纳博科夫流亡到英国之后，曾经也成为剑桥大学足球队的守门员，在他的回忆录《说吧，记忆》里，纳博科夫可能贡献了门将文学史上最优秀的一段文字：“在阴郁的天空下，门区里一片黑泥，足球像干果布丁一样腻滑，而我的脑袋在一夜无眠地作诗之后，受着神经痛的折磨。我会糟糕地扑接——然后从网中找回皮球。”

后来写出《局外人》的加缪也热衷当一个门将。“局外人”这三个字，想来应当和门将的状态有点儿联系：胜利与我无关，失败我却要经受审判。

参与人生的体验很重要。早期文学的本质，是担任了为集体扩充想象性经验的介质。有人真的远航四方，或者是听闻别人远航四方，就加工成了有趣的文学作品，而早期人类社会里，大家都困守一处，唯有通过阅读，才有机会去体味不同人生。

于是可以说，文学家的使命，是多重精神体验的转换器，想象力奇崛或者博览群书如博尔赫斯，自然不需要浪费90分钟参与一场愚蠢的抢球游戏，但对于更多的职业作家来说，以低成本参与一些游戏，再把游戏的体验转换成写作是很划算的生意。

好的游戏，都是对人性片段的模拟。而要从游戏中汲取养分认清世界，光围观显然是不够的，你必须参与进去。从这个角度看，门将就显现出得天独厚的位置优势了。他既是一场战争的参与者，又相对远离正面战场，可以心安理得地思考人生。

即使不需要真的去挨过90分钟，你也能同样有参与伟大事业的快感。比如说，跋涉六万光年去接力拯救一艘能源耗尽的地球飞船。

最近，一场发生在游戏世界里的多国营救行动，再度引发了全球游戏玩家的关注。故事发生在一款相对小众的太空探险游戏《精英危险》之中，这款网游不同于其他游戏的特色之一，便是采纳了若干真实世界的原则。

比如说，游戏有一个1∶1复刻的虚拟银河系，有4000亿个恒星系可以供玩家探索。而探索宇宙的勇敢者们也要遵循物理规则，比如，航行需要燃料，没有什么超曲率传送，一切都需要玩家自己备足燃料开始远征，如果你很不幸地在航行中耗尽了燃料，很抱歉，要么重新开始；要么，就维持生命，等待救援。

游戏中，恰巧就有一个玩家，非要出发去宇宙的边缘，又恰巧不幸地失陷在那里，而更恰巧的是，这位勇士的呼救信号被宇宙里的其他玩家看到，他们组成了救援组织，要去营救这名失陷在世界尽头的玩家，哪怕需要上万人花上将近半年的时间，在黑洞洞的宇宙里孤独地接力航行。

注意，这款游戏的设定里，没有哪个人民币玩家可以一次性背上数万吨燃料。飞船都是有限的，要营救这名玩家，就变成了一场环环相扣的接力赛。

这场声势浩大的游戏营救，听起来颇有早期人类海洋航行的悲壮感，某种意义上，甚至要比好莱坞电影《火星救援》要更动人。上万人为了一个孤独的探险家，而消失在海洋尽头，这是电子游戏时代的史诗故事。

倘若这些玩家恰好有个笛福式的人物，这次漫长的星际航行，或许还真就孕育着一些不同往日的文学作品。

若从信息传播的角度看，电子游戏的发明和普及，其实是大众文化领域的标志性事件。摩尔定律让科技产品成为大众基础设施，电子游戏则让普通人以最小成本在虚拟世界里体验不同的情感。比如说，那些玩着恋爱养成类游戏的小女孩，哪里还需要在现实世界里为《简·爱》流泪？

我曾经是*Minecraft*（《我的世界》）这款游戏的爱好者，这款游戏里，随机降生的玩家要利用最原始的材料开始发明创造，从原始世界进入现代文明。

有天夜里（当然是游戏之中），正在盖猪圈的我，突发奇想要给自己盖一幢最高的塔。花了半天时间建起了一座塔，爬上塔的顶端坐下，正好太阳升起，猛兽嘶鸣，猪圈渺小，整个世界就这样奇妙地铺开在我面前。我突然涌起了难以抑制的孤独。后来，我和朋友说，那一刻，我体会到了亚当的无助。

电子游戏会让哲学家和思考变得普及。去年的高分游戏《荒野大镖客》中，有鸟类爱好者在游戏中找到了美国早已绝种的水鸟，而我则在野外找到了几具华人的“尸体”，从上面翻出了一封文言文写就的家书，其文字之典雅古朴，足以让多数当代国人汗颜。

我常想，如果有一个小孩子也在玩这款游戏，或许会无意中发现这封信。倘若他足够敏感，或许会好奇为什么美国人的西部会躺着华人的尸体，并借此了解到常规课本上没来得及描述的另一些故事。这是超越文字和影视剧所能带给人的震撼和体验。

过去有门将文学家，往后，说不定是网游哲学家。而我们应当有理由相信，再过二十年，应该会有几个著名作家，深情怀念某个电子游戏让自己走上了思索生存意义的人生道路。

草船借箭可有其事

□蔡天新

自行车的发明使得人们更容易交流，弓箭的发明也拓宽了人类的活动范围。有了弓箭，人类便可走出山洞里的穴巢，离开茂密的森林，来到广阔的丘陵或平原安家。有了弓箭，不但能够加强自身的安全防御能力，也能够获取更多的猎物，为自身的繁衍创造良好的物质条件。

弓箭诞生于约三万年前旧石器时代的晚期，它是冷兵器时代最可怕的致命武器。弓箭由弓和箭两部分组成，以弓发射具有锋刃的箭。弓是由有弹性的臂和有韧性的弦构成；箭包括箭头、箭杆和箭羽，箭头为铜或铁制，杆为竹或木质，羽为雕或鹰的羽毛。射手拉弓时，手指上还有保护工具。

恩格斯曾经说过，“弓、弦、箭已经是很复杂的工具，发明这些工具需要有长期积累的经验和较为发达的智力。”弓箭的发明或许与音乐的起源有某种关系，20世纪英国科学学家J.D.贝尔纳认为，“弓弦弹出的汪汪粗音可能是弦乐器的起源”。

在《诗经·小雅》里有一首诗写“角弓”，即指弓箭。这首诗劝告周王不要疏远兄弟亲戚而亲近小人，以为民众做出表率。首章四句是，“骍骍角弓，翩其反矣。兄弟昏姻，无胥远矣。”骍骍指弦和弓调和的样子，翩是弯曲，昏姻即婚姻或姻亲，意为“把角弓调和绷紧弦，弦松弛的话会转向。兄弟姻亲是一家人，相互亲爱可别疏远”。

中国古代神话里有“后羿射日”。在古典小说里，更有许多神箭手，如吕布辕门射戟，薛仁贵三箭定天下，养由基百步穿杨，等等。另一方面，打不赢就放箭的例子也比比皆是，清代如莲居士的传奇小说《说唐》里的好汉罗成虽武艺高强，最终却陷于淤泥而死于乱箭。

但是，一般士兵的射术可没有那么精准。假设他们单独一次射中目标的概率为0.1，那没射中的概率就是0.9，连续两次不中的概率为0.9×0.9，即0.81。以此类推，100次射击都不中的概率为0.9的100次方，即0.00003，那至少射中一次的概率就是99.997%。

即便要求至少射中三箭，概率仍高达98.41%。由此可见，与其费劲去找神箭手，不如让100个士兵乱箭齐发效果更好。元末明初罗贯中的历史小说《三国演义》里，长坂坡（今湖北荆门市）成就了赵子龙的神话，其实，那恐怕是曹操下令不许放箭的缘故。

再来看诸葛亮草船借箭，说是取到10万支。依据罗贯中的描述，当时江上大雾弥漫，士兵放箭基本是闻声寻的，命中概率估计不到0.1，中间还要掉转船身，用另一面接箭，那自然会射空。即便概率不变，也至少要射100万支，而当时曹操的弓箭手仅1万名，每人需射100支。专家分析这不太可能，因为古时一个箭壶一般只装箭20～30支。

“谦让”背后的恐惧

□游宇明

《史记·陈丞相世家》里记载了一则周勃的旧事。

汉文帝亲政后，召见左丞相陈平和右丞相周勃。他先是问周勃：“天下一年判决多少案子？”周勃回答：“不知。”文帝又问：“国家一年钱谷出入是多少呢？”周勃还是说不知。周勃显然感到了巨大的压力，司马迁说他“汗出沾背，愧不能知”。接着皇上又将同样的事问陈平。陈平曰：“（它们）各有负责的人。”皇上问：“负责的人是谁？”陈平答曰：“皇上想知道每年判决多少案子，可以询问廷尉；想了解钱谷之事，可以询问治粟内史。”皇上说：“既然这些事都各有为主的人，那要你这个丞相干什么呢？”陈平回答：“丞相……对上辅佐天子，对下镇抚四夷诸侯、亲和百姓、监督官员各司其职。”皇上大为赞许。周勃自知其能力远不如陈平，不久即称病请免自己的右丞相职位，左丞相陈平因此成为唯一的丞相。

《史记·绛侯周勃世家》里有这样一段记载：“文帝即立，以勃为右丞相，赐金五千斤，食邑万户。居月余，人或说勃曰：‘君既诛诸吕，立代王，威震天下，而君受厚赏，处尊位，以宠，久之即祸及身矣。’勃惧，亦自危，乃谢请归相印。上许之。”此段话极通俗，它告诉了我们周勃辞官的另一种原因：避灾免祸。

周勃不是个一般人。秦二世元年（前209年），他跟随刘邦起兵反秦，攻城略地，无往不胜，以军功拜为将军，被封武威侯。汉高祖六年（前201年）受封绛侯，由于讨平韩信叛乱立下大功，升为太尉。刘邦死后，皇后吕雉专权，大量任用娘家人。周勃联合陈平智夺吕雉之侄吕禄的军权，后来又诛杀诸吕，彻底清除外戚势力，迎立文帝。他的忠诚，印证了刘邦生前一个预言：“安天下刘氏者必勃也。”然而，周勃忠于刘氏天下是一回事，皇帝是否始终相信他的忠诚又是一回事。

皇权时代，几乎所有的高官都处于周勃式的两难处境中。一方面，传统中国是非常世俗的，衡量成功的标准就是官、名、钱。官越高、名越大、钱越多，越意味着成功。另一方面，一个人官职越大，与皇帝打交道的次数越频繁，嫉妒的人也越多，越容易惹是生非、蹈危陷险。周勃幼而好武，终生少文，是个粗人，却并不愚蠢，明白功高震主可能大祸及身这个道理之后，自然立即以答对不佳、能力不够为借口作别官场了。

羡慕

□谭幼今

林海音在《爸爸的花儿落了》这篇脍炙人口的散文里，叙述了一则触动人心的陈年往事。

有一天，外面下着倾盆大雨，她醒得迟，担心迟到要罚站，又不愿意穿不合脚的油鞋和撑着那把大油纸伞到学校去，于是，索性赖在床上。母亲催促她，她却要求母亲允许她不要上学；父亲大发雷霆地喊道：“晚了也得去，怎么可以逃学？起！”吃了豹子胆的她，居然有勇气不挪窝。爸爸气极了，将她从床上拖起来，从桌上抄起鸡毛掸子，她挨打了。外面的雨声混合着她的哭声，最后她还是冒着大雨上学去了。

到了学校，她坐在教室内，静默而又悲伤；就在这时，老师拍了她的肩头一下，她顺着老师的目光望向窗外，忽然看到爸爸瘦瘦高高的身影。啊！爸爸居然追到学校来了，她刚安静下来的心又害怕起来。爸爸点头示意她出去，她站在爸爸面前，爸爸没说什么，只是打开手中的包袱，拿出了她的花夹袄，看着她穿上，又拿出两枚铜板来给她。

从那一次起，她就变成了一个每天早晨等待着校工开启校门的学生，再也不曾迟到了。

我在班上与学生分享了这篇散文后，请他们发表感想。

一名女学生突然站了起来，以蕴含着眼泪的声音说道：“我的父亲，整天只懂得给我零用钱，花不完的零用钱；可是，他从来就不曾过问、不曾关心我的学校生活。我真羡慕作者，她的爸爸会用藤鞭来纠正她的错误，可是，我的爸爸连我做错了什么事都不知道！”

我愣住了。衣食无忧的女学生，内心却有着一个比沙漠更荒瘠的世界。

那个输掉的孩子，更值得我们去爱

□丁暖

就在两天前，我读到了一位女孩的高考故事。她说，关于高考，最难忘的不是三年的题海无涯，也不是等分数中的度日如年。而是在她走出考场看到母亲的那一刻。

这个女孩子平时成绩优秀，是全家人的骄傲，遗憾的是考场发挥失常。走出考场，女孩看到妈妈站在家长群中，手中捧着一束鲜花。她扑到妈妈怀里委屈痛哭，说自己蒙场，两道大题不知所云。妈妈脸上的笑一下子凝固了，手上的鲜花掉在地上，松开了给女孩的拥抱。她用双手扳着女孩的肩膀，大声问：“天哪，两道大题答错，这得丢多少分呢？”一路上，妈妈没再笑过。

从理智上，女孩是理解母亲的：为了我的学习，妈妈付出了许多。只要我在家，我家的电视从来没有打开过，妈妈也从来不玩手机。她是铆足了劲和我一起在迎战高考，并且认为我会必胜无疑。我能体会她的心情，她一直望女成凤，无法面对我一下子变回一只小家雀儿的事实。

从情感上，女孩心中那种孤单的寒意，久久不能散去。女孩问我：“现在流行塑料姐妹情，你说，我妈是不是也是塑料做的啊？”

文中开头提到的那个女孩子，查分之前，心里已经趋于平静。她错失两道大题，对目标学校不抱希望了。然而，戏剧性的一幕出现了，屏幕上弹出的分数，让她激动的泪水喷涌而出。她的实际成绩比正常发挥的预期还要好！第一时间，她把好消息告诉了自己的老师。

在女孩伤心失意的这些日子里，安慰自己的一直是老师。高考前，她的老师对他们很严厉，在女孩看来老师有些冷，她以为大考之后会自此一别两宽。

考后，老师却特意把他们几个发挥失常的学生拉在了一个群里。老师说：对不起啊，以前只抓你们学习了，现在终于有时间，可以好好照顾你们了。高考前，你们是我的学生；高考后，你们是我的孩子。

女孩看到老师发来的这段文字，泪流满面。高考之后，老师是为她雪中送炭的人，而父母却只肯为她锦上添花。

这个女孩的遭遇警醒了我。我的孩子高考已经结束。在这之前，我和孩子一起畅想着目标学校，想象着梦想开花的幸福和快乐。然而我忽视了，如果高考败北，我该如何来保护那个比自己更加难过的孩子。

十二年苦读，一考定音。这一考，注定几家欢乐几家愁。我们，或许会是后者中的一个。

一位朋友的孩子今年也参加高考，聊天中，我问他，高考在即，准备好了吗？朋友大大咧咧，说自己近期工作太忙，到现在为止，怎样选择学校、怎么填报志愿还都是两眼一抹黑。

要说准备工作，朋友说他只做了两个：如果女儿考得好，我一定要抱抱她。如果女儿考得不好，我一定要紧紧抱抱她。他的准备，让我折服。这才是真正的舐犊情深啊！

我爱你，仅仅因为你是我的孩子，和你是谁没有什么关系。

高考结果会影响一个孩子的前程。但是，高考结果，永远不能改变的，是我们的亲子深情。每个爱拼的孩子都值得赢。那个输掉的孩子，更值得我们去爱。

真正的陷阱

□张君燕

早年，三叔在深山中做守林员。那时山里野味非常多，他偶尔会抓一些小动物给自己打打牙祭。三叔说，除了小动物，他还抓住过体形很大的野猪。

野猪一般重达几十斤，还具备很强的攻击性，想要抓住它们很难，三叔便在房子周围挖了陷阱。野猪很聪明，似乎看穿了三叔的“招数”，总能巧妙地避开。后来，三叔想了一个妙招，接连成功地捕获了几头野猪。那之后，野猪再也不敢来“冒犯”了。

我忙问：“是什么妙招呢？”

三叔笑着说：“我在大陷阱旁边又挖了一个小陷阱，正是那个小陷阱捕到了野猪。野猪看出大陷阱之后，继续往前走，就掉进了紧挨着的小陷阱中。”

“就这么简单？”

三叔摇了摇头，轻声说：“简单吗？一点都不简单啊！”

时隔多年，再次想起三叔的话，我早已有了不同的认识和感受。的确，大的陷阱容易识别，而真正危险的却是暗藏的小陷阱。

我终于放下了『爸妈离婚』这件事

□Chanchan

餐馆是有人情味的容器。

爸爸用手撑着脑袋，歪歪地坐着。他很熟练地点好了菜，让面前摊开的菜单形同摆设。

妈妈用左手托起茶壶，给三份碗筷分别洗干净。

而我坐在他们两人中间，手指敲击着桌面，急切地等待美食的慰藉。他们聊我的发型，聊我一直没好的感冒。遇到话题中止的时刻，我尝试拿起手机，被妈妈训道：“不要整天玩手机。”

而酒足饭饱后，我们三个人便走回各自的轨道里。

无法否认，父母分开这件事，是从童年就烙下的梦魇。

但局外人只能看得见事情的表面，他们看不到这些孩子在长达数年的苦痛、挣扎和反思后，内心磨砺出的优秀品质，像秘密武器一样为此后漫长的岁月开路。

前不久，我参加了一次小学聚会，提及当时人缘最好的三个人，分别是我和另外两位女生。

我们仨受宠若惊地愣了愣，反问原因，他们提到“幽默好玩，超出同龄人的成熟”，以及最重要的“会照顾身边人的情绪”。

其中一个女生回复了一句很绕的话：“你们是不知道我们成为‘快乐源泉’的源泉是什么。”

我才发现我们三个都是从小就经历了父母离异的孩子。

爸妈之间的对抗持续数年，像是在买东西时意见不合的两个人，她要的是高品质，他要的是性价比。而这场博弈的结果是毫无悬念的分道扬镳。

我曾听大姨提及，妈妈有过“为了儿子，我愿意接受复合”的想法。

听完之后我哭得稀里哗啦，甚至有对爸爸“不作为”的愠怒。

后来有了恋爱经历，我开始理解爸妈之间，应该经历了甜蜜后的阵痛，复合与分手的勾兑，多次尝试后的无功而返。全然不是一个结果词“离异”就可以概括的事情。

我渐渐了解到，“为了孩子好”而强制绑定的关系实在难以体面地维系。

互相都尽力过，争取过，但是勉强幸福终归不是一段关系最优的解决方案。

当然，在明白这些事实之前，我经历了长达十余年的内心挣扎。

“父母离异”让我对于家庭关系主动或被动地探索，让我比同龄人更早地独立，学会体察大人们细微的情绪变化，学会吹熄即将造成矛盾冲突的引火线，学会找到让自己开心起来的方法。

所谓的“自卑、逆反、怯懦和孤僻”，是离异家庭的孩子必须克服的险阻，而不是他们一定具有的人格。

后来，小我16岁的妹妹出生，她成了一个性格跟我截然相反的热闹存在。

她问我：“哥，你爸是谁？”

我说：“我爸是你爸。”

又问：“那你妈是谁？”

我说：“我妈是我妈。”

她思考片刻后对我说：“好吧，没关系，我们都是一家人。”

那一瞬间让我觉得，即使属于我的家庭没有圆满，却很幸运地成全了额外的美好结果。

我开始把这个家想象成身体里的一个细胞，它一分为二地裂变，成为相互独立的个体，却又流淌着相同的基因。

而我作为那个自由移动的分子，不断地逡巡、拜访、停留和暂别。

这么想来，“父母离异”于我，似乎已经不是一件值得揪住不放的拧巴事了。

记忆回到那年的饭局，我揉揉鼓胀的肚皮，妈妈发着呆，看着我。爸爸脸朝窗外，不顾形象地剔牙，说：“走吧，我送你们回家。”

地　粮

□[法]纪　德

这暮色的明静对我是一种唯一的温慰

正像当你长时间在洞中受黑暗包围以后

那一种穿过树叶与水

在洞口抖擞着

显示出温柔与悦目的明亮

等到你成熟时，就会起变化

□蔡　澜

小朋友问我：“我总不能填满那四百字的稿纸，不是太长，就是太短，怎么办？”

“这样吧，”我回答，“不如把那四百字分为四个部分，一个部分一百字。”

“你是不是开我的玩笑？”小朋友恼了。

“不，不，我是正经的。”我说，“文章结构，总有起、承、转、合，刚好是四段。”

“那不是太过刻板吗？”小朋友不服气。

“基本训练，总是刻板，所有基础，没有一样是有趣的。等到你成熟时，就会起变化。”

“怎样的变化？”

“起、承、转、合。”我说，“可以变成合、转、承、起。或者任何一个秩序都行，只要言之有物。”

小朋友说：“我明白了。如果将‘转’放在最后，就变成了一个意外结局，等于你常说的棺材钉。”

“你真聪明，一点就会。”我赞许。

“那么每一段不必是一百字也行？”小朋友还想确定一下。

“那是打个比喻。”我说，“先解决你写得太长或太短的疑问。”

“但是有时还患这毛病呀！”小朋友说。

“那么，你宁愿写长一点。修改时，左删右删，文字更是简洁。”

“有时不知道要写些什么才好。”

“我也是一样呀！”我说，“所以要不停地观察人生，不断地把主题储藏起来。”

“有了主题有时也写不出呀！”

“那么你先要坐下来，坐到你写得出为止。这也是一种基本功，最枯燥了。写呀写呀，神来之笔就会出现。”我说。

小朋友不太相信，露出像我开始写的时候，不太相信前辈所讲的表情，我笑了。

学习是一种引诱

□张　炜

求学是一种必要的过程。一个天资聪颖，先天能力很强的个体，最终会从一般的知识中超越出来。我以前说过，人的才能就像洞里的“花栗鼠”，只要它真的藏下了，就有可能被引诱出来——学习就是一种引诱。

不要拒绝各种各样的教育，这些看起来像是最起码的阶段，不经历当然是不行的。这就好比一个人连“的地得”都不会用，语文水平也高不到哪里去。可是“的地得”用得很对，也不一定就能写出一手漂亮的文章。最后总要超越一般的知识，要综合，要大于接受的教育。

好的老师一定会给学生留出思考的空间，不会用简单的方法去限定学生，他会提醒他们：这里教授的各种方法都是取自“平均值”，而一个人成长的希望，就是突破这些“平均值”。

教育当然只能教给这些平均数值，它是最大公约数。如果谈一些个案，也是作为一个标本去谈。接受教育的人，最重要的是不要以为平均数值是最高的，而要追求最后的真理和目标。真正的艺术绝对要突破它，要走向个人的偏僻。

老师还会告诉学生：这里说的不是唯一的真理，而是一些普通的、基本的道理。他总是寻找一切机会去启发你超越，而不是用既成的方法去凝固你。他在想：怎样把“花栗鼠”从洞子里引诱出来。

因为它只要存在，总有一天会跳出来的。

我的焦虑症，被一个百岁老头治愈了

□毛利

去电影院挑了一部看起来很阳光的电影，《老爸102岁》。

102岁，就算死了，也不会难过吧？

这部电影无关情爱，也无关奋斗，两个男主角，一个70多岁的儿子，一个102岁的爸爸。儿子巴布，70多岁，生活充满各种健康指南，乃好死不如赖活的典范；他爹达特利，102岁，奉行另一种长寿方案，开心才会长寿，只做自己喜欢的事情，冰箱放满蛋糕，看着就特别开心，到102岁，依然想痛痛快快人生无悔。

做人要怎么样才开心？老爷子告诉活得很紧张，很小心翼翼的儿子，要做所有让自己开心的事情。写封情书给已经过世的老婆，爱情很美的，就算曾经拥有的爱情也很美，回忆自己的童年，回忆带着自己小孩的童年。

剧情忽然从此处急转直下，变成了另一个挑战，老头跟儿子说：“你儿子不怎么样，去美国念大学花光你所有的钱，还老是惦记着你的家产，这些年他从来没回来过。为什么要这种儿子？”

就是在这个地方，我忽然觉得中年人的焦虑得到了某种不可思议的缓解。

我这样的成年人，最大的焦虑来自小孩。拼命工作努力养家，有时候目的很单纯，想给小孩一个更好的未来。心想小孩一定要混得比我好才行，为了这个，很多人倾其所有，在所不惜。

我以前一直觉得，我不需要孝顺的小孩，我们每个人都有独立的人格、自由的灵魂，我好好抚养你，将来相忘于江湖也不错啊！

是看了这部电影才发现，不是说要培养小孩有一颗感恩的心，是制造出一个自私自利，只为自己的浑蛋精

英，到底有什么用呢？

人的确是自私的动物，可“我们在这个世界上辛苦劳作，来回奔波是为了什么呢？所有这些贪婪和欲望，所有这些对财富、权力和名声的追求，其目的到底何在呢？归根结底，是为了他人的爱和认同”。

102岁的老头，都看不下去老人像乞丐一样，乞讨子女的爱。

很奇怪，也有很多这样的老人，每次在公益短片里，经常看见一个风烛残年的老头或者老太，在家包着饺子，做出一大桌热气腾腾的饭菜，喧嚣过后，沉默下来，一个人坐在桌边，没有一个孩子回来。

老人很可怜，短片末尾大致都是一样的呼吁：常回家看看，过年记得回去吃顿饭。

原因都是一样的，小的时候，拼命想要培养小孩的优秀，忘了培养小孩，爱很重要。

再过四十年，谁在乎这个小孩到底是不是能赚很多钱？

只会在乎一件事，他幸福吗？

不会成长为一个自以为是的浑蛋吧？

巴布的儿子千里迢迢从美国飞回来，想要争点家产，看着那张脸，我脑海中浮起了一些人的面孔，永远有理由，永远不真诚……电影看到末尾，想到有一阵经常跟朋友说：想要变老。

三十而立，每天拼命忙碌有时候觉得自己是悬浮的，那个原本大大的我，被小孩、爱人、工作、堵车……各种事情挤压得只剩下小小的百分之五，夜里一点躺下想到第二天早上七点要早起。什么也不剩的我，越发觉得，如果退休就好了。

退休后，我要像《老爸102岁》一样，只做快乐的事情，反正死了未必是坏事，活着也未必是好事。

看完这部电影，回家看儿子，心情轻松许多。

爱比优秀重要。

一只孤独的船

□［俄］莱蒙托夫

一只船孤独地航行在海上，
它既不寻求幸福，
也不逃避幸福，
它只是向前航行，
底下是沉静碧蓝的大海，
而头顶是金色的太阳。
将要直面的，
与已成过往的，
较之深埋于它内心的
皆为微沫。

『慢生活』的实质，其实是自由

□许 崧

我对“慢生活”这个词一直有点儿误会。不知为什么，我头回听说“慢生活”，脑海里浮现出的画面是个老头背着手很慢很慢地踱步。然后思维就像弹球一样弹跳了几次，最后击中了这么个靶心——“过慢生活的动作要那么慢，太难为人了，我过不了”。

当时不假思索的反应，被大脑误会成思考结论而收下了，耽误了我很久。每回我在各种旅游杂志、航空杂志上读到赞颂“慢生活”的文章，看着那么其乐融融的照片、那么美的风景，我总在心里默念：“这日子好是真好，可太难为人了，我过不了。”

直到有一天，我不知怎的脑子一抽，忽然转出个念头来：“这‘慢生活’，他们说的……该不会就是我吧？该不会就是我们吧？”——作为一个搬来大理生活八年半的杭州人，我好像还挺符合慢生活描述的。我的邻居们也都一样，也都符合。

问题是，我怎么就没觉得这是慢生活呢？这不就是正常的生活吗？这问问程昌就知道了。

程昌当年是给时尚杂志拍封面的摄影师，干了几年实在累坏了，想要换种生活，退了开在首都的摄影工作室，来了大理。拍照的饭碗端不成了，就开了家饭馆，不幸开张就遇到旺季，忙得飞起，累惨了。这要能算“慢生活”，我都不知道该说什么了。

后来程昌醒过来了，又干回了摄影。他花了几个月时间拍了一组大理十二时辰，在微博上红了，开始有人找上门来要“旅拍”。

于是门口顾客们又排起队来。这几年又迷上视频，带着徒弟们到处去拍，摩托车跟不上的要开除。

如果要说这是“慢生活”，我大概能理解这意思，但依然认为这张标签是经不起推敲的。程昌不慢，我们并不慢，我们只是自由。大家想过没有：一个拖延症患者遇到了自由，是不是很容易产生大家以为的“慢生活”的效果？

当然，自由不是没有王法，不是从此为所欲为，而是心里没了羁绊，不欠谁的，可以从容了。

从容的、不慌张的、可以随性一点儿做喜欢的事，才是程昌的状态，跟快慢无关。

人能同时把三大要素凑齐是很不容易的，“自由”“时间”和“钱”。自由和时间不是一回事。一个人也许有很多时间可以打发，但是被人管着没自由；一个人也可以想干什么就干，但就是太忙没时间。我们人生中都曾拥有无拘无束的自由，或者多得用不掉的时间，这种体验令我们不假思索地误以为自由和时间是无足轻重的，因而愿意付出自由和时间去交换最不确定的第三要素——钱。这其实是拿贵的去换了便宜的，拿困难的去交换了容易的。

想明白这件事，也许就真的自由了。

既然是自由的，生活在哪里便不重要。不管是在城市还是乡村，只要不焦虑，从容、不着急的生活就开始了。不管用什么标签去描述，这至少是一种值得追求的生活。

不过，城市有一个缺点。如果你在大理、丽江过着无闹钟生活，大家会纷纷表达对这种生活的向往。但如果你在大都会里过上了无闹钟生活，大家会认为你要么是发达了要么是放弃了，恐怕很难把你跟“慢生活”联系起来。

好消息是，如果你真想明白了，你不会在乎的。保证！

家 居

□柏 桦

古朴的居室宽敞大方
祖父的肖像挂在壁上
帘子很旧，但干干净净
屋里屋外都已打扫
几把竹椅还摆在老地方
仿佛去年回家时的模样
父亲，家居的日子多快乐
再让我邀二三知己
酒约黄昏
纳着晚凉
闲话好时光

上比与下比

□黄永武

古人早说过，当你骑的是一头笨驴，羡慕别人骑的是八尺的肥马，别人步轻蹄快，很快就超越到你的前面。这时你只要回头看看，还有赤着脚趾、挑着重担，远远跟在后头的樵夫，你就气愤全消。

但是有人偏不这样看，姚合有一首诗道：“晓上上方高处立，路人羡我此时身。白云向我头上过，我更羡他云路人！”

原来自己在上方立着，正受到脚下路人的羡慕，哪知一阵白云从高处飘过，想青霄的云路上更有飞黄腾达的人，使自己原先的得意，霎时化为乌有，心里全不是味道，姚合这样的人，这是何苦呢？

所谓“人比人，气死人”就是指姚合这一类喜欢“往上比”的人。古来的圣哲教人“见贤思齐”，何尝不主张“往上比”，不过往上比的是“精神、品德、学问”的层面，这方面的浅深高下，自己不该不明白，精神的天空是无穷的，鸡群中的鹤，虽然卓然独立，但是飞得高的还有鹄，鹄之上还有大鹏，其上更有千仞的翔凤。

精神的层面，只有智者会自觉太少，愚者才自觉太多，觉得太少的所以智慧日增，觉得太多的所以愚蠢日甚。

至于“物质、欲望、境遇”的层面，最好“往下比”，骑驴者的内心有余裕，就是智慧。不然八珍九鼎，仍不满足于甘饴适口；满身锦绣，仍不满足于光彩耀眼；欲海溺人，将永远惶惶然感到欠缺不够的。所以这层面，自觉够的智者，能安分知足，是真正的富有；常觉不足的愚者，日夜营营扰扰，是永远的贫穷。

德业方面不满足，才有进步；物欲方面能满足，才有幸福。清朝的刘因之，在《谰言琐记》中提出“学业上比，境遇下比”的想法，是处世的金针，他说：“处学问取上等人自厉，则终身无有余之日。”

处境遇取下等人自况，则随地无不足之时。

创造力强更易记住梦

□王海洋

梦这种生理现象一直困扰着哲学家、心理学家和睡眠专家。我们为什么做梦？梦意味着什么？能训练自己记住梦吗？近日，美国“每日健康”网站做出了解答。

早上起床后，有些人能生动地回忆起昨晚的梦境并与别人分享，但到了下午，这些记忆就模糊了；有些人却压根记不住做过什么梦。是否做梦和能否想起内容能反映出睡眠质量的高低吗？美国纽约蒙特菲奥尔医疗中心行为睡眠医学项目主任谢尔比·哈里斯博士认为未必如此。

大多数梦发生在快速眼动睡眠期。如果你记得梦，你可能曾在做梦期间醒来，所以它在脑海中是新鲜的记忆。如果你的快速眼动睡眠期占到了7小时睡眠的20%（不到一个半小时），你可能只记得最后10分钟生动的梦。回忆起梦取决于许多因素：人们焦虑或抑郁时，会更容易记住自己做的梦，这也许是因为心里不安会让人更多地醒来；某些药物（如部分治疗抑郁症的药物）会影响到深度睡眠的质量，从而导致梦多；睡眠呼吸暂停也会影响做梦时间。此外，瑞士巴塞尔大学研究成果显示，青春期的女孩比男孩更有可能记住梦。这项研究还发现，创造力更强的人，能更多地回忆起梦境。

体内是否有充足的维生素B_6，也会影响能否记住梦。澳大利亚阿德莱德大学心理学院研究者表示，在睡前服用维生素B_6的人更容易记住自己所做的梦。英国斯旺西大学的研究者发现，在上午打盹10分钟也有助于清晰地回忆起梦。这可能是因为短暂的睡眠让大脑有足够的意识，在最后的快速眼动周期中回忆起梦。

父亲的“铁桶理论”

□范夕河

看了美国管理学家劳伦斯·彼得的“木桶理论”，想起了老父亲的“铁桶理论”。

村里人家，家家离不开水桶。我小时候生活在一个山村，家里也有一对铁皮水桶，吃水要用它，菜园子浇地要用它，甚至生产队里一些需要栽种的农活儿，社员们也要挑着自家水桶参加劳动，挖坑浇水。等我和哥哥长到能用钩担（两头带铁链挂钩的扁担）挑两桶水时，也要经常给家里挑水吃。村西的水井很深，地面距水面大约有十米，所以每家去挑水时还需带一根井绳。井绳一头有防脱铁钩，打水时铁钩子钩住水桶的提手，用井绳将水桶放至井底，通过摆动井绳使水桶在水面倒扣、倾斜并灌满水，然后提拉至井口。所以，如果不会控制绳子，水桶就会在井壁上碰撞；如果挑水的人太多太密，井里水面下降过快，水桶也会磕碰井底。

挑水用的铁桶一般是圆柱形，大小得合适——太小了，光跑路不出活儿；太大了，用起来吃力。由于水桶的使用率极高，就很容易坏，而且坏了漏了也不像木桶那样容易修，所以大多是铁皮烂了裂了就要换新的，要不然一路漏水，白费体力。

我上小学四五年级时，家里换了一对新水桶，水桶不算小——反正打满水后，从家到水井不到五百米远，我需要歇三四次。大概是担心这水桶坏得太快，父亲对它进行了加固，他在水桶的底座上加了一圈铁皮，在桶口上也包了一圈铁皮。外包铁皮比水桶铁皮还厚些，而且都是用铆钉铆死。如此一来，两个水桶估计足足增加了约十斤的重量。本来桶就大，再加上保护用的铁皮，挑起水来更加费力。我不常挑水，日常往家挑水的多是姐姐，所以隐约记得姐姐的抱怨。父亲弄的这水桶让她吃了不少苦头，不用说给家里挑水，到生产队劳动时就更吃亏，不像人家那些用小的轻的水桶，挑着轻，费力少。

父亲的用意很明显：桶口是与提手和外界经常碰撞的地方，最容易破损；底座是经常往地上、石板路上碰撞的地方，也最容易变形，所以事先对这两处进行加固，以防撞坏或磨坏。他这朴素的“铁桶理论”，倒是很适合用在企业管理、制度建设和法制建设上。“扎紧制度的笼子”就是要建设一个没有漏洞、不怕磨损的制度——一磕就歪、磨磨就变样的制度肯定会“烂”得快些。我们家的水桶让我们吃了不少苦头，让我们比别人多出了力、多流了汗。但那水桶也的确牢靠，一直到我们搬离那个山村，它也没破。

劳伦斯的“木桶理论”是说一只木桶能盛多少水，取决于最短的那块木板。父亲的“铁桶理论”告诉我，水桶磕碰在所难免，要想不破不漏，只有给它多加道箍，甚至那保护比原本还要厚重——尽管用起来会有些吃力。

你想象不到语言有多么简陋

□寇士奇

有这样一件事：一个冷酷无情的人，嗜酒如命且脾气暴躁，还犯下杀人罪，被判终身监禁。

他有两个儿子，年龄相差1岁。其中一个靠偷窃和勒索为生，后来也因杀人而坐牢；另外一个儿子不仅有美满的婚姻和家庭，还担任一家大企业的分公司经理。

在一次私下访问中，问起造成他们现状的原因，两人的答案竟然相同：“有这样的父亲，我还能有什么办法？”

还有这样一件事，战国时期某诸侯王看见一位老木匠在干活，见他技艺娴熟灵巧，大加赞扬。老木匠听后不喜反忧。诸侯王问询，老木匠答：“我快死了，我一死这技艺就失传了。”诸侯王问：“可以传给你的儿子呀！”

老木匠答：“传不了呀！”诸侯王问：“是你的儿子笨拙吗？”老木匠答：“不，是因为有许多细微的动作和窍门，连我自己都说不清楚，儿子怎么会领悟呢？”

从这两件事我们看到了什么呢？第一件事显露了语言的遮蔽性和含糊性，在一样的词语里常有不一样的内容；第二件事展示了语言的无力和虚弱，它对存在的微妙和精细之处往往难以言说。

记住，人们也在羡慕你

□毕淑敏

我是从哪一天开始老的？不知道。就像从夏到秋，人们只觉得天气一天天凉了，却说不出秋天究竟是哪一天来到的。生命的“立秋”是从哪一个生日开始的？不知道。青年的年龄上限不断提高，我有时觉得那都是上了年纪的人玩出的花样，为掩饰自己的衰老，便总说别人年轻。

不管怎么样，我觉得自己老了。当别人问我年龄的时候，我支支吾吾地反问一句：“您看我有多大了？”佯装的镇定背后，希望别人说出的数字要较我实际年龄稍小一些。倘若人家说得过小了，又暗暗怀疑那人是否在成心奚落。我开始越来越多地照镜子。小说中常说年轻姑娘们最爱照镜子，其实那是不正确的。

年轻人不必照镜子，世人羡慕他们的目光就是镜子，真正开始细细端详自己容貌的是青春将逝的人们。

于是我把所有的精力放在孩子身上。记得一个秋天的早晨，刚下夜班的我强打精神，带着儿子去公园。儿子在铺满卵石的小路上走着，他踩着甬路旁镶着的花砖一蹦一跳地向前跑，将我越甩越远。

“走中间的平路！”我大声地对他呼喊。“不！妈妈！我喜欢……”他头也不回地答道。

我蓦地站住了，这句话是那样熟悉。曾几何时，我也这样对自己的妈妈说过：“我喜欢在不平坦的路上行走。”这一切过去得多么快呀！从哪一天开始，我行动的步伐开始减慢，我越来越多地抱怨起路的不平了呢？

这是衰老确凿无疑的证据。岁月不可逆转，我不再年轻了。“孩子，我羡慕你！”我吓了一跳。这是实实在在的声音，从我身后传来，说得很缓慢，好像我的大脑变成一块电视屏幕，任何人都能读出上面的字幕。

我转过身，身后是一位老年妇女，周围再没有其他人。这么说，是她羡慕我。我仔细打量着她，头发花白，衣着普通。但她有一种气质，虽说身材瘦小，却有一种令人仰视的感觉。我疑惑地看着她，我不知道自己有什么值得人羡慕的地方——一个工厂里刚下夜班满脸疲惫之色的女人。

“是的，我羡慕你的年纪，你们的年纪。”她用手指轻轻点了点，将远处我儿子越来越小的身影也囊括进去，“我愿意用我所获得过的一切，来换你现在的年纪。”

我至今不知道她是谁，不知道她曾经获得过的那一切都是些什么，但我感谢她让我看到了自己拥有的财富。我们常常过多地注视别人，而自己在不知不觉中失去了最宝贵的东西。

人的生命是一根链条，永远有比你年轻的孩子和比你年迈的老人，我们每个人都有自己的位置，有一宗谁也掠夺不去的财宝。不要计较何时年轻，何时年老。只要我们生存一天，青春的财富就闪闪发光。能够遮蔽它的光芒的暗夜只有一种，那就是你自以为已经衰老。

年轻的朋友，不要去羡慕别人，要记住人们也在羡慕你！

影　子

□［罗马尼亚］索雷斯库

如果我们的影子
也具备五种官能，
我们同时用两颗心脏生活，
那将是多么美好的事情。
是，从我们演变到影子，
是一个漫长的
抽象的过程，
我们全部的冷漠
在影子中达到顶峰。
有些人
只依靠自己的影子生活，
甚至不是用整个的影子，
而是依次的，时而用一只手，
时而用一只眼睛。

重度囤积癖患者

□Camille

女友南希最喜欢送我们香水了，但有个条件，就是用完后的香水瓶子得还给她。嗯哼，你猜对了，南希有个收集香水瓶子的癖好，香水消耗得慢，等待一瓶用完的过程实在是太漫长太煎熬；而且有些香水的香氛并不见得喜欢，仅仅是因为瓶子太美貌，还是忍不住狠心剁手了，只得求着我们帮她用掉。我们几个死党得了便宜还卖乖，老是笑话她这是买椟还珠。她说明知道这样太奢侈浪费，可每看见造型独特的香水瓶子，就是控制不住要据为己有。

而我们另一死党妮娜，则喜欢囤各种曲奇饼干的盒子。记得有年圣诞节，丹麦的一个曲奇品牌一口气推出二十多款圣诞特别图案的饼干盒子，每一款都漂亮得不要不要的，妮娜每一款都喜欢得不行，索性全给买了！二十多盒黄油曲奇饼干哪，吃完绝对要胖十斤！于是我们一干死党每人收到两盒曲奇不说，她们部门整整一个星期的下午茶茶点都由妮娜承包了，当然有个前提，吃完曲奇后，盒子要还给她噢！你如果到妮娜的闺房看看，会发现她将所有零碎的小物件，全部分门别类地收纳在各色各样的曲奇盒子里，甚至连袜子、内衣也存放在曲奇盒子里。

倒也算是物尽其用了。但为了摆放这些盒子，她又特意定制了几个置物架，不知道的，还以为她是专业卖曲奇的。

沁沁呢，则喜欢收集包装袋，不过她只收集那种纸质的包装袋，而且对包装袋的图案、色彩、纸质都有严格要求，图案要简洁，色彩要低调，纸张要有质感，总的来说要低调有档次的那一种。每次她送点小礼物给我们时，都会精心挑选一个和礼物相称的包装袋，也是real（非常）用心了。

黄格格跟我们吐槽，她家熊孩子放暑假一个人在家，就不停地翻零食吃，每天零食吃太多了，饭都不肯吃。我们说："你们家怎么这么多零食啊，你不要买零食不就好了？"黄格格就不好意思了："哎，我最喜欢囤零食，特别是看到那种包装漂亮的或者没吃过的比较新奇的小零食，就控制不住要买。其实我每天忙得飞起，哪有时间吃零食？可就是控制不住要去囤，而且看到零食柜里塞满各色美食，心里就有种说不出的满足。"

当然，我也有个不为人知的囤积癖，那就是囤鞋盒，买了鞋子后，我从来不肯将鞋盒扔掉，我妈最烦我收鞋盒了，太占位置，鞋盒体积比鞋子大多了，我一个鞋盒占的地方，她都能收纳好几双鞋子了。可我就是坚持要留着鞋盒，连塞在鞋子里保持鞋面不变形的那团纸都不准扔！每次换季时，我会仔细将每一双鞋子刷洗干净，在鞋子里面塞好纸团定型，再放回原鞋盒里，最后在每个鞋盒上贴好标签，在鞋柜里码放得整整齐齐。这样，上一季的鞋子才算完美收官。

我妈很看不惯我这种囤积癖，老嫌弃我："你们这一代人，又没过过什么苦日子，平时出门浑身上下收拾得光鲜亮丽，买起东西来一掷千金不皱眉，在家呢，却比我们这些过过苦日子的人还喜欢囤破烂。"

我说妈妈你不懂，哲学家沃茨基说过："我们囤的不是破烂，是情怀，是一颗对生活充满热情却仍然在摸索的心！"

"呵呵，你囤的是破烂还是情怀我不知道，我就知道你这些破烂都是花大钱换的，双十二的大促已经来了，你双十一的花呗还清了没？"在一旁的先生冷笑着悠悠地接腔。

我尚没想好如何反驳，他又补了一刀："你最好去鞋柜看看，去年双十一囤的鞋子还有几双没拆封？"

断舍离与囤积癖、消费升级与降级、隐性贫困与显性贫困……这些看似矛盾的标签，却在我们身上和谐地并存着。其实我们从不在乎自己到底追求些什么，我们做什么都无须理由，只要自己开心，就是最好的理由。

承认自己不如人，才是真正的自信

□林清玄

家附近有一担卖油面的小摊子，我平常并不太注意，有一回带孩子散步路过，看到生意极好，所有的椅子都坐满了人。

我和孩子驻足围观，这时见到卖面的小贩，把油面放进烫面用的竹捞子里，一把塞一个，刹那之间就塞了十几把，然后他把叠成长串的竹捞子放进锅里烫。

接着，他以迅雷不及掩耳的速度，将十几个碗一字排开，放作料、盐、味素等，很快地捞面、加汤，十来碗面煮好的过程还不到五分钟，我和孩子看呆了。更令人赞叹的是，那个煮面的老板还边与顾客聊着闲天。

在我们从面摊离开的时候，孩子突然抬起头来说：“爸爸，我猜如果你和卖面的老板比赛卖面，你一定输！”

对于孩子突如其来的谈话，我感到莞尔，并且立即坦然承认，我一定输给卖面的人。我说：“不只会输，而且会输得很惨，这个世界上能赢过卖面老板的人大概也没有几个。”

后来我和孩子谈起了，他的爸爸在这世界上是输给很多人的。

接下来的几天，就玩着游戏一样，我带着孩子到处去看工作中的人，我们在对角的豆浆店看伙计揉面粉做油条，看油条在锅中胀大而充满神奇的美感，我对孩子说：“爸爸比不上炸油条的人。”

我们到街角的饺子店，看一位山东老乡包饺子，他包饺子就如同变魔术一样，动作轻快，双手一捏，个个饺子大小如一，煮出来晶莹剔透，我对孩子说：“爸爸比不上包饺子的人。”

我们在市场边看见一个削梨子与芭乐的小贩，他把水果削好切片，包成一袋一袋准备推到戏院去卖，他削水果时，刀子如同自手中长出，动作又利落又优美，我对孩子说：“爸爸比不上削水果的人。”

就在我们放眼这个世界的时候，如果以自我为中心，很可能会以为自己是顶尖人物，一旦我们把狂心歇息下来，用赤子之心来观照，就会发现自己是多渺小，在人群之中，若没有整个市井的护持，我们连吃一套烧饼油条都成问题呀！这是连圣贤都感叹地说“吾不如老农，吾不如老圃”的缘故，我们什么时候能看清自己不如人的地方，那就是对生命有真正信心的时候。

看到人们貌似简单，事实上不易的生活动作时，我觉得每一个人都值得给予最大的敬意，努力生活的人们都是可敬佩的。

他们不用言语，而以动作表达了对生命的承担。

承担，是生命里最美的东西！

我时常想，我们既然生而为人，不是草木虫鱼，就要承担，安然接受人生可能发生的一切，除了安然地面对，还能保持觉性，就是菩提了。一般人缺少的正是觉悟的菩提罢了。

在古印度人传统的观念里，认为只要是两条河交汇的地方一定是圣地，这是千年智慧累积所得到的结论。假如我们把这个观念提炼出来，人生何尝不是如此？在人与人相会面的那一刻，如果都有很好的心来相印，互相对流，当下自己的心就是圣地了。

油面摊子是圣地，豆浆店是圣地，水果摊是圣地……到处都是圣地，只是看我们有没有足够神圣的心来对应这些人、这些地方。当然，在我们以神圣的心面对世界时，自己就有了承担，也就成为值得敬佩的人之一。

我带着孩子观察了许多地方以后，孩子感到疑惑，他问：“爸爸，那么你有什么可以比得上别人呢？”

我说：“如果比写文章，爸爸可能会比得上那卖油面的老板吧！”

孩子说：“也不会，油面老板几分钟煮好十几碗面，爸爸要很久才写完一篇文章！”

父子俩相对大笑，是呀，这世界有什么东西可以相比，有什么人可以相比呢？事实上，所有的比较都是一种执着。

我最大的野心，是五官端正

□陆 某

1

我是一名先天性唇腭裂患者，“五官端正”这四个字对我来说就是一道坎。

其实我是幸运的，我在三岁之前就已经接受了两次修复手术。但我的父母，从来没有正儿八经地和我讨论过我的外表，小时候我只认为自己和别人“有点不同”而已。

而我第一次真正意识到自己的缺陷，是在中学的生物课上。老师在讲“人类遗传病”那一章，PPT（演示文稿）上放了一张婴儿唇裂的图片。前面的一位女同学突然转过头来望着我，几秒后又迅速地转过身去。

对于生性敏感的我来说，这样的时间一秒就够了。

在此之前，虽然我受过少数同学的嘲笑，或者是被私下冠以“翘嘴巴”的绰号，但是坦白地讲，我很少被排挤和孤立。所以我的压抑，一般来自对自己外表的不自信。

但后来的两件事，彻底把我这种心理的压抑变成了一种现实的压力。

2

高中的时候，政治老师非常喜欢我，若是碰到那些违纪违规的同学，老师也常常把我拿出来当正面例子进行对比教育。在高三的一堂政治课上，我又习惯性地被老师点名答题了。

我自认为很流利地完成了自己的表述，可答题过后，班上一位性格很活泼的女同学开玩笑地说道：“你以为你是周杰伦啊，我一个字都没听清！”班上哄然大笑。

我知道他们在笑声中表达了一种共同的感受。可对于口齿不清这件事，它不是学习上的天道酬勤，我一点努力的办法都没有。从此之后，我对自己外表上的不自信愈加强烈。即使我有再强烈的表达欲望，我也只有在铆足了劲的情况下才敢举起自己的手。

在学校的时候，我拼命地参加各种比赛，加入不同的社团。我在此期间得到许多同学和老师的夸赞，在大家心目中的印象的确会因此变好一些。可是四年下来，我看着那一摞荣誉证书，却发现它们并没有给我任何安全感。对我而言，这些似乎没有什么作用，我还是会觉得自己除了外貌之外，身上还有很多东西不能让自己满意。我发现这些“努力”，其实只是我为了填补自己的心虚，用外在的认可与赞扬来安抚自己自卑的手段。

到最后却只有一身的疲倦，自信并未因此增加一丁点。

3

现在的我，一点也不想做不切实际的努力了。我也不想再刻意融入任何一个集体，磨掉内心真正的想法。我前阵子去拍“最美证件照”的时候，摄影师先是很贴心地问我说：“你对照片有没有其他特别的要求？”我说没有。

摄影师以为我没理解他的意思，于是他重复一遍说：“我的意思是，你的五官这里需不需要帮忙修一下呢？”

我客气地道了声谢谢，说不用。

我不会再被外界无限制地影响了。在接下来的日子里，我只想以一颗极大的包容心，去接纳一个愤怒与温柔、枪弹与烟花并存的自己。

有些经历或缺陷，别人会觉得没什么。很多人总觉得我太消极、太悲观，说我要对自己自信一点，但这种话的说教意味太浓了。他们似乎只关心我“能不能自信”，而对我“为什么不自信”毫不关心。

对于我们而言，“理解”真的太重要了。如果生活还有波澜，我只希望自己有一天能获得端正的五官。这是为了取悦自己，这也是我最大的野心。

走神，请注意

□江　山

我从小练就了一种特殊的能力，外表看起来淡定专注，大脑早已神飞天外。这种技能帮助我挺过了无聊的课程、会议和部分工作时间。这让我舒服并愧疚着，毕竟从小到大，家长、老师苦口婆心地教育我们要专心，分心有害。

幸运的是，科学家发现，无法集中注意力的不止我一个人。多项研究发现，在我们醒着的时间里，至少有一半要贡献给走神，或者说“思想漫游（mind wondering）”。

加利福尼亚大学圣芭芭拉分校的老师们给学生做了个45分钟的阅读测试，让他们阅读《战争与和平》的片段，发现自己走神就按键。他们发现，在此期间学生平均走神5.4次。为了进一步考验他们的注意力，学生中途还被随机打断6次，这让他们的平均走神次数又增加了1.2次。

人们总是想办法和走神做斗争。但新西兰的心理学家迈克尔·C.科尔巴里斯要为“走神”辩护，“不管我们喜欢与否，我们天生就具有走神的能力”。

首先如果你能思想漫游，恭喜，你是合格的人类。众多实验表明，只有人类才具有“思想漫游”的能力。猩猩很聪明，鹦鹉很能言，但似乎只有人类的思想可以不受时空拘束，逃离现实，追溯过去，畅想未来，进入梦境和幻觉，坠入别人的故事里。

科学家发现，走神时大脑的血流只比精神集中时低5～10个百分点，而活跃区域的面积比精神集中时还要大。走神时的大脑并不是一个空无一物的旷野荒原，它更像一个小镇，当镇子中心举办的足球赛吸引了大量人群时，其他人还是可以在小镇上漫游、四处闲逛。

越来越多的研究发现，思想漫游也许会赋予我们更多的创造力。一位匿名的物理学家曾信誓旦旦地说：“我们经常说的3B——公交车（bus）、浴缸（bath）和床（bed）——正是很多伟大科学发现的发源地。”科尔巴里斯认真地指出，或许还可以加上第四个B——会议室（boardroom）。

在几千年科学史里，古今中外的科学家亲身为我们示范了精神漫游带来的高光时刻——阿基米德坐在浴缸里想出浮力定理，庞加莱一只脚刚踩上公交车的踏板，就想出了苦思冥想不可解的数学难题。就连比尔·盖茨和杰夫·贝索斯都在访谈中表示，直到现在他们仍坚持亲自洗碗，可以在放空自己的同时思考一些问题。

文学和艺术界似乎更是如此。据说贝多芬是个酷爱洗澡的音乐家，只有在蒸汽升腾的浴缸前，他才能如人鱼一般放声歌唱。如果没有在火车上走神，J.K.罗琳也不会看到站台上有个戴着圆眼镜的瘦弱小男孩一直向她招手了。

斯坦福大学的神经科学家将两种思维分为“任务正面网络”和“任务负面网络”，前者控制你全神专注，后者放纵你精神漫游。它们就像坐在一个跷跷板的两端，由一种叫作“脑岛”的大脑区域控制升起或落下。专注的能力是有限的，在这两者间完美切换，许多思想的火花才会应运而生。

走神赋予了我们一个实实在在的好处：当又要开始一项无聊的工作，我们又不能公然反抗或毅然放弃时，让思想信马由缰是人之常情。2010年的一项研究表明，参与者被分配在45分钟内做一项特别无聊的任务，在任务前后他们都接受了情绪测试。虽然前后结果都很糟糕，但走神的人感觉会好一些。也许走神是帮助他们对抗无趣工作的一种方式。

科尔巴里斯自己就是一个挺喜欢“走神”的人。今年83岁的他最早学的是工程，但没挺过一年就去学数学，毕业后在一家保险公司工作。他发现以上这些都不是自己的最爱，快到人生的1/3时，他才发现自己心中的缪斯——心理学。

说到这里，也许我们应该考察一下“走神”这个词的本来含义。在《辞海》里，“走神”的解释是“注意力不集中、思想开小差”，听起来有些负面。但在英文里，不受拘束、信马由缰的“思想漫游”，也许只分是否在合适的时间去往合适的地方，而不用分对错。

我本以为写这篇文章可以肆无忌惮地走神，可写到最后，我“失败”地发现，尽管做好数度走神的准备，但或许觉得这个话题太过有趣，我的思想高度集中，简直想走神都走不了。所以，当你常常走神的时候，除了自责，更应该问问，是什么导致你感到无聊呢？

电梯阴影

□步　迪

我曾经非常恐惧电梯，直到现在这阴影依旧盘旋。

一切要从初二那年的一个中午说起。像往常一样，中午在家吃饭睡午觉后，按部就班收拾好自己去上学。来到电梯前，回想起母亲昨天在我耳边叨叨不休："家就住3楼还要天天乘电梯，也不知道走一走，锻炼一下身体。"想到这，我回头望一眼身后于我像是万丈高山的楼梯，不以为然地将妈妈的话抛之脑后。

"叮"，电梯声响，我双脚迈入。"嘟嘟嘟"，电梯门在合上的一刹那发出了以往从未出现过的声音，右上方小小的显示屏上，炫目而鲜红的几个字映入眼中——"出现故障，暂停使用"。我条件反射地去按开门键，显然这是没有用的，又尝试去按顶端的警报键，警报发出微弱的"丁零零"声，仿佛是个摆设，只容我一人听到。

瞬间无数可怕的猜想在我脑中炸开，新闻上数不清的电梯惨案一一浮现，狭小而静谧的空间，沉闷的空气似乎也变得灼热起来。一切想要出去的方法尝试殆尽，夺眶而出的泪水伴随冲口而出的"救命"，在这狭小的空间里营造出诡秘绝望的气氛。我喊了10多分钟，毫无作用。

20分钟后终于听到从楼梯边传来了说话声，嘀咕这该死的电梯故障带来了让他们步行下楼的烦恼。这声音让我欣喜若狂。我大声拍门呼救，门外两个好心的男孩听见我的声音，但我们都是第一次遇见这种情况，没有什么经验，三人只能合力硬生生将封住的电梯门扒了开来。后来看到新闻上说强扒电梯门是极危险的处理方法，每每回想起那次的鲁莽举动还是一身冷汗，万幸我逃过了一劫。

但恐惧就此开始，我对电梯的定义不再是一个给人提供方便的简单工具，更像是一个随时会带来危险的"吃人"的轿厢。那时我刚刚13岁，现在我23岁，恐惧依旧存在。

初二到大学毕业的10年中，起初我发誓不再乘坐任何地方的电梯。朋友家住13楼，我能步行上下几个来回。自家住在3层更是用不着光顾这个"牢笼"，现在换成我劝阻爸妈别乘电梯多运动了。当然也有心思松动的时候，比如和家人一起乘，心中虽然恐惧，但还是可以竭力压下。上了大学后，教学楼的电梯也只在有人时，我才会进去。夜晚，一个个关于电梯的光怪陆离的梦总是缠着我，有时它可以向上飞奔到896层，有时它像矿车一样横向穿行于楼层之中。一半是梦境，一半是现实，我对电梯更恐惧了。

后来，家里搬去了17层，这个数字可以轻而易举地打败我步行上楼的积极性。更多时候，我身边没有"随行人员"陪伴我，这个"随行人员"一般指我的父母，或者比我小很多的、总是笑话我下楼买菜都要他们陪的弟弟妹妹。一个人在电梯里可以干什么呢？如果把我的一举一动拍下来，那大概是一部黑色幽默电影——时而戴上耳机嘴里念念有词，这样做的好处是防止听到电梯运行的声音，哪怕是听到一点杂音，我心中都会慌乱不止；时而闭上眼睛轻微晃动身体，因为不敢感受轿厢的晃动和下坠上升时的一点异常。

所有人都告诉我这样下去不行，你应该做出改变，可没有人懂得我内心的恐惧时常肆意蔓延到全身，连头发丝也不放过。我也似乎一直在选择逃避，这么些年从未试图改变这种"电梯恐惧"。这可能是需要契机的，我想。

就在前段时间，我经历了人生中一次较大的挫折，郁闷、自责，无数种情绪夹杂于心，纠结痛苦中我不断地反思自己，是什么养成我胆小、逃避、懒惰的性格？是什么使我在努力想做好一件事时往往不能按照预期的设想去实现，去发展？如果改变我该从哪儿开始？如果想要摆脱以前的自己，该怎样去绘制一个切实可行的蓝图？

又一次独坐电梯，我双脚迈入，看着电梯门在我眼前慢慢合上。收起怪异举动，摘下耳机，闭上嘴巴，将下意识摇晃的四肢收回安放，静立在电梯里，回到最初乘坐它时的状态。似乎也不是那么难。不过17层高度，感受锁链奋力向上攀爬，感受轿厢轻微的很寻常的晃动，感受电梯爬行到某一固定高度自然会有的颤抖，感受右上方屏幕跳动的数字有序地增加而并不会一下子跳到896。一次、两次过后，曾经困扰我、折磨我的电梯噩梦和呈指数级爆炸增长的恐惧感终于减轻了。

当我出离恐惧之后，是有更多收获的。这种"里程碑式"的自我改变，在他人眼里或许不值一提，甚至是矫情无用的，但因为它使我意识到还有更多值得我去改变、去规划的事情，所以就变得格外有意义。或许对电梯的恐惧仍旧残存那么一点，但我总该做些什么来使自己变得更好，征服那些隐秘在内心的恐惧抑或是懒惰。

你会不会大器晚成

□贝小戎

一个多月前，北爱尔兰女作家安娜·伯恩斯凭借《送奶工》获得了2018年英国布克奖。她这部小说的一个特别之处是，故事发生地和人物都没有名字，因而读起来有点费劲。本届布克奖另一个引人注目之处是，获奖的安娜·伯恩斯已经56岁了，而另一位入围的黛西·约翰逊只有27岁，是布克奖历史上最年轻的入围者。

小说界有许多早熟的天才，好像写作就是要凭借年轻时的锐气。福楼拜29岁开始写《包法利夫人》，5年后写成。托马斯·曼写出《博登布洛克一家》时才24岁。托尔斯泰34岁开始写《战争与和平》。乔伊斯在30多岁时写《尤利西斯》，之前他已经写了两部书。普鲁斯特算是大器晚成的，因为年轻时他在巴黎的沙龙里蹉跎岁月，但他开始写《追忆似水年华》时也才37岁。卡夫卡写《变形记》时31岁。

《纽约时报》说："在迷恋青春的美国，作家更是出道得早。梅尔维尔32岁出版《白鲸记》。'迷惘的一代'早早就开始发声了。菲茨杰拉德28岁写出了《了不起的盖茨比》，海明威27岁写出了《太阳照常升起》。'二战'后一代的美国作家同样早熟。诺曼·梅勒25岁出版了《裸者与死者》。"菲利普·罗斯和托马斯·品钦也是二十五六岁就震惊文坛。一位微博有34万粉丝的文字工作者看到这组数字之后很受刺激，让我住嘴。我安慰她说："你可以到50岁时，一下子出两本代表作。"她说："难道要我出《如何成为一名失败者》（上、下）？"

其实大器晚成的作家也不少：马尔克斯出版《百年孤独》时40岁，马克·吐温出版《汤姆·索亚历险记》时41岁，笛福写出《鲁滨孙漂流记》时已经快60岁了，美国退休教师弗兰克·迈考特出版《安吉拉的灰烬》时已经66岁。大器晚成的不只有作家，美国著名厨师茱莉亚·柴尔德37岁才入读厨艺学院；电影导演希区柯克有影响的作品如《后窗》《迷魂记》《惊魂记》等都是他在54岁到61岁之间完成的。

但大器晚成的人也不是一下子就脱颖而出的。美国记者格拉德威尔说，跟毕加索相比，塞尚是大器晚成型的，但塞尚开始画画的时间几乎跟毕加索一样早。大器晚成的人要更加努力，还需要外界的帮助。"天才的一切看起来都轻松无比，一开始就有人吹捧；大器晚成者则备尝辛酸，不但要坚忍，还要有盲目的信心（幸亏塞尚在高中阶段没有遇到这样一类辅导老师，在看了他的早期素描手稿之后劝他不要不自量力，干脆改学会计算了）。"英国设立了一个奖项，专门奖励50岁以后才出版处女作的人。30岁的作家也许已经很老练，50岁的作家也可以很新锐。

答案是如何诞生的

□沈嘉柯

富克斯是一个数学名家，课前他常常不怎么做准备，对要讲的内容，在课堂上现场思考，现场推理。于是常常发生这样的情形——某个问题在黑板上推不下去了，这时他就再想另外一种方法，有时一连要换好几种方法，但他最后总能推导出结果来。这似乎说明这个老师不怎么棒。但奇怪的是，希尔伯特和其他很多学生都选听了他的课程。

因为这比任何道理都富有启发性。这种几经碰壁终于找到解法的探索过程，在教科书上无论如何是看不到的。

听过课的学生，后来名家辈出。希尔伯特的成就尤其卓越——引导20世纪数学发展方向的"希尔伯特问题"，其中之一便是哥德巴赫猜想。

最高明的学习，就是对整个探索过程的用心掌握，全心观察答案是如何诞生的。

你随口的称赞，是孩子成长的毒药

□艾小羊

在新加坡从事幼教工作的琳达回国度假，跟我探讨育儿问题。

“我发现中国父母有个特别不好的习惯，喜欢吹捧孩子。”“前天我去商场，一个三四岁的孩子自己吃了一小碗饭，她爸爸妈妈爷爷奶奶简直像看到地球之光一样，围着说‘你真棒’。这么大的孩子自己吃饭，难道不是他的本分？”

作为在“打击、贬低”的教育环境里成长的一代，我们太明白“肯定教育”的重要，迫切希望自己的孩子自信、勇敢，不要受跟我们一样的苦。

但正如琳达所说，随随便便赞美一个孩子，并不能让他们树立自信，相反还会使孩子失去自我判断能力，变得敏感、脆弱、自恋，只能听好话，不能接受批评。

如果把孩子比作海豚，海豚游泳，不会获得奖励，它顶球、套圈，才有小鱼干。但我们太多父母，过早奉献了自己的赞美，让小海豚们觉得只要会游泳，就是世上最厉害的小孩，而顶球和套圈，孩子自然懒得去学。

赞美教育的盛行，是“速食化”在教育上的折射。父母都希望一天说100个“你真棒”，就能收获一个完美自信娃。告诉你们，这不可能！

美国宾夕法尼亚大学心理学教授在对数千个样本分析后得出结论：决定孩子未来是否能够成功的，不是漂亮的外表、社交能力、很高的IQ（智商），而是坚韧的品格、顽强的毅力、抗压和抗挫折的能力。

父母的随口赞美，让孩子失去的正是“坚韧”这种最宝贵的品格。往往，喜欢随口赞美孩子的，跟喜欢随口打击孩子的是同一类父母。他们最大的特点是不动脑筋、简单粗暴、懒得观察，无力与孩子进行灵魂深处的交流。

每个人的成长路上，最重要的不是做得好的时候被赞美，而是做得不好的时候被鼓励。

一个读者以前一直觉得父亲特别严肃。小升初，她读了本市最好的学校，第一学期考了全班倒数第五名，对于她这种“别人家的孩子”，简直是世界末日。父亲却笑着对她说：“天外有天，人外有人，下次考倒数第十，我就买新手机给你。”期末考试，她已经到了全班中等。初二的时候，她重新回到前十名。她现在在英国读书，每次遇到困难，都会想起父亲当年的淡定与幽默。她说，再动听的赞美，都比不上天塌了的时候，家长的淡定从容。

随口的赞美，是孩子成长的毒药，甜而无用。为人父母，要用心感受孩子成长路上的困境与挣扎。不是你好的时候，我肯定你、表扬你，而是无论你怎么样，我都接纳你、帮助你，这才是最好的赞美。

照片也能止痛

□佚　名

什么？照片能镇痛？的确是。2009年的一项心理研究首次展示了这种效果。有25名实验者及其亲人参与了此项实验。研究者分别让他们接受了不同程度的痛感刺激，并让他们在感受痛苦的同时或握住亲人的手，或看照片。结果研究者发现，虽然看陌生人的照片并不会使他们的感觉发生任何变化，但看自己亲人的照片能产生止痛效果。

照片为什么会产生如此神奇的效果呢？因为与自己有着亲密关系的人的照片也能激发大脑中包括杏仁核、下丘脑、内侧前额皮层在内的“鼓励中心”。而且，他们的面孔还可以降低主要疼痛中心，比如左右岛叶的活跃度。因此，如果下次你感冒还要出差时，可以考虑带张亲人的照片在身边，这会让一切变得更惬意。

我与我的自卑如何相处

□闫 晗

我算不上一个自信的人。从中学时开始，我的自卑就与我如影随形。每当被拒绝或者遭遇不顺时，我常常会自问：是我长得不漂亮吧？是我情商太低吧？是我能力太差吧？要不然怎么会这样呢？

之前看深田恭子主演的日剧《请和废柴的我恋爱》时，我心里纳闷：她为什么会这样？为什么颜值这么高，自我评价却这么低？这不合理呀！

女主角说：“梦想过上普通人的生活，可是好难，我做不到。我用尽全力也做不到普通人能做到的。”

不知道是怎样的经历才养成了她这样的性格。总之，父母不看好她，她对自己的评价也非常低：“没人会爱上这样的我吧？”

剧里的她一直在卖力地取悦他人，宁可饿着肚子也要给男友买昂贵的礼物；被男友骗走了钱后，讨好型人格的她明知被欺骗了却不去要回来，因为她想维持自己对他的幻觉。可那个人并不真诚，这也根本不是正常的恋爱。

工作中，她付出很多，但依旧得不到相应的尊重。看到气场强大的御姐型美女，她事先都抱着对方一定难以接近的想法，后来相处之后才发现对方竟意外和气，每个人在世上都是孤独且缺朋友的。

把自己的位置放得特别低，而把别人看得高不可攀，是自卑者的通病。我回想了一下，我似乎也有过这样的经历。

中学时我读山口百惠的一本自传，对于她童年的自卑感非常不理解：她那么漂亮，一定有许多人爱慕着吧？我要是长成她的样子，就不会自卑了。

我当时正暗恋着一个男生，可我并不会穿衣打扮，每天顾影自怜，上演各种内心戏，感觉这样的自己是不会被喜欢的，也就没有勇气去接近和了解他。

后来上了大学，对样貌的不自信依旧束缚着我。我畏惧社交，拒绝

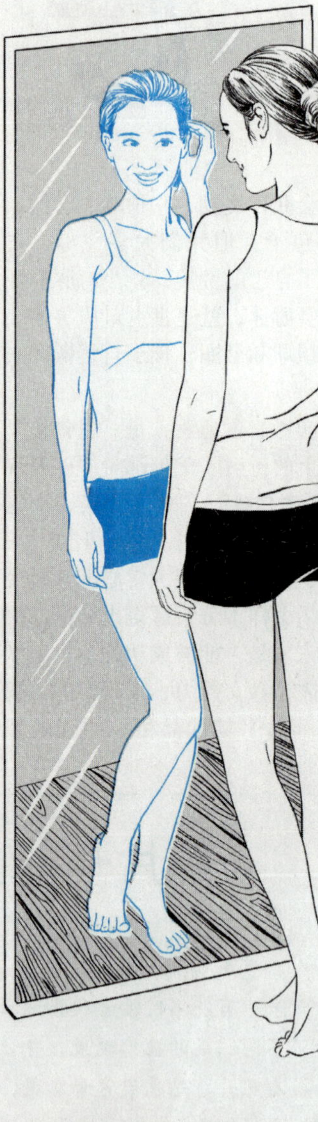

尝试，担心找不到舞伴而不去学交谊舞，整天待在图书馆和教室，变成了一个书呆子。

错过一个人，错过一段可能的恋情也许并不值得遗憾，值得遗憾的是在那段时间里我错过了让自己内心强大起来的可能。

我也遇到过一些美好的姑娘，家境富裕、多才多艺，我从未想过这样的姑娘会真心与我做朋友。因为有这种心理预设，也就不会拥有这样的朋友。不得不承认，友情也是需要内心旗鼓相当的，自认为弱势的一方，处处要显示小心翼翼的大方，在交往中总是会很累。

当拥有更多的人生经历，我才知道山口百惠那样的人也会因为单亲家庭出身而畏缩，没有谁是无懈可击的。魅力并不仅仅来自外表、地位或者财富，而是一份自信与得体。

电影《超大号美人》的设定非常有趣，胖妞摔了一跤，眼中的自己突然变成了大美女，从此自信心爆棚，主动追到男朋友，得到时尚公司的前台工作。事实上，她还是原来的她，大家是被她的自信、热情、聪明、周到感染了。

有魅力的女人长什么样？她们的外表可能并不出众，也并非一身名牌，但态度优雅、举止自信，就像《傲骨贤妻》里的爱莉西亚和黛安。

那是与学识、见识、成长经历有关的自信，她们很专业、很努力，相信自己能得到更多，并且真的做到了。这或许就是心理学上所谓的自我实现的预言吧。

我如今学会的很重要的一点，是与自卑和平共处。既然很难真正摆脱它，那不如试着接受它的存在。

当它露头时，认出这个老朋友，同时并不过分在意——我可能会做得不好，不被人喜欢，能力有待提高，甚至可能搞砸，可是依旧可以试一试。最坏的结果又能有多坏呢？不过是丢脸而已。

怎样成为一个内心强大的人？

听上去题目很大，但我觉得，只要敢于去尝试，一点一滴地积累成就感，每一件小事的成功都会让你感觉更好一点。如果失败了也不要紧，尝试过程中的体验会丰富你的人生。这样，每一天你都会更加自信、更加自如。

5 因为努力，我们成了平凡世界里的英雄

“努力”，一个闪闪发光的词汇，因为这个词离梦想很近。努力并不一定能够成功，但不努力就一定不会成功。赢在起点并没有那么重要，这世上多的是靠自己的勤奋与双手赢在终点的人。生活是自己的，我们奋勇向前不是为了别人，在没人看见你的时候，更要默默发光，因为总有一天，你会站在最亮的地方，活成自己想要的模样。

我如何“白手起家”考上耶鲁大学

□江学勤

我上高一那年，一位升学辅导老师例行公事般地为我们讲解了申请大学的流程。最后，她顺便提了一下，在加拿大的大学之外，还存在着一种所谓的美国“常春藤”大学，诸如哈佛和耶鲁。不过，她并不认为在场的人有谁会需要去申请常春藤大学，因为那是为“社会精英”所准备的。说者无心，听者有意。当时我几乎立刻就意识到，这正是我想要的。我要申请常春藤学校，并不是因为我对那些学校有充足的了解，事实上我一无所知，我只是想要逃离固定的生活轨道，逃离我在加拿大的生活。

六岁时，我随父母由广东移民到加拿大，始终没有过上开心的生活。父亲做着底层的工作，在社会上受歧视，他的脾气暴躁，经常打骂我。家庭生活不如意，我在学校更是被排斥。我的发型和衣服全都土得掉渣，个人卫生不好，被同学们疏远、嘲笑。本来我的内心就十分敏感，情感丰富，在学校的一切不如意，都让我长期处于抑郁和愤怒中。我始终不能真正融入加拿大，现在我只想要逃离。听说了美国的常春藤名校，我的第一反应就是：这是一个逃离现有生活的好机会。

于是，我自己去图书馆找资料，研究如何申请哈佛、耶鲁这样的常春藤名校。我发现这些学校要求申请者具备如下条件：拥有非常强的学习能力及成绩；具备领袖气质，积极参加各类活动；在体育或其他方面有突出特长；表现出社会责任感，诸如做义工等；个性鲜明，具备创造力及远大理想。我对照这些要求与自己的实际情况，立刻就发现自己不符合其中任何一条。我是一个自卑自闭的人，在学校没什么朋友，不敢和女生说话，不敢在课堂上发言，课余活动就是躲在家里看电视或是看科幻小说，成绩也十分平庸。

即便看起来如此希望渺茫，但我仍然决定奋力一搏，因为我实在无法忍受现在的生活。

首先我要换一个环境。于是，我设法转学到了多伦多最优秀的公立高中。我用最难的课程排满了自己的课表。上下学的途中，我会站在拥挤的地铁车厢里，读《纽约客》或是《大西洋月刊》，以提升英文阅读能力。在新学校里，我加入了足球队，因为这是唯一来者不拒的运动队；另外，我组织了一个“智力竞答”的社团，参加的人全是和我一样的书呆子；我还当上了校报总编辑，因为没有其他人想要那个职位。为了进入常春藤，我可以说是付出了十二分的努力。结束了一天的繁重课程之后，我会组织“智力竞答”社团或是参加足球队训练，晚上七点到家后会因为疲惫立刻昏睡两小时，然后九点爬起来，读书、完成作业、复习，一直到凌晨四点，实在无法抵御疲惫时再去睡觉，第二天八点起床去上学，就这样周而复始。那对我而言是压力非常大的两年，但为了心中的目标，我坚持了下来。

即便如此努力，我仍然希望渺茫，当时我的同学中有许多人远比我更有竞争力。我记得一个同学，他是校园里的焦点人物，SAT（美国大学委员会主办的考试）成绩非常高，又入选了冰球国家队的少年梯队，像这样极具人格魅力又全面发展的人不在少数。对他们而言，获得哈佛、耶鲁的录取似乎是水到渠成的，于我而言却很困难。但我就是要争取本不该是我的东西，竭尽全力改变现状。

记得有一天，耶鲁大学的招生官来到我们学校，和十几个希望申请耶鲁的学生进行座谈。他们都非常优秀，其中有学生会主席、科学天才、运动健将，当他们讲自己的经历时，我佩服得不得了，招生官却始终是一副很平静的表情。轮到我了，我实事求是地说了自己的经历，讲我如何从一所不好的学校转学过来，极力想改变自己糟糕的状况，其中遭遇了怎样的困难与挑战等，直到现在也没有达到其他在座同学的高度。这时，耶鲁大学的那位招生官第一次真正微笑了，认可地冲我点了点头。

后来，我十分幸运地获得了耶鲁大学的录取，我极度兴奋开心。我承认，这里有运气的成分，但是或许其中有我真正打动了招生官的地方，它不是我的优秀成绩与领导才能（我并不真正具备），而是我身上那种近乎于“白手起家”的努力，那种改变自己命运的强大渴望。

成功可以复制，但不能粘贴

□冯 唐

在江湖上混，养成好习惯第一，其他就在各自的特质和造化了。

第一个习惯是及时。收到的邮件，24小时内一定回复，中移动和中联通的网络覆盖不好不是借口。

第二个习惯是近俗。尽管信息爆炸，要学会不走马观花。长期阅读两种以上财经期刊，知道最近什么是大奸大猾大痴大傻。长期阅读两种以上专业期刊，知道最近什么是最新最潮最酷。

第三个习惯是学习。一年至少要念四本严肃书籍。严肃书籍的定义是，不是通常在机场能买到的，不是近五年出的，不是你看了能不犯困的。

第四个习惯是动笔。在现世，能想明白、写清楚的年轻人越来越少，眼高手低的年轻人越来越多。写作的过程，也是沉静、思考和凝练的过程，仿佛躲开人群、屏息敛气、抬头看到明月当头。

第五个习惯是强身。每天至少慢运动半小时，比如肢体伸展、瑜伽、站桩、静坐。每周争取专门锻炼一次，每次两个小时以上，有氧兼无氧。保持身体健康，不经常请病假，也是职业管理者的基本素养。

第六个习惯是爱好。争取培养一个你能长期享受的爱好，不见得很复杂，比如发呆、倒立，甚至不见得你能做得比其他人好很多，比如自拍、养花。工作有时候会很烦，要学会偷闲。很多争吵，如果争吵双方都闭嘴，第二天基本会发现，完全没有争吵的必要。

第七个习惯是常备。除了睡觉的时候，手机要开机，要让你的同事能找到你。如果和上级出差，你的手机几乎要时刻攥在手上。手机没电了不是借口，即使你用的是iPhone（苹果手机），也可以配个外挂电池。

第八个习惯是执行。万事开头难，所以见到事儿就动手立办，马上开头。不开头，对于这件事儿的思绪要占据你的内存很多、很久。见了就做，做了就放下了。

第九个习惯是服从。接到一项似乎很不合理的工作，忌马上拒绝或抱怨。第一，和上级充分沟通，从他的角度理解任务。有时候，你心中对此项工作的要求远远高于上级要求。第二，降低对自己的要求，有自信，不必做每件事都得一百分。第三，上述两条还不能解决心头不快，放下自己，服从。

第十个习惯是收放。阳光之下，快跑者未必先达，力战者未必能胜。从学校毕业之后，不再是每件事都是一门考试，不再是每门考试你都要拿满分和拿第一。收放是一种在学校里没人教你的技巧，练习的第一步是有自信，不必事事胜人。

当然，如果你们说，这些习惯太俗，想仰天大笑出门去，这些世俗习惯完全可以不理。

“一毛不拔”说的是谁

□佚 名

典出《孟子·尽心上》。孟子曰：“杨子取为我，拔一毛而利天下，不为也。墨子兼爱，摩顶放踵利天下，为之。”

春秋战国时期有一位叫杨朱的哲学家，反对墨子的“兼爱”，主张“为我”。有一次，墨子的学生禽滑釐问杨朱：“如果拔你身上一根汗毛，能使天下人得到好处，你干不干？”杨朱说：“天下人的问题，绝不是拔一根汗毛所能解决得了的！”

禽滑釐又说：“如果可以，你愿意吗？”杨朱默不作答。

孟子评论说，杨子主张的是“为我”，即使拔他身上一根汗毛，能使天下人得利，他也是绝对不干的；而墨子主张“兼爱”，只要对天下人有利，即使自己磨光了头顶，走破了脚板，他也心甘情愿的。

后人自此便用“一毛不拔”来表示极为吝啬的人。

知识越多，思考越难

□［日］松浦弥太郎

妨碍思考的，往往是知识。

即使有人认为我这是极端言论，就算有一大批人说服我“知识就是力量”，我还是如此坚信。其实，思考与知识的获得是相反的、完全不同的两回事。

知识本身是无罪的，只是我们千万不要忘记知识极有可能会妨碍思考。

思考与知识，如水与油般不相融。思考，是自行创造出什么；而知识，则是一股脑儿地搜集他人的产出。

仅仅是搜集信息而让知识丰富，你不能就此认为这些是“自己想出来的”。明明借用了他人的知识，却误以为是“自己的点子”，这就大错特错了。

“为什么”“是什么”“到底是什么呢”是思考流程的出发点，作为思考的第一步，是正确的。然而，问题是思考的第二步。为什么在这个阶段，会有这么多人想要搜集信息呢？从第二步开始就走上查询之路的人虽多，但这样的人往往会在前方迷路。查询之路虽然比思考之路好走得多，但是无论走得多么快，却始终抵达不了答案这个终点。

在思考“为什么”“是什么”“到底是什么呢”的时候，如果运用Google（谷歌）等网络搜索引擎，就会立刻搜出无数看似答案的结果。但这些并不是答案，充其量只是“看似答案的东西”。当你因此而感到满足，认为“不知道的事，通过网络查询就能解决”时，就再也不会花心思去思考了。

如此一来，你将渐渐习惯于放弃独立思考。你应该踏上思考的冒险之旅，却在踏出第二步时，找到了舒适的空间，好比在放松、悠闲的状态下终其一生。只要身处舒适的“知识小屋”，待在里面就能获得本来应该历经冒险才能寻得的宝藏，真是既轻松又方便，不禁让人感到太幸运了。

待着不动，接受别人提供给你的东西，并不是自己寻得的宝藏。因为它不是你亲自踏上探险旅程、经历千难万险才得到的东西。

我一直认为，一旦变得习惯于依赖搜索引擎，不假思索便可获得答案，长此以往将渐渐丧失生而为人的重要功能。

在这样一个信息爆炸的时代，我们更应该尽可能地提醒自己有意识地屏蔽信息。虽然“知道”并不容易，但是“思考”更加费力、更加困难。即便如此，我依然期许自己是一个“会思考”的人。

所以，我不用网络检索数据。当然，我不能说一次也没用过，但是，使用次数少到我已经不记得上一次是什么时候了。

当被要求“拿出点子来”的时候，你可能会精明地通过自己以外的媒介找到它，或者再附上自己的分析意见。我觉得这样的工作态度，不可能变成你的愿景，也不可能获得社会好评。

工作经验越丰富，思考就越困难。因为就算你不主动去检索，你所具备的知识还是会与日俱增。然而，知识有时候是助力，有时候则会成为阻力。

“这种事，我早就知道了。”“你说的，我听过了。”拥有知识的人在看待事情的时候容易自行选择，省略思考的麻烦，掌握诀窍准备答案。在任何领域，都存在着依循熟练程序做事的老手。但是，我总觉得没有什么比知道一件事更悲哀的了。

不论多么年长，都不应该忘记一无所知时的自己，随时让自己保持白纸状态。因为我对自己有这样的期许，所以当我感觉知识增加过多的时候，我便会进行删减，主动忘记自己已经知道的东西。我也会聆听最新的信息，但尽可能听过就忘掉。应接二连三不断地舍弃，而不要过度积累知识。

乍看之下，这样的行为好像与时代趋势背道而驰。但是只要再往前行，“感觉”和“思考”这未经使用的道路就是一条康庄大道。而思考的第二步，便是踏上这样的道路。

“不知道”是一件很棒的事情。

最近让我重新体味感动的，是在阅读《生活手帖》杂志社新进员工的第一份稿件的时候。因为她没有编辑的经验与知识，只能探索自己的内心，只能与自己的心面对面，并进一步去找到答案。她的文章在技巧上虽然不够纯熟，却非常自然直率，非常出色。里面所拥有的任何资深老手都比不上的东西，是她在尽心思考之后所获得的“杰出发明”。

你要不要也试着放弃查询，回忆一下一无所知时的美好呢？

知识的诅咒

□马伯庸

最近的创作一直停滞不前，总是反复在修改之前的稿子。因为我正处于一个微妙的困境，用微博上前一阵流行的话说，叫“知识的诅咒”。就是说，我之前查了太多资料，哪个都舍不得放弃，恨不得把所有的知识点都在故事里抖搂出来，并假设所有读者都很享受这种表达。呈现效果就是五步一个专有名词，十步一个冷门知识点，还是要加注释那种，以致行文变得冗长无比。我不得不回过头去，大做减法，把无关的、不必要的一些解释性累赘去掉。可是大刀阔斧砍完以后，心里很是不爽。不光是感觉之前用功都浪费了，而且成文效果也不好。当你把一个时代特有的用词规则去掉之后，时代特色便泯于众人，变成一个普通古代。这中间的度，实在是难以把握。

比如说有这么一个场景，最懒惰的写法是这样的：“主角在旅店一夜饱睡，次日一早结了账，转身离开。”这是最省力也最没特色的写法，如白开水，该要表达的信息都有，但行文用词丝毫看不出时代特色。可以让它修饰得稍微“古代”一点：“主角在客栈里一夜饱睡，次日一早结了账，转身离开。”用词比第一个版本稍微古代了一点，但这个描写还是太泛，看不出是什么时代。稍微考究一点的古代，会在细节上体现出更多特点。比如这故事发生在明清时期，交易用银子：“主角在客栈里一夜饱睡，次日一早走到曲尺柜台前，从怀里扔给掌柜五十两银子，转身离去。”但这个细节还是有问题，银子的价值没这么低，五十两那么大一个，揣怀里也很难受。所以可以进一步修饰得更考究一点，应该这么写：“主角在客栈里一夜饱睡，次日一早走到曲尺柜台前，从腰间顺袋里扔给掌柜一两银子，转身离去。”——顺袋就是明代钱包的称呼之一。

这么写，虽然价格差不多了，但交易细节没体现出来。如果我们再细致点，是应该这样描写的：“主角在客栈里一夜饱睡，次日一早走到曲尺柜台前，从腰间顺袋里扔给掌柜一锭银子，足有二两。掌柜取出钢剪，咔嚓剪下一块，拿戥子称了，约莫四钱，便又找回几枚铜钱。主角收了，转身离去。”这个细节够了，可要精准地表现时代特色，还欠火候。假如这故事发生在明代，那么还得进一步雕琢如下：“主角在客栈里一夜饱睡，次日一早走到曲尺柜台前，从腰间顺袋里扔给掌柜一大锭银锞子，掌柜一看上头有‘内承运库花银二两’字样，先咬了咬，齿痕分明，入口无甚苦味，可见没掺铅锡，遂取出钢剪，锞边剪下一块，戥子称出四钱，柜台上找回几张宝钞。主角收了，转身离去。”

其实到这儿，就已经有点魔怔了，因为这些细节对情节并没有任何帮助……倘若再精细一点，就陷入知识的诅咒了。比如说，把故事背景限制在永乐年间，那时候朝廷禁止金银交易，只能用宝钞，但因为纸钞贬值太甚，民间根本不认。于是为了能表达这个知识点，一个神经质的场景描写，是这样的：

主角在客栈里一夜饱睡，次日一早走到曲尺柜台前，从腰间顺袋里取出三张十贯宝钞。掌柜的赔笑：“客官，本店只收银钱，不收钞。”主角大怒：“我这宝钞是朝廷正经印的，如何不收？”掌柜道：“洪武爷时，这宝钞还收得，如今物贵钞贱，您这一堆纸只好送去行在库。”主角冷笑：“天子去年刚下旨严加禁止金银交易，犯者以奸恶论罪，你难道不怕我去出首？”掌柜也敛起笑意：“禁令归禁令，可您出去打听打听，周围店铺有一个收钞的，小店这买卖直接送您。实话跟您说吧，如今衙门里纳罪赎刑都得折银子，你要缴了宝钞，怕不打杀你哩。”主角无奈，扔给掌柜一小锭银锞子。掌柜一看上头有“内承运库花银二两”字样，先咬了咬，齿痕分明，入口无甚苦味，可见没掺铅锡，不由赞道：“这库银成色足，可以升水一成。我也不占您便宜，剪三钱能折纹银四钱了。”说完取出钢剪，锞边剪下一块，戥子称出三钱。主角仍旧把小锭揣回，转身离去。

到这一步，就算是病入膏肓了，得治。

奋斗不分95后、00后

□胡　敏

01
自由

自由并不意味着放纵，真正的自由源于自律。职场上，有些年轻人认为，我是95后，我是00后，我和其他时代的年轻人不一样。在我看来这个观点是片面的，有待商榷的。不同时代有不同的社会环境，但有一点是相通的，每个个体都要经历从年轻到成熟的成长历程，大家作为年轻人，都是第一次来到职场，都是在通过自己的奋斗赢得更好的未来。

人力资源招聘时常说的一句话就是：“我们只招成年人。”第一批00后已经19岁了，也许你还在求学，也许你早已步入职场。你觉得你是成年人吗？成年人的规则很简单，不需要告诉你上班不许迟到早退，工作时间不许上网干其他事情……你的行为要像成年人一样，有成年人该有的行为方式、生活原则和工作态度。

自由的概念必然与信任相连。我相信你，相信你作为一个成年人的自律，所以不会过多干涉你，但你是否配得起这样的信任？在新航道，我不会追问员工的学历，是否来自名校。英雄不问出处，只靠业绩说话。最近和我们图书事业部总经理杨宏老师一起去英国出差，闲谈间才得知，他毕业于一所不太知名的学校，学校名字现在我都想不起来。但这些重要吗？我告诉他，你需要做的只是奋斗，世人要看的是今天的成绩，不是过去的辉煌。杨宏老师有一个美好愿景，将来送子女去剑桥读书——有这种梦想的人会不努力拼搏吗？

英国哲学家罗·科林伍德说“真正的自由属于那些自食其力的人，并且在自己的工作中有所作为的人”。对年轻人来说，无论学习还是工作，越自律越自由，越拼搏越自由，美好未来就是这样一点点实现的，没有任何捷径。尤其是其他人都在寻找捷径、迷信捷径的时候，你踏踏实实走路，就是成功抵达的那个人。

02
责任

人生须知不负责任的苦处，才能懂得尽责的乐趣。责任并不是你的负担，而应是你的信念。以新航道为例，集团峰会的时候高管的座位是怎么安排的？不是集团或个人安排的，是大家自己争取来的。你是基层员工，你从部门干上去，就成了部门主管，你再努力，就更晋一级，没人挡你的路。新航道推行的是“阳光文化”，你只要够优秀，一定会被看见。

现在兼任新航道江苏和上海分校的邓碧云校长，几年前还是市场专员，他只用三年便让南京学校招收学员人数翻了五倍。新航道给予年轻人的是最公平的平台，你只需要做一件事情，就是证明自己。

这就是我们所讲的责任，责任就是先把本分的事做好，再做更多的事，对学员负责，对同事、领导负责，对你的部门、机构负责，再说得宽一点，就是对你的家庭负责，对整个社会负责。培养责任心，从点滴开始。

03
奋斗

一勤天下无难事。梦想可以天马行空，但生活需要一步一个脚印走出来。奋斗是永不过时的美德。

了解我故事的人都知道，创办新航道之前，我已经拥有了鲜花和掌声，实现了财富目标，但我至今依旧奔跑在路上。创业初期，我们到武汉华中师大办讲座、做市场活动，回程时遇到下雨，我们一手拎着一包资料在雨中赶火车，没有座位，只能把资料放在地上坐在过道里，当时火车还是条件比较差的绿皮车。这样的条件，我不以为苦，反以为乐。因为，我始终相信，越奋斗越开心，精气神越旺盛，甚至可能逆生长。前几天参加一个聚会，有一个领导说“胡总你是个小老弟吧”，一问年龄他崩溃了，他比我小四岁。

奋斗是一种精神、一种信念、一种永不止息的生命状态。年轻人不要认为你是在为别人打工，我们赤手空拳来到这个世界上，都是为自己打拼的，你所在的学校、公司，都是你奋斗的平台、绽放的舞台。

04
持续学习

孔子曰：“学而不已。”新航道从2018年开始，每月由我带领高管读一本书，一年读12本书，叫“跟胡老师一起读12本经典”。我每天早上爬起来坐在窗户边的小桌子前，在那里看书。早起读书的人，他的每一个清晨都是年轻的、鲜活的、有收获的，也永远不会被时代落下。毛主席读《资治通鉴》，读了17遍。哪一天你想要进入管理团队，有一本书《从优秀到卓越》，这是管理层的“资治通鉴”，值得你读几十遍。

快速更迭的时代，持续学习是最重要的能力。当然，读书只是学习的一种方式，你可以向朋友、同事学习，向一切身边的事物学习。“三人行，必有我师焉”，万事万物，亦可为师。抓住每一次学习的机会，投资自身，才能与时俱进。

最后，将台湾作家林清玄先生的话送给每一位行进在人生路上的年轻人：“你的环境并不能决定你的未来，你的过程也不能决定你的未来，而是你内心的向往决定了你的未来。当你确定了内心的向往，就应该无所畏惧地去实现，不要害怕困难与转弯。”

2019年祝愿所有年轻人，风雨兼程，不惧前行。

学习没有捷径

□［英］卡洛琳·李

有一个小伙子总感觉到自己学习很不得法，而且汲取的知识非常少，他就想找到一条捷径，以便让自己很快地领略到知识的奥妙。于是，他就到一座深山老林里去拜访一位智者。

小伙子很虔诚地向智者问道：“大师，请问我要怎样做，才能够很轻易地就学会您所有的智慧呢？”智者听到小伙子问了一个这样的问题，笑了笑之后，反问他说：“那么，你认为应该怎么样做，才能够学会我所有的智慧呢？”

小伙子想了想，立刻说：“我认为，最好大师能够一次教会我所有智慧的关键，让我能够完全了解大师您所了解的事情！”

智者又笑了笑，但是他并没有向小伙子说什么，他只是静静地从桌子上拿起了一个苹果，然后放到嘴边，大大地咬了一口。

智者望着小伙子，口中不断咀嚼着苹果，仍然是一言不发。

过了很长一段时间，智者才慢慢地又张开嘴把口中已经嚼烂的苹果，吐在了他的手掌当中。

这时，智者伸出手，把自己已经嚼烂的苹果拿到小伙子的面前，然后对着他说：“来，把这些吃下去！”

小伙子相当惊讶，他不知所措地说：“大师，这……这怎么能吃呢？”

智者又呵呵地笑了笑，说：“我咀嚼过的苹果，你当然不愿意吃；然而，你为什么又想要轻而易举地就汲取我智慧的精华呢？你难道真的不懂得所有的学习，都必须经过你本身亲自去咀嚼的吗？”

天分很重要，没有也别害怕

□连 岳

有天分，练一练，帕瓦罗蒂；没有天分，练到极致，不过是会唱歌而已，成不了世界上最好的男高音。有天分，苦练，王羲之。1700多年过去了，比书圣勤奋的人有的是，谁能超过他？

各领域顶尖的选手，包括考上北大的“学霸”，取得的成就是多重因素促成的，天分不可或缺。特别聪明的孩子，是基因的随机选择，可遇不可求。不愿意承认这一点，甚至刻意否认这一点，自己和孩子都将滑入一种典型的冷暴力：定下了一个能力无法达到的目标，穷尽方法，无比勤奋，最后都是失望，人将会不停地否定自己，最后失去自信与自尊。

勤奋，人人做得到，好一点的高三学生，哪一个不勤奋？方法也不神秘，教科书上都写着，一遍遍刷题，老师也重复多次。真的，差别就在天分。有天分的孩子，看懂教科书，再难的题也能信手解开，老师都得请教他；没有天分的孩子，熬到下半夜，还是拿最难的那几道题没办法。

多数人是没有天分的，接受这个事实，才能够心理健康，才能够幸福快乐。毕竟，自己和孩子没天分的概率是很高的。就是许多北大学生，最后也会接受这一点，因为他们在更高的平台上见识到了更牛的天才。

NBA（美国职业篮球联赛）著名教练波波维奇，非常重视防守。他的理论基础就是，进攻得分，天分非常重要，努力了也未必行；但防守是脏活累活，只要想做，就做得好，把精力放在做得到的事上，效率更高。

这个策略也很适合人生。没有天分没有关系，把能做的分内事做好，也能胜出，世上绝大多数事，并不需要天分。比如，一个孩子衣着整洁、有礼貌、眼里有活、能够站在他人的角度考虑问题，他就能得到几乎所有老板的喜爱。而这些品性，完全可以靠训练得到，不需要进攻天分，只需要做好这些防守的“脏活累活”就行了。

早年我听过一件事，某人拜访一家日本企业，在等候董事长接见时，一位中年女性动作熟练地泡好茶水递上，但她的神情木讷，仿佛一台机器。后来董事长解释，她是自己一位好友的女儿，有智力障碍，好友亡故时把她托付给自己。他想，与其单纯照顾她，不如就训练她几项简单的技能。于是，他让她反复学习端茶递水。这工作反正需要人做，她最后也能做，是多好的事，天国中的亡友应该很开心。

一个人没有天分，确实有点遗憾，但是早一点接受现实，其实更有利于自己，你总能在世上找到适合自己的位置。你是没有天分，但你的智力正常，勤奋且有方法，上不了顶尖的大学，可以上一般的大学；成不了杰出的企业家，但是可以成为出色的员工。

有天分，值得恭喜；没有天分，也不必害怕，你能找到适合自己的位置。

最可惜的事是，有天分，却浪费了，收获懊悔；最痛苦的事是，没有天分，却硬要，收获焦虑。

父母之爱

□琦 君

在电视上看见一对非常美丽的鸳鸯鱼，边上围着一群小鱼，看上去其乐融融的一个家族。忽然一条凶猛的大鱼来袭击，那条较大的公鱼奋不顾身地去迎敌。令人惊奇的是，母鱼竟张开嘴巴把小鱼统统吸入口中，又张开两鳃给它的子女通空气。待公鱼将敌人击退以后，它马上又把小鱼一条条吐出来。懵懵懂懂的小鱼一点也不知道父母为它们挡过一场大灾难。

谁能说虫鱼没有灵性呢？它们并不冷血，它们有夫妻之情，有亲子之爱。为了保护子女，它们的勇敢与机智并不亚于人类。

每一年，像龙虾脱壳一样

□吴淡如

每一年，都该送自己一个礼物才好，才能记得那一年没有白白地活。

为了要记住什么，让这一年显得有意义，我通常会想出一些以前没有做过的点子。

例如，有一年去南极，有一年去北非，今年送自己的礼物是奈良马拉松。

其实这个礼物本来有一点赌气的成分，因为我已经是第四年在东京马拉松的抽奖选拔中落空了。

几个月前，为了弥补失落感，我替自己报了不需要抽奖，只看先来后到的奈良马拉松。

秋天和春天的温带地区是跑马拉松最宜人的季节，冬天肯定是严苛挑战，特别是在以阴湿闻名的古都奈良。在报名时当然没想这么多。

前一天在东京把公司该开的会都开完（我的小公司设址东京），下午才急奔奈良。到达时连车站都是“几无人烟”，依规定在前一天一定要完成马拉松报到，走进会场领号码牌时我真敬佩那些在刺骨冷风中还热情招呼的义工人员。

奈良马拉松，得绕过一整座山，6小时要完成42公里，传说中就是场硬仗，特别是气温平均只有三摄氏度，冷风灌进肺里有如醍醐灌顶，前五公里我就不断地“撞墙”，冷空气都在肺里，脚趾像冰棍，心中有两个人不断对话：“放弃吧，跑10公里就好，去奈良公园喂鹿？”“让我想想。”“放弃吧，跑半马就好，回东京晒太阳。”“让我想想。”“其实，根本没有人在意你是否跑完，你没跟朋友来，没有面子问题。”“不行，再跑12公里就完成了，看时间走也走得完。”

然后在不断挣扎攻防中，看到终点之门。

我看来是个意志力坚强的人，只有自己能说服自己，但未尝没有犹豫和怯步时。只是，通常那个站在面向阳光处劝进的声音比较容易成功。

劝进，然后像龙虾脱壳。龙虾是这世界上最辛苦的生物之一，想长大就要脱壳，有的一年脱个20次，不脱也会死在老壳里。如果自己脱壳失败，也就表示呜呼哀哉。人，比它幸运得多。

我猜，脱壳其实是很痛苦的吧。在冰冷的空气中跑马拉松比较起来不算什么。我一路为自己想得到的所有人祈福，包括生者与逝者，终于完成这个充满痛与快的新年礼物。

有什么比路程单调又冗长的马拉松时间更能彻底和自己对话呢？完成等于自我更新。我，又脱了一次壳。

感觉去了半条命，但是，多么值得对自己说：新年幸福，新生快乐！

孤岛上的猕猴和梅花鹿

□东莱西郎

日本南部有个叫屋久的小岛，由于海平面上升，屋久岛与主岛脱离，成了孤岛，梅花鹿和猕猴被困在岛上，与世隔绝。

岛上常见这样的景象：猕猴骑在梅花鹿的背上，一会儿坐，一会儿站，一会儿卧，没有一时老实的时候，像是在耍猴戏。而梅花鹿任其在自己背上花样百出，没有一丝烦躁。当然，它们也有耍小脾气的时候。不过，就像小孩子打架一样，一转眼就又亲密无间。

这种景象在任何地方都不曾见过，连科学家都觉得是个谜。

岛上没有它们的天敌，它们可以无忧无虑地生活。它们似乎不像是两个不同的物种各自为伍，而是愿意生活在一起形影不离。

梅花鹿把猕猴驮到了树林里，猕猴猛地蹿到树上，觅食果子。梅花鹿不会爬树，因树高也够不到树上的果子，只能站在树下仰望着树上的猕猴。

调皮的猕猴有情有义，它没有忘记树下的梅花鹿而自顾享用，它一边吃一边摘一些果子扔到树下，让树下的梅花鹿也大饱口福。

或许是因为被困孤岛具有相同的遭遇，或许是为了各自的利益相互依存——不管为了什么，关键是它们做到了和睦相处，和谐共荣。

一个小岛是这样，一个星球也是如此。只要找到共同的契合点，跨物种之间，完全可以同舟共济，建立亲密关系。

我只欠自己一个解释

□浅　浅

我发现，我总是试图向别人解释一些事情。

那日，我在办公室签收了网上买的几本书。同事略带惊奇地说现在身边买书的人真的很少了呢。我解释，这几本书我一直想看，在图书馆没有借到，网上倒是有电子版，但是我嫌用手机看累眼睛，我眼睛看久了手机屏幕不舒服……说着说着，我忽然意识到自己说得太多了，而且同事忽然接听了一个电话，根本没有听我说什么，她转身就去忙了，留下哑然失笑的我。

就是这件事后，我发现我总是向别人解释太多无关紧要的事。如果有点什么事，那我更要使劲解释的。之前一次，我跟同事串值班，同事欣然答应，我还是带着歉意解释了很久我串值班的原因，弄得同事反倒不好意思了，说我太客气了。

为什么我总觉得我欠别人一个解释呢？我想，应该回到小时候找到问题的答案。

几岁的时候，我在姥姥家玩，有个亲戚来找舅舅，大家说舅舅不在家。我随口说，舅舅在园子里呢。那个人走后，大家都责怪我，说差点露馅。后来我才知道那个人来找舅舅办事，舅舅不想见他，就躲在园子里。可是小小的我怎么知道这些事？在大人的责怪声中，我也自责无比。那时候的我也不会争辩，别人说我做错了，那就一定是错了。

我很敏感，自尊心很强，一直是老师眼中的好学生，从来不犯任何小错误。小学一年级的时候，老师忽然统计我们的出生日期。我根本不记得我生日，但是知道跟某同学是一天出生的。老师统计到我的时候，我说，我和某某是一天出生的。估计老师是之前忘了布置这件事，忽然想起了才统计的，正心烦意乱，她讥讽道："难道你长大后别人问你生日，你还说跟某某一天呀？"班级里一片哄堂大笑。那时候，老师在我心中就是权威，我当时觉得自己真的很笨，竟然连自己的生日都不知道。也有一种委屈感，但是又不知道为何委屈。

十多岁的时候，家庭聚会，婶婶讲我小时候的事。我也想起小时候的趣事，那时候婶婶总是逗我玩，假装跟我吵架。于是我有点忘乎所以了，平时不怎么说话的我说以前觉得婶婶吵架很厉害，后来发现婶婶不厉害。当时大人们的表情都很复杂。回家后，妈妈怪我不会说话，说婶婶前一阵跟邻居打架了，结果没有打过人家，吃了亏。妈妈说我怎么哪壶不开提哪壶呢？还说以后别乱说话了。不知道为什么，那时候我竟然没有解释，只是默默在心里想着，我也不知道那件事。再大点，我终于会解释了，但是往往结果并不乐观。一次家里来了亲戚，我小声打了个招呼。后来亲戚走后，妈妈就对我发起了火，说我不懂礼貌，不知道来了客人打招呼。我解释我打过招呼了，她还是很生气，因为她不信，她没有看到也没有听到，这样的事真是太多了。

从小到大，我都迫切希望得到别人的理解和接受。我不想再责备自己，跟自己过不去了，于是现在的我，有能力解释的时候，我会解释得过多过细。或许，我该试着不去解释，不去在意别人的看法。再或许，我愿意解释就解释吧，我想表达的就是我需要的，我愿意接受这样的自己。

其实呢，我只欠自己一个解释。

虞美人·听雨

□蒋　捷

少年听雨歌楼上。
红烛昏罗帐。
壮年听雨客舟中。
江阔云低、断雁叫西风。
而今听雨僧庐下。鬓已星星也。
悲欢离合总无情。一任阶前、点滴到天明。

95后时间观：坚决捍卫私人时间

□许莹琪

身为95后，被前方的90后和后头的活力00后夹在中间，我经常感觉自己有一个很复杂的时间观。

首先，对仪式感充满执念。

往者不谏，来者可追，95后开始热衷于记录生活，执着于让时间流逝变得更有仪式感。

对于95后来说，记录生活的方式五花八门，在社交网络上晒图是最常见也最容易的一种，也有人开始拍摄日常“vlog（短视频）”，然而这些形式总是甩不掉“形象塑造”的功利属性，显得不够真诚。于是一些人开始把目光投向一种具有“古早味”的记录形式：日记。其中，“五年日记”尤为风靡。

五年日记本每一页都标有日期，一页分为五栏，分别用来记录五年里同一天的事情。一天只用写几行字，还能“感受时间的流逝”，顺便“遇见曾经的自己”。

和很多人一样，我义无反顾地入坑了。

写日记的仪式感在一开始达到了顶峰。为了每天的寥寥数语，我恨不能焚香更衣，动起笔来也是停不下来。然而渐渐地，日记变成了周记，到现在已经变成了“半月记”。

其次，95后对时间的管理界限分明。

当90后的各种证书已落满灰尘，95后还战斗在考试的第一线，他们也格外需要专注的学习时间，而手机则被看作是干扰学习的罪魁祸首。解铃还须系铃人，面对这个问题，95后选择了求助手机应用。

这款应用会在你设定的时间内将手机暂时锁上，如果这段时间内你管住了自己伸向手机的手，你就会拥有虚拟世界里的一棵树苗。根据应用介绍，种到一定数量，会有人以你的名义在真正的森林里也种下一棵树！人的心理真是奇怪，为了不存在的一棵树苗不至于枯萎，抵抗手机的诱惑变得格外容易。

但另一些时候，95后也崇尚“三心二意”。比如一个人吃饭的时候，总要搭配点“下饭剧”才舒爽：戴上耳机，扒拉着饭菜，屏幕上是1.5倍速播放的综艺或者电视剧。

95后是私人时间的坚决捍卫者，哪怕是最诱人的群体活动，在计划好的“躺尸看剧”面前也变得黯然失色。这会引来家长的不解甚至愤怒：“就知道一个人屋里一待！”

可在与朋友聚会聊天的时候，谈起来总有一种惺惺相惜的感觉：“这次和你们出来玩，我花了一周做心理建设。”留给群体活动的“档期”和个人独处的时间界限分明，不容混乱。

对于95后，“变老”是一件新鲜事，此时它的功效还大于副作用。我们终于从年龄鄙视链的底端爬了出来，可以开始名正言顺地对00后指指点点；在校园里我们也混成了“老油条”，每天为低年级“小孩”答疑解惑，俨然一副人生导师的模样。

不过我确实越来越真切地感到时间资产的流失，心里时不时也会“咯噔”一下——校园“老腊肉”下一秒就成战战兢兢的社会新鲜人。80后开始步入中年危机，90后熬出了资历，00后还是无忧无虑地“萌新”，95后被卡在中间，在“老阿姨”和“小屁孩”之间摇摆。

与其纠结，不如坦然面对。

我们95后的时间观，“岁月不饶人”的焦虑，和“来啊快活啊反正有大把青春可以挥霍”的不羁，可以和平共处。

我愿意是树

□［匈牙利］裴多菲

我愿意是树，
如果你是树上的花；
我愿意是花，
如果你是露水；
我愿意是露水，
如果你是阳光……
这样我们就能够结合在一起。
而且，姑娘，如果你是天空，
我愿意变成天上的星星；
然而，姑娘，如果你是地狱，
（为了在一起）我愿意永堕地狱之中。

人生最重要的能力

□肥肥猫

人生最重要的能力是应对主观时空扭曲的能力。这个概念有点玄。

这里说的“时空扭曲”，指的是主观的时间流逝感觉随着年龄开始加速，而且一发不可收拾。

相信大部分人都有这样的感觉：时间过得越来越快了。小学时是一个月一个月地过，大学时是一学期一学期地过，工作后变成了一年一年地过。越往后，过得越快。

我在网上找了一些解释，有一个说法比较有趣：五岁的时候，人的记忆有五年，这时候过一年，到六岁时，记忆增加了五分之一；六岁到七岁，记忆增加了六分之一；七岁到八岁记忆就只增加了七分之一。依次类推，到了二十岁的时候，过多一年，记忆便只增加二十分之一。

这一年的时光虽然没变，但是参照物变了，所以大家就感觉时间过得快了。这个说法有一定的道理。

如果用“记忆增量理论”来解释，那就说明我们成年后的工作和生活，都是在简单重复。所以大脑中的总数据，并没有像儿时那样，处在迅猛增长的阶段。

大脑处理今天的24小时，只需要动用几年前就已经存好的索引，驾轻就熟。总信息量几乎没有增加，你主观上感受到的“新东西”当然就少，而体验“新东西”恰恰是放慢主观时间的命门。

套用知乎上“舒适区”的说法，要解决“时空扭曲”的问题，我们必须走出“熟悉区”。熟悉区是时空黑洞，会不断加速消耗、吞噬你的时间。

如果你走出办公室，去陌生的国度待一个月，就会发现这一个月并没有像在办公室里那样，星期三过完，就差不多能指望星期天了，而是觉得比在办公室待两个星期还要长。这是对抗“时空扭曲”的一个例子。

并不是只有旅游才能有这样的效果。你如果在自己身上多试验，会发现很多适用你个人的手段，但前提是：你要有摆脱“熟悉区”的意识。

这是我认为人的一生所需要掌握的最重要的能力之一。掌握了对抗“时空扭曲”的本领，你就能延长主观生命。

柔软

□张建云

婴儿的一个特点是柔软，从床上摔下来几乎没有摔坏的。但成人不行，老人更不行，一摔就出毛病，再摔就要命。花草的美丽是因为柔软，人的魅力也是因为柔软和谦和，所有的情感绵长，都是因为柔软。

一个人的心灵柔软是最强大的力量，因为柔软可以容纳所有的坚硬。那些愤怒的、抱怨的、嫉妒的、诽谤的以及抑郁的，都是因为硬。

身体软起来对健康有利，言语软起来对情感有益。只要把言语软下来，就不会有矛盾。你说，是他先急的——我们不管，只要你的语言是软的，他即便扔过来铁锤，也会无声落下；假若你也是铁锤，只能两败俱伤。

送年轻时的自己哪些书

□贝小戎

前几天，有人问给14岁女孩送什么书合适。我马上想到的是《爱丽丝漫游奇境记》，但或许人家读初中的时候已经看过了。14岁读很火的写女性友谊的小说《那不勒斯四部曲》，不知是不是又有点早了。好像没有谁是老老实实、按部就班地在什么年龄就读什么阶段适合看的书，有时候该看的没看，却看了好像是长大后才该看的书。比如小时候你该看过《长袜子皮皮》《骑鹅旅行记》，却机缘巧合读了《1984》《人，诗意地栖居》也说不定。

《卫报》曾经做了一个专题，问一些著名作家会送给年轻时的自己什么书。也就是说，作为懂书的人，他们回过头来看，哪些书更适合青少年读。约翰·班维尔说，他年少时一直沉迷于后浪漫主义如迪伦·托马斯和劳伦斯·德雷尔的放肆，后来才在特里林的论文中得知狄德罗的哲理小说《拉摩的侄儿》，“它是欧洲文学中最振奋人心、最具颠覆性的文本之一。这本小书跟海因里希·冯·克莱斯特的《论木偶戏》和霍夫曼·斯塔尔的《钱多斯勋爵书信》一起彻底改变了我对写什么、如何写的观念。狄德罗是一个杰出、有趣、睿智的人。如果我能回到过去，把一本《拉摩的侄儿》放到12岁的我手上，我会避免许多蠢行。但是我能读懂吗？萧伯纳说得对：青春虚掷，总在青年。我在大学阅览室里看到过这本书，后面的借书卡上显示，我的大学班主任、一位博士是在读研究生的时候才看了这本书。”

朱利安·巴恩斯说，他年轻时错过一些书，但他并不感到后悔，反而挺享受直到40余岁才发现《哈克贝利·费恩历险记》《麦田里的守望者》《失落的庄园》这件事（到现在也没看过《小王子》）。他说：“文学方面我后悔的事与此相反：我希望自己没有在11岁拿到一本康拉德的《秘密的分享者》，导致我抵制了他几十年；我希望我没有在能够像福斯特那样采取恰当的措施之前读他的作品。我会送给年轻时的自己的，都是非虚构作品，关于政治和经济的本质，阶级、金钱和权力如何相互关联的书；还有关于自然的本质的书，我会指导年轻的自己去了解土、风和水，树、动物、植物和鸟类，还有蜜蜂。”

我希望自己年轻时就读到斯蒂芬·金，读到《肖申克的救赎》，读到他的回忆录《写作这回事》，更早地体会到坚韧与专业的重要性，更早地读到《第二十二条军规》《魔鬼辞典》，学会苦中作乐。

预留的一分钟

□张小黑

纽约地铁一年365天每天24小时都在不停地运行，这在世界各国绝无仅有。另外一点也很暖心：纽约市居民若因地铁列车晚点造成上班或上学迟到，可要求市地铁部门出具列车晚点证明，以此向老师或雇主解释。据统计，纽约市地铁部门每年大约要发出3万封证明信。还有一点更温馨：每天有900辆列车行驶在地铁线上，每一辆驶离纽约的列车都比时刻表晚一分钟出发。如果时刻表上说8点14分，那么这辆列车实际8点15分离开。

但大多数乘客并不知道，地铁公司为他们预留了一分钟。这预留的一分钟，是为了给那些只差这一点点时间就可以匆匆走下站台迈上列车的乘客提供的一个宽限期。而这一分钟，可能意味着是与家人共进晚餐还是用微波炉热剩饭这样的差别。

这一分钟已经存在了几十年，并且只出现在工作人员专用的时刻表上，列车开动后很快会把这一分钟赶回来：在其他所有车站，面向公众的时刻表是准确的。

地铁公司发言人玛乔丽·安德斯说：“尽管预留一分钟与精确到秒的铁路文化并不相符，但它却充满人性和活力，这一点让我们很自豪。”

“形而上的奋斗”，是把垃圾变成生命的能力

□朱学东

“形而上的奋斗”，语出库切的《内心活动：文学评论集》之《布鲁诺·舒尔茨》篇：“雅各布周围是些愚笨的人，他们对他形而上的奋斗毫不理解，尤其是他的宿敌——女仆阿德拉。”

库切是2003年诺贝尔文学奖得主。他笔下的舒尔茨，是波兰犹太裔作家，1942年被盖世太保枪杀于故乡街头。舒尔茨仅存于世的只有两个短篇小说集《肉桂色铺子》和《沙漏做招牌的疗养院》。

当我第一次读到“形而上的奋斗”这个词时，就像被一颗子弹击中，而这颗子弹，引导着我去阅读了舒尔茨的《肉桂色铺子》。

在此之前，我压根不知道布鲁诺·舒尔茨这个人。

《肉桂色铺子》是一个家庭的故事，故事中这个家庭的中心人物，是雅各布，一个商人，“但一心想着拯救世界，他通过对催眠术、电疗法、心理分析和其他被他称作‘伟大异端的区域’的超自然法术进行各种实验这一手段，来追求他的使命”，于是，在舒尔茨笔下，父亲雅各布被变成一个个昆虫，变成秃鹫、蟑螂，最后变成一只螃蟹消失了再也没有能变回来——“父亲雅各布的螃蟹化身被女仆扔进滚烫的水里，但没人能吃他变成的那团糊状物”。

写人的变形，舒尔茨不是第一个，他喜欢的卡夫卡，早在1915年就出版了《变形记》，卡夫卡还写了《一份致某科学院的研究报告》，以及《一条狗的研究》，与《变形记》里人变成昆虫不同的是，后面两篇写的是猴子和狗进入人类世界后的行为心理。不过，与卡夫卡描述人变形成昆虫后的人性、心理变化或者从猴子和狗进入人类世界后所表现的行为和心理不同，舒尔茨则是喜欢让人产生心理变异后模仿变形成各种生物的行为方式，有些类似精神病患者的臆想。用舒尔茨自己的话来说，就是“神话学谵妄的牢骚”。

无论是卡夫卡还是舒尔茨，他们笔下的人的异形，出现在特殊的时代。20世纪之前的启蒙主义理性精神主导的工业革命时代，积聚了巨大的物质财富，就像马克思说的，“近一百年来资本主义所创造的生产力比人类在这之前创造的生产力总和还要多”。

向外部世界向未知世界的狂飙突进，不仅是世俗需要，也是那个时代的精神和“形而上的奋斗”。

但是，进入20世纪，向外部世界扩张引发的问题开始引发人类的反思，非理性和情感的价值开始张扬，尤其第一次世界大战，让理性主义乐观主义的高歌猛进戛然而止，而悲观主义情绪弥漫……所谓“神话学谵妄的牢骚”，或者是人的异变，其实也都是一种对命运绝望的抗争和探索，“把垃圾变成生命的能力”，只不过与传统的征服式的拓展不同而已。

生活不顺、心理敏感的卡夫卡和舒尔茨，则是其中最为独特的探索者——“在个人层而，他承认故事来自及表现‘我的生活，我的命运’，这命运的特征是‘深刻的孤独，与日常生活的东西隔绝’。”（《布鲁诺·舒尔茨》）

在今天这个时代，追求形而上，如果不被视为“谵妄的牢骚”，也会被视为不明世事的傻瓜。但是，恰恰是这种在世人看来无意义（世俗意义的无意义）而为之、不可为而为之的思考和努力，吸引了我。

形而上者谓之道。一方面，这种世俗无意义的“形而上的奋斗”，真正拓展了世俗认知的边界，探索了我们生活和命运的多种可能性，为我们寻找着逃离现实的桃花源。另一方面，撇开舒尔茨书中的具体语境，我更愿意将“形而上的奋斗”引申到个体精神的自我完善上，这种努力有可能构建起个体的精神自治。

但是，无论在哪种语境下，“形而上的奋斗”都属于孤独者的探索。

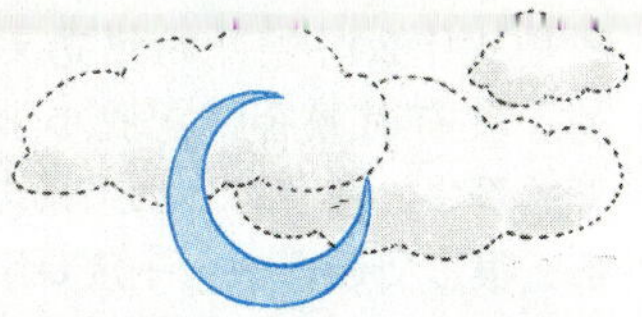

我就是很努力，有什么好笑的

□李开春

现在流行一种心灵鸡汤：你必须足够努力，才能让自己看起来毫不费力。

细思极恐，为什么要让自己看起来毫不费力呢？什么时候开始，我们这么害怕表现出努力？

我从小听过最多的一句话是：你（我）怎么（要是学习）这么爱学习呀（肯定比你强）！我都会回答："对啊，我就是爱学习呀。"

我是别人口中那个"学习好的孩子"，但我从来不和其他成绩好的同学一起玩，就一个原因：太累了。

好学生的圈子，大家学习都好，默认的规则是：如果取得同样的成绩，100%努力的人是书呆子，50%努力的人，就是天才。

就好像那个笑话：学霸之所以考100分，是他的实力只有这么多；而学神之所以考100分，是试卷只有这么多分……我高中在重点学校的实验班，按成绩排座位。每天早上，坐在前两排的同学，讨论的不是昨晚的数学作业和物理大题，而是最新的电视剧。谁看的种类多，看的时间长，谁就在这场无聊的攀比中占了上风。

我前桌是个好胜心极强的人，每天变着法讲各种电视剧的进度。不仅如此，课间休息和午休总抱着一本言情小说"啃"，还逢人就介绍。

但事实上，她妈，也就是我妈的同事，向我们描述，她每天看书看到凌晨三点。

在我二十多年的好学生生涯中，遇到过太多这样的人。学霸们为了证明自己是天才，装作"不读书也能取得好成绩"，来打击和迷惑对手。另一方面，他们可能也怕，如果努力却没有成功，会遭到别人的嘲笑："你看他那么努力，不也就那样？"

我懂这种心情，人总希望给自己留一点余地，失败的时候起码还可以说，自己只是"没有用功"，而不是"我不行"。

很多事情都是这样。有一个博主，每天发各种美食图片，说自己从不刻意节食减肥，也不去锻炼，但依然能保持完美身材。

后来被粉丝扒出：事实上她从来不吃高热量的食物，三餐控制得很严，每次拍完照食物不是分给同伴就是扔掉。每天去健身房，从不间断。

人们的潜意识里，"毫不费力"似乎比"拼尽全力"更高级。人们羡慕天生就拥有各种成功的人，所以拼命假装自己就是那样的人。

我相信世界上可能会有天生就瘦，天生就美，怎么折腾也不变样的仙女，也可能会有不努力也能比一般人厉害的天才。但是我觉得，靠努力维持的好身材、好面孔、好成绩，一点都不逊色。

郑秀文说她出道以来就没吃饱过，小S说她没有办法接受油炸食品，黄晓明说自己是易胖体质……为了实现目标而拼命克制口腹之欲，才是真正厉害的事。

比起隐藏自己努力的人，那些自己偷偷努力，还对其他努力的人冷嘲热讽的家伙，更过分。

我大学班里有个男生，每天在宿舍戴着耳机，打开电脑的视频播放器，让人以为他是在看剧。

实际上，他的视频永远是暂停状态，屏幕的角落里是各种学习资料。

有人经过的时候，他还会故意频繁敲击鼠标，装作在玩游戏。时不时转头问室友："哎，你们不杀两把吗？"

看到同寝室的同学在学习，他还会忍不住吐槽："你学习好努力好认真啊！"

看到室友出门，必定追加一句："又去图书馆学习啊！"自己去图书馆碰见室友，立马解释："来图书馆蹭会儿空调，顺便看看美女。"

这样做真的好吗？

自信的人，不会阻止别人努力，只会让自己加倍努力。不可否认人需要幸运，但更需要的是努力。我觉得躲躲藏藏不让别人知道自己有多努力，很不大方，这会让努力了却没有得到回馈的人感到不公平。

要诚实面对你获得成功的过程，同时也不要对自己的努力孤芳自赏。

这样才对。

“中二”少女成长史

□郝景芳

在我得了雨果奖之后，好多人问我是从什么时候开始建立文学梦想的。我有时候会讲起我小学四年级开始看《红楼梦》。如果只讲这些，那么很多父母会想：一定要给孩子多买名著，早点灌输。但真相不是这样的。

我为什么会开始看《红楼梦》呢？小学三年级，我偶尔发现一本旧日历，是以金陵十二钗为主题的。我当时惊呆了：世界上居然有这么漂亮的女孩子！我惊为天人，开始照着日历一页一页地临摹。画到最后，我连每一个女孩子的外貌细节和服饰纹样都记清楚了，这才想起来问：她们是谁呀？于是知道了《红楼梦》，赶紧拿起来读，一下子就沉醉了。

读了《红楼梦》之后我就入了文学之门吗？不是的。我确实在看完《红楼梦》之后看了不少书，世界名著也有，侦探和武侠小说也有，但我没有一丝一毫想要成为作家的意愿，我爱的仍然是图画。我入了漫画之门，开始光顾街上的租书店，把我能我小时候学过弹琴，但从来没喜欢过。练了两年多放弃了，毫无遗憾。可画画不一样。画画对我来说是自愿的事情，早也画，晚也画，一想到放弃画画就会痛苦。孩子所做的事情，主动和被迫是完全不一样的。为什么我没有一直坚持追求画画的道路呢？有点可惜的是，我在小学五六年级时，因为在数学竞赛中脱颖而出，考入了全区奥数竞赛班，便从此踏入每周培训奥数，直到考入全市理科实验班的理科学习之路，离画画越来越远。最终我考入清华大学学了物理，就这样彻底远离了漫画家生涯。

我想说的是，孩子就是孩子，会被玩具、游戏、动漫吸引是天性。被这些事物挑起兴趣，然后慢慢地在成长的过程中投入严肃学习，其实是一条良性发展的路径。很多父母抱着功利心看待知识学习，希望孩子所有的时间都被课本知识占满，到哪个年级开了哪门课就补习哪门课。但如果是这样，我几乎可以肯定地说，孩子对自己所学的课程很难发自内心地感兴趣和喜爱，只可能是出于责任感而学习。

到目前为止，我见过的对学习有兴趣的人，大都是通过课外有趣的事物或途径产生了兴趣，再转向校内严肃认真的学习。我见过因为评书而爱上历史的人，也见过因为科普杂志而爱上物理的人。但谁会因为历史课本和物理课本而对这两门课产生兴趣呢？如果孩子对一门课的第一印象来自课本，那就不太可能喜欢学这门课了。他们都是出于兴趣先爱上一门课，然后才能用记忆中的趣味克服课本的枯燥。有趣，是产生兴趣的前提。

如果不是我小时候碰巧看过《凡尔赛玫瑰》和《花冠安琪儿》，我就不会对法国大革命和文艺复兴如此感兴趣；而如果我不是对这两段历史非常感兴趣，我在成年之后就不会阅读有关法国大革命和文艺复兴的大量历史和社会学的研究；而如果不是我阅读了大量东西方比较的历史社会研究专著，我就不会转读经济学博士，希望从事经济史梳理研究。

一丝涟漪就这样穿越了时空。念念不忘，必有回响。

雪绒花

□罗俊士

将你夹进书页，你却融化，洇没字迹。
哦，雪绒花，不适合存放。
我走开，其实正在回来。
不知道的时间里，有事情已经发生。
漏洞里的微尘，呼吸的话语弥漫，
飞翔，留下空白。
离你最近者，不懂何为拥有。
世界欣喜，
为你温柔的消失，啧啧称奇。

什么是『优雅』的狼性

□李筱懿

“优雅”是很多女生的行为标准，也包括我，只是，生活层次多样，单一的“优雅”应对不了全世界。

1

刚到报社工作时，我的领导非常瞧不上我，他不止一次抱怨：来了一个花瓶。

他向我交代工作，我拿着本儿认真地记，他眼睛却扫到我的办公桌：一瓶喷雾、一个补色提亮的指甲油、一面非常精致的化妆镜、一小瓶鲜花、一把骨瓷壶和茶杯，还有一个雅致瓷器的天使。他脸上浮现出明显的不认同：“明天把这些和工作无关的东西统统收掉，没有一点狼性根本做不了销售，销售是用数字说话。”他接着说，“你试试，这个月签一个不小于30万投放额的客户。”

不赘述经历了多少周折，我真签下了一份超过30万的合同，我按照自己的行为准则，优雅而挑衅地把合同轻轻放在他面前，他龙飞凤舞地在报告上签字，示意我坐下。

他说：“那时我也很斯文，工作之后才发现斯文应对不了全世界。做新闻，写曝光稿能斯文吗？你看报社谁的办公桌上摆了你那些东西？”

我想起那些优雅的摆设，确实觉得和环境有点不搭。他接着说：“女人多少得有一点‘优雅的狼性’——有‘贪’念，愿意探索新领域；有‘残’念，把困难毫不留情地克服掉；有‘野’性，具备敢拼一把的精神；有‘暴’性，不轻易放弃，不对难关温柔。把优雅和狼性结合在一起，才能适应复杂的环境。”他说完，我也服气了。

第二年，这些摆设又回到我办公桌上，那时我已经是业务标兵，业绩撑得起骄傲。

2

一百年前有个很出名的“七小姐”：近代上海第一豪门盛宣怀排行第七的女儿盛爱颐。盛宣怀是晚清重臣，洋务派领袖，被誉为“中国实业之父”和“中国商父”。

盛爱颐的身份尤其不同，她是盛府当家人庄德华夫人的亲生女儿，庄夫人出生于常州大户，精明过人，善于理财治家，她的账房叫“太记账房”，经营的盛家产业从上海、苏州、常州，直到南京、九江、武汉，极为雄厚。盛爱颐是庄夫人的心肝宝贝，当年宋子文向她求婚，庄夫人觉得他虽然长得不错，但家世一般，“父亲是教堂里拉洋琴的”，门不当户不对，死活不同意。母亲庄夫人去世后，人口众多的盛家立刻陷入财产大战，其中有一笔三百五十万两银子被五名男性继承人平分，丝毫没有顾及盛爱颐姐妹，她向哥哥们提出要十万大洋出国留学也被拒。

1928年6月，盛爱颐把盛家的五房男丁告上法庭，她在诉讼里写：法律上以男女平等为原则，明确未出嫁之女子，有与同胞兄弟同等继承财产之权。盛家的遗产官司轰动一时。如果按照普通打法，这只是平常的家庭财产纠纷，但盛爱颐很聪明地把它提升到民国初年争取男女平等的高度，引起整个社会和新闻媒体的极大关注，甚至法律界也高度重视。一个月后，法院判决书下来，七小姐胜诉，合理合法分得五十万两银子。她为中国女性的财产继承权开了先河，树了榜样。

如果只有一味优雅，亲情和面子都不允许盛爱颐打这场官司，可未来的生计是现实的。

如果只有一味泼辣，她也未必能打赢官司，胡搅蛮缠一般都没有明确结果，兄弟们请的律师也很厉害。

但是，她既优雅，也泼辣，抓住关键点，打蛇打七寸，不出恶言，不发恶声，有理有据，据理力争，为自己赢了漂亮的一仗。优雅的狼性，不是野蛮和泼辣，而是有能力表态，有实力碾轧困难，有才华打开新局面。

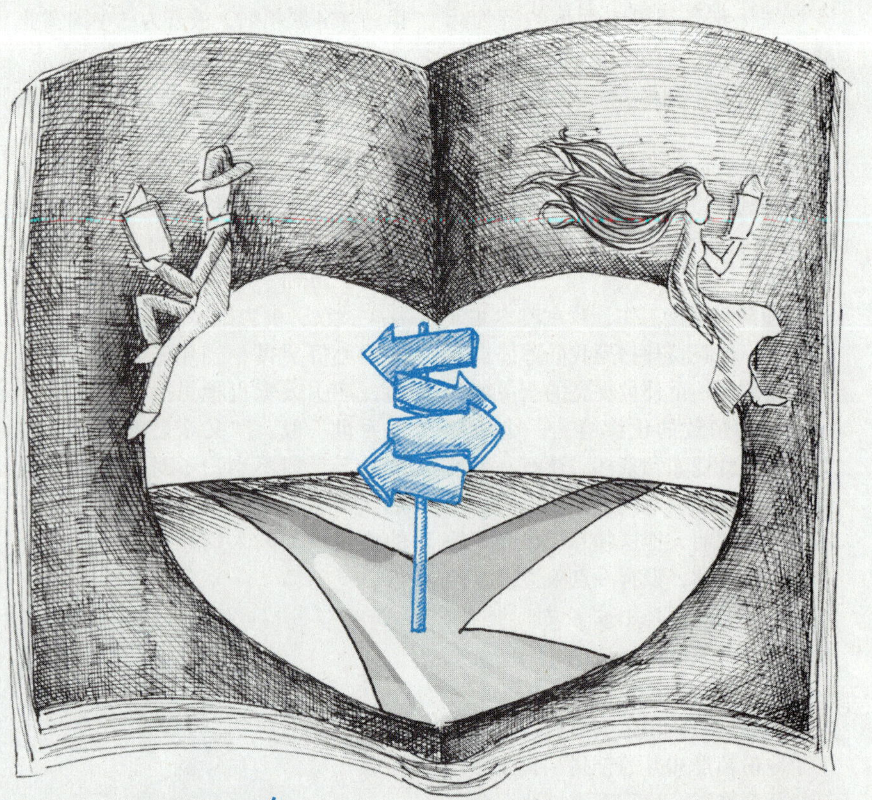

在天才和勤奋之间的选择

□刘璇

退役之后，我先是去了北大读新闻专业，其次我也做了演员、主持人、歌手。几年前，我结婚，生孩子了，最近的身份是母亲。当然我也贴近时代潮流，成了一名创业者。这些年我经历了非常多的身份，也让大家看到很多面的刘璇。我很骄傲我拥有这么多的身份，有过这么多丰富的尝试和历练。

首先我们从运动员生涯来讲吧，运动员生涯教会了我信念。

运动员的人生其实和大部分人是相反的，在你决定了你要当竞技运动员、专业运动员的那一刻，你就选择了一条“精钻”的道路，所以它呈现的是一个倒的金字塔。

12岁的时候大家正在做什么？上小学，这是小学刚毕业的时间。而我12岁的时候，拿了全国冠军。20岁的时候，我觉得这个年纪应该是最轻松的时刻，因为你们终于摆脱了高考的噩梦，这个年纪，也正好是情窦初开的年纪，可以好好享受青春的时候。而20岁的我正在备战奥运会。每天有超过10个小时的超高强度训练。那年我拿了奥运冠军，登上了大众眼里所谓的人生高峰，受到了万众瞩目。

然而，“高峰”并不容易触及，尤其是当时对于一个高龄的，参加过两届奥运会的女子体操运动员来说。我们中国的女子体操运动员退役的年龄在17岁或18岁，而且我第一次参加奥运会的时候就是16岁，本应是出成绩的时候，但在比赛前，我受伤了。更不幸的是，我独创的动作“单臂大回环接单臂金格尔”在奥运会前的一次比赛中被裁判否定了。也就是说，我们出去打仗，武器失效了。多重压力下，那届奥运会我真的比得一塌糊涂。

那届奥运会算是我运动生涯的一个分水岭。按照体操运动过往的经验，我必须要退役了，但我心有不甘，加上湖南省全运会需要我，我留了下来，准备再战一次。留下来可能根本出不了成绩，还会挤占年轻运动员的机会，很多人反对我继续练下去。

但更多的是，没有这样的先例，因为我这个年龄都已经退役了。

从亚特兰大奥运会到悉尼奥运会的这四年，我过得非常艰苦。特别是刚开始恢复训练，我不仅要面对外界的质疑、队友的竞争，还加上对自己能力的怀疑，与倒退的身体机能的对抗。

更要命的是，以前带我的教练出国了。一个运动员没有了教练，就等于没有了父母，我被迫纳入其他组，我就像一个被遗弃的小孩，被领养一样的感觉，天天都有那种无父无母的自卑感。

在这种状态下我暗暗发誓，我要比之前任何时候都努力。

悉尼奥运会时，中国女子体操正处于低潮期，而且以我当时的年龄阶段是不可能出成绩的，结果，第二次奥运之旅，我以20岁的“高龄”，拿到了平衡木冠军，并且实现了这个项目“零”的突破。

回想我的运动生涯，它赋予我的最大荣耀是一项奥运冠军，但如果没有这项冠军，难道我的人生就没有意义了吗？当然不是的！攀登顶峰，这种奋斗的本身就足以充实人的内心。人们必须相信，垒山不止，就是幸福。

退役之后，我进入北大学习新闻。对于大学生活，我可能跟在座的很多同学一样，有着很美好的憧憬。但现实很快给了我迎头一击。比起体操队准军事化的严苛管理，大学的自由和闲适让我一时难以适应。从前的我，每一天中的每一分钟，每一个小时，每一个时间块儿都是被严格切割的，我清晰地知道自己接下来要做什么，但大学就完全要靠自己了，对于宽裕的时间和充分的自由，我一时间有些不知所措。

当年，北大新闻学院还没有免修高等数学，而我，几乎没有数学基础。让我一上来就学高等数学，就像现场，我要在你们当中找一个人拎起来，到体操赛场上的平衡木上走一走，或者双杠上做个大回环一样，你们知道有多难吗？有一天，老师给我们上高等数学，那天我觉得自己状态特别特别好，我跟旁边的同学说："我好像听懂了！"特别高兴和兴奋。但老师接着说："好了，我们现在复习的是初一的内容。"当时，我真的好绝望。

第一次考试，可想而知。成绩是38分，迎接我的是补考。

这是退役后我学到的一课：虽然你是奥运冠军，但在你做学生的时候，唯一能参考的标准就是学生的标准。

在北大学习期间，我曾经利用假期参与一些外界的演艺活动，包括我的第一部电影《我的美丽乡愁》也是在寒假拍摄的。

但在学期中，我从来没有缺过课，在习惯了大学生活后，我开始重新切割我的时间，告诉自己要合理利用每一块时间，补齐我的短板。

现在，我依然延续了这种严格的方式，而且用来规范教育我的下一代。所谓的自由，从来都是建立在自律之上。

拍《女拳》时，我已经有了不少演戏的经验，但我面临的最大问题是——语言。粤语我完全不会，并且听不懂。

所以我就逼着自己学粤语，找了一位香港的朋友，让他用粤语把我的台词全部读下来、录下来，我天天听，天天练，每天只睡三个小时，硬是靠死记硬背把这些发音全部背了下来。三个月下来，戏拍完了，我也学会了粤语。

和演戏比起来，主持其实是一个更大的挑战。我有句话形容自己的个性，叫作"黄花鱼溜边走"，我非常不喜欢在一个大的场合中被人关注，就像此时此刻。因为站在这个上面，你又一次不在自己的舒适区里。

我记得第一次接主持活动，接到的是一个很简短的主持稿，其实现在看起来简单，而且有搭档。但当时我背了好久，不是因为我记不住，而是我需要练习到就算再紧张，这段话我也熟练到可以不需要大脑就能溜出来的程度。在后台，我的紧张全写在脸上，手心里全是汗，旁边的人问我："哎，几万人看着你比赛，也没见你紧张，怎么千百个人让你紧张成这样？"

因为我说，那不是我的舒适区，也不是我的专业。从内心而言，我特别不想接主持的工作，因为很辛苦，在最初也让我倍感折磨。但我学习的是新闻专业，我最开始的愿望是想要成为一名综合体育记者，这是我的必经之路。

人生不会那么幸运，每件你要做的事情都会落在舒适区里，都会是你喜欢的。有的时候就是这么巧，越不喜欢的事情就越往你身上来，逼迫着你要换一个思维角度去看问题，让你在尝试中挑战自己，看自己的能力极限在哪里。

所以，每当我接到新的工作，我都会去努力学习，花更多的时间去学习，通过学习和实践积累，积累到一定量的时候，你发现自己做到得心应手了，也就真的喜欢了。对于我来说，唱歌、主持，都是在这种心态下慢慢接受和学习的。

在我人生的前二十年里，我是一名运动员，从退役到现在，我是演员、主持人、歌手以及现在的创业者，我愿意不断为自己的人生加码，也非常享受这些不同的身份带给我的历练。我从不纠结于我应该成为一个怎样的人，我在意的是，在我努力之后，我能够成为一个怎样的人。

就像爱因斯坦说的，在天才和勤奋两者之间，我毫不迟疑地选择勤奋，它几乎是世界上一切成就的催产婆。

美　好

□姜常红

《朗读者》中董卿问黄永玉："您走过的城市里边，有没有哪个地方给您留下印象特别深的？"

黄永玉回答："福州。我在长乐教书的时候，每个礼拜都会坐轮船到福州，一上岸就直奔一家书店，照例找到放在原处的《约翰·克利斯朵夫》，看完了就放回去，花了半年时间把书看完。"后来书店老板告诉他，在黄永玉第一次来的时候就注意到他了，看到他每次寻书，每次看书，每次还书，他就决定为黄永玉留着这本书，不会卖。

黄永玉从12岁那年，就离开了故乡开始流浪。他随身携带着一个帆布包，里面除了木刻刀和木板外，就是书籍。有老人家说："你看这个孩子，他带着书流浪。"

带着书流浪，想想都觉得美好。所有流浪的记忆中都有书的影子，那个令人感到温暖和感动的书店老板也是记忆中的一部分，因为路途中有这些美好，就不觉得是在流浪。

别瞧不起写作的套路

□王　枚

我无数次地听到专家、学者、家长、老师、学生等不同身份的人抱怨高考语文写作就是“八股文”的遗毒！每每说起，他们都义愤填膺，扼腕叹息，好像因此就失去了无数优秀的作家苗苗。我承认，当我们的高考作文被某些补习机构列成表格，只需要根据题目填上相应的主题句或是换几个名词时，作文的确失去了阅读的价值。但抛开这种极端不负责任的应试教育，我总在想，写作难道不应该有一些套路吗？

写给自己看的叫随笔，你的心思你最懂，所以写给自己看的文章怎么写都行。不用有章法，更不用有套路，只要自己写得高兴就行。写给别人看的可就不行了，人家读者跟你也不熟，凭啥知道你的心思呢？你只能凭文字，把自己的写作意图明白清晰地展现给读者。

当然，也有意识流和魔幻现实主义，那样的文章需要好多好多读者专家分析来分析去，然后得出一个个模棱两可的答案仅供参考。读这些文章需要时间，捧一杯香茶靠在沙发上，用一晚上品几个晦涩但深沉的句子，的确很好。但别忘了我们写作文可不能要求老师如此评判，在短短的两三分钟里你不仅要让你的阅读对象读懂你的文章，还要让他喜欢你的文章，为你的文章心甘情愿地打高分，你说你能写意识流或是魔幻现实主义吗？

课本中《故都的秋》一开篇郁达夫写道：“秋天，无论在什么地方的秋天，总是好的；可是啊，北国的秋，却特别地来得清，来得静，来得悲凉。”这是多么明确的开宗明义！

文章杂写了很多北平的秋景，有时一段几组，有时一段一个，但怎么看怎么都不觉得乱，因为，无论是“青天下驯鸽的飞声”还是“像喇叭似的牵牛花（朝荣）的蓝朵”，无论是“灰土上留下来的一条条扫帚的丝纹”还是“秋蝉的衰弱的残声”，无论是“便息列索落的下起雨来了”还是绚烂却又短暂的“只有这枣子、柿子、葡萄，成熟到八九分的七八月之交”，都紧紧扣合着开头第一句给出的“清、静、悲凉”的主题词。

所以，景色虽杂却样样都扣着主旨。写完了景，自然要用对中国文人悲秋的议论来深化一下自己对秋的感悟，再用南国与北国秋天的对比来抒发一下自己对北国秋天的大爱。最后，作者在结尾写道：“秋天，这北国的秋天，若留得住的话，我愿把寿命的三分之二折去，换得一个三分之一的零头。”好圆合的一个回扣！

“开篇点题—段段扣题—议论抒情升华—结尾回扣。”多么熟悉的写作模式，郁达夫用这个模式写出了《故都的秋》……

咱们做阅读理解，一篇千字文放在那里，要求你在20分钟之内读懂且要做出后面的题来。你读文章的时间最多只有5分钟，而且要在这5分钟里读出作者写作的主旨、感情、手法、结构条理……没有香茶，也没有沙发，在这样的阅读条件下，你喜欢读什么样的文章？肯定是文有文的中心句、段有段的中心句、开篇知道明确主旨、结尾知道点扣升华、段落行文有结构提示的文章。这就好啦，老师读你的文章，没准5分钟都用不了，将心比心，为啥你就不能写得规范清楚点呢？

写作本就有套路，在不过分死板的前提下，套路其实是对读者的一种尊重。为了让你看懂，我采用最明白的方式来行文。写不好作文，绝不是因为套路，而是因为你在这套骨架上填的肉太难看。语言不美，立意不深当然就不好看。写作文，首先要按套路出牌，这样至少能让人看懂。在这个基础上，你去阅读，去丰富自己的语言和思想，才是硬道理。

别再瞧不起写作的套路了！没有规矩，哪来的方圆？

我们为什么需要严肃阅读

□曾于里

中国新闻出版研究院公布的全国国民阅读调查结果显示，我国人均读书量7.86本，但数据并没有告诉你的是，这7.86本书中，成功学、心灵鸡汤、营销文以及通俗小说占了绝大部分，严肃阅读仍旧非常欠缺。

何为严肃阅读？这是与消遣式阅读相对的概念。严肃阅读的前提是严肃的写作。在《伟大的传统》一书中，利维斯认为严肃文学有以下几种追求：对人性足够深刻而又充满同情的理解；对现代性的警觉；语言须能精致准确表达出想要表达的对象；完整流畅的整体结构。换言之，与通俗读物的好看好读好懂不同，严肃写作的意义在于刷新和重建，它“保存着对世界、对生活个别、殊异的感受和看法”，要为读者带来新的发现。严肃写作需要的是严肃的、有抵抗性的阅读，它不仅挑战读者的阅读耐心，更挑战着读者的认知体系和价值体系。

2016年有媒体对比了中美著名大学的图书馆借阅情况，美国十所高校综合排名的前几名分别是柏拉图的《理想国》、霍布斯的《利维坦》、马基亚维利的《君主论》、亨廷顿的《文明的冲突》等，而中国几所著名大学普遍上榜的是《明朝那些事儿》《盗墓笔记》《从你的全世界路过》《藏地密码》等。5月清华大学也公布了该校2016年度本校学生借阅排行榜，前十名分别是《明朝那些事儿》《三体》《天龙八部》《平凡的世界》《冰与火之歌》《围城》《鹿鼎记》《笑傲江湖》《数学分析习题集题解》《倚天屠龙记》，上榜的书籍仍旧以通俗类和工具类书籍为主。顶尖的高校尚且如此，坊间更不必说了，这些其实都预示了一个长期存在并愈演愈烈的现象：严肃阅读并不受欢迎。

实用主义者也许很难理解，为什么美国高校大学生借阅最多的书籍会是《理想国》《利维坦》等大部头、难读又难懂的古典政治学和哲学书籍。他们往往无缘感受到严肃阅读带来的真正的“力量”。比如通过文学阅读，培养个体交流与参与的能力，以及欣赏美好事物的能力；通过哲学阅读，培养反思与批判的能力；通过历史学阅读和政治学阅读，培养深厚的历史感以及现代视野……

如今是个“刷”时代。刷抖音、刷微信、刷淘宝、刷新闻、刷热点、刷阅读量……很多人的确是在“刷”当中开始一天，又在“刷”当中结束这一天。信息的碎片化，深刻影响着人们阅读的耐心和专一程度。一旦我们习惯了用互联网传播信息的方式来阅读信息、获取信息，并对其产生依赖，这时如果让我们安静地坐下来读一卷《理想国》，它就会变成一件费力挣扎的苦差事。

移动设备深刻改变了阅读的中介，纸质书籍的没落甚至消亡日渐成为一个醒目的话题。最早是抱着一本书正襟危坐地翻看阅读，到后来可以在PC（电脑）端或者Kindle（电子阅读器）上阅读，到现在，小小的手机就可以满足我们的阅读需求。许多电子书城的储存容量并不逊于一个实体图书馆，我们可以随时随地打开手机阅读：走路、等公交、上厕所、会议中、逛街、排队、吃饭……几乎任何你的手可以拿出手机的时刻，你都可以进行阅读。

“随时随地、无时无刻”自然是方便快捷，可这种快捷也破坏了阅读的仪式感。阅读的仪式感，并不一定是“焚香沐浴、品茗闲吟”，它指向的是阅读这一行为的“平心静气，全神贯注，聚精会神”。就像尼尔·波兹曼在《童年的消逝》一书中描述的：“学习阅读不只是一个简单的、学习‘破解密码’的过程。当人们学习阅读时，人们是在学习一种独特的行为方式，其中一个特点就是身体静止不动。自我约束不仅对身体是一种挑战，同时对头脑也是一种挑战。句子、段落和书页一句句、一段段、一页页慢慢地翻开，按先后顺序，并且根据一种毫不直观的逻辑。”

但现在，坐在马桶上的三五分钟时间里，你都可以打开十个不同的公众号，简略翻看十篇完全不同类型的文章，不需要顺序，也不讲求逻辑。手机阅读成为对时间的打发，成为一种纯粹的休闲和娱乐。

严肃阅读关系着逻辑和修辞传统的习得，关系着娱乐与严肃的边界，甚至关系着愚昧与开明、专制与自由的博弈，有学者甚至认为，严肃阅读的存亡，关系着人类文明的存亡。这或许不是危言耸听。我们自不是反科技、反数字阅读、反消遣式阅读，我们在享受非严肃阅读的便利、轻松、愉快的同时，却没有对严肃阅读的逝去保持应有的警觉。

730分的真学霸：没上过培训班，自创学习方法

□张雅婷

“有点惊喜，没有想到有那么高的分数。”6月23日中午，广西南宁二中高三（6）班学生杨晨煜看到了最终的高考分数——语文140分，数学150分，英语150分，理综290分，总分730分。杨晨煜的理科卷面分、总分均是广西最高分，该成绩创广西恢复高考以来理科总分最高分纪录。

除了学习好，运动书法都在行

如何做到“容易拿满分”？在学业上，杨晨煜没有参加过校外培训班，他总结了自己的一套学习方法——善于总结归纳及时间规划。在他看来，需要对平时的练习、考试及老师的讲解进行总结和归纳，分类整理，形成自己掌握的解题技巧与方法，通过不断练习来完善。能够抓住老师讲课的重点进行归纳总结、举一反三，而不是一味地照搬。

时间的规划也很重要。“不管是长远的一个月，还是一周甚至每一天的时间安排，都需要计划，有重点、有监控，反思自己哪方面做得好，哪方面还要加强。”杨晨煜说，会将学习计划细化到每一天的各个时段。谈及日常作息，杨晨煜表示，与大部分同学差不多，早上6点40分起床，中午休息半小时，晚上基本在12点之前入睡。“晚自习10点15分下课，杨晨煜一般都学到11点左右，教室快熄灯了才离开。”陈文说，其实按他的成绩完全不需要学那么晚，但他已经养成了习惯，一定要把当天的学习任务完成。

在学习上勤奋、刻苦，但杨晨煜并不是两耳不闻窗外事的“书呆子”。“他的书法也很好，班上的宣传标语都出自他手。”陈文眼中，杨晨煜并不只是埋头读书的人，对班级事务、国家大事都很关注，兴趣爱好同样广泛。他曾任学校羽毛球社的社长，也是班上足球队的队员，参加学校足球联赛还获得过亚军。高考前，杨晨煜也会每隔一天去操场跑步，“学校的社团活动很丰富，大家抽课余时间去参加，这方面需要自己做一个平衡”。

“学习不全是快乐”，父母并非名校毕业

在高考成绩公布后，网络上关于杨晨煜一家都是“学霸”的说法也流传开来，称其父母均毕业于清华等名校。关于网传全家均毕业于清华大学等名校的说法，杨晨煜予以否定。

他的家庭教育氛围宽松，父母没有施加太多压力。对于“学习使我快乐”的观点，杨晨煜笑言，学习不全是快乐，过程中有很多的辛苦和挫折。从小学到高中，杨晨煜的成绩一直名列前茅。他认为靠的是一贯的努力，“希望通过自己的努力来实现更好的人生，所以就一直坚持这样，对自己有更高的要求”。

憧憬大学生活，属意清华或北大

对于憧憬的大学生活，杨晨煜的重点仍旧放在学习上。“大学里有很多有名的教授，希望能够得到他们的指点。在这些优秀导师的引领下，会找到自己今后更加明确的方向。”杨

晨煜属意的学校是清华大学或者北京大学。在专业方面，他对数理、信息学，包括人工智能等领域都感兴趣，“日常有关注相关新闻，看好行业未来的发展”。面对已经到来的暑假，杨晨煜希望能在英语口语等技能方面进一步提升自己。

“黄沙百战穿金甲，不破楼兰终不还。”这是杨晨煜在高考前最后冲刺动员会上写下的诗句。王昌龄的《从军行》诗句是杨晨煜对自己的勉励，也是他对学弟学妹们的鼓励，“希望激励大家一定要坚持到底，最后才能实现自己的梦想”。

听了一万种学习方法，但我还是没有成功

□壹拾伍

表妹来找我的时候气呼呼的。“姐，你有没有什么学习的好方法啊？我妈为了让我学习，这个期末每天我写作业的时候，她就坐在旁边看着我，我每天都学到十一点半！结果我期末不仅没进步，还倒退了3名！她就给我制订了一个学习计划表，让我一天学习12个小时！假都不给我放了！”

看着她一脸委屈又郁闷的样子，我没忍住笑出了声。

“你是不是我亲姐啊，你还笑！”表妹生气地瞪了我一眼，“认真点，快给我讲讲，英语单词、语文课文到底怎么背啊，还有数理化错题怎么整理啊？我都快被烦死了！”

“就那么背啊，背书还能背出花来不成？”

“不应该啊。”表妹嘟囔着，“我看网上都说背书要根据‘艾宾浩斯曲线’来背，做笔记、整理错题，要用‘康奈尔笔记法’。姐，这些管用吗？你以前用过吗？”

我当然都用过啊！

我知道背单词要符合记忆曲线，我看过10天搞定四六级，17天搞定GRE（美国研究生入学考试），30天搞定英语学习……别人根据这些花费了多少时间搞定了英语我是不清楚，但我自己，一直到现在还在跟英语死磕。还有这个名师笔记法，那个清北错题集，我也都潜心研究过，即使到现在，疲于准备语言考试的我，还在孜孜不倦地搜罗着网上各式各样的攻略帖。

这一位，托福10天上了110分，他觉得单词最好不要用手机软件背，容易分神，背着背着就刷起了微博、知乎；另一位，托福首战105分，阅读满分。讲到背单词经历的时候，说全靠某某软件自己设定的复习提醒，才能有周期地复习完所有单词；还有一位，总分直逼满分，表示自己一直都用Excel（电子表格软件）背单词，自动排序，忘了的单词就在序号上加一，这样自己忘记的单词一目了然；还有更厉害的，展示了自己几本单词书的照片，表示自己背一本撕一本，背完了市面上所有的单词书……

我们都听过一句话：工欲善其事，必先利其器。因此我们对他人的经验总结、高分攻略充满热情。我们总是觉得如果没能在某些事情上取得成果，那一定是我们的方法不对。那么，有了攻略指点迷津的我们，一定可以复制对方的成功。结果却仍旧不尽如人意。于是，我们开始质疑，是不是这个方法不适合我们？于是开始尝试另一个方法。

学习方法虽然可以提供给我们最高效、快捷的办法，来解决我们在学习过程中所遇到的、无数前人也曾遇到并已经为我们解决了的问题，好的方法可以帮助我们少走弯路，但它不能让我们不走路就到达目的地。通往成功的路有千千万万条，有的可以一眼看到终点，有的却十分曲折。效仿前人的学习方法，可以帮助你选择那千万条路中最轻松、高效的一条，却不能代替你走完这条路。你所需要做的，就是在吸取了别人的学习经验以后，认认真真地实践摸索，最终走出属于你自己的那条路。

抱着你的名字取暖

□海　桑

大地一清二白
比天空更明亮
如果有树
树上无须有叶
如果有人
也只会独自沉默
你的背影融化在我的眼中
留下我
抱着你的名字取暖
雪，纷纷大起来

我的中学时代之帅哥老袁

□紫健 Emily

作为一个偏科偏到令人发指的乖学生，我的整个学生时代都在与数学做着艰苦卓绝的斗争。

我的高中是一所数得上的省重点，可山东的高考总是很让人感慨。学校看似青山绿水，其实像一座小型监狱，谁念谁知道。早晨6点多就会开始一门考试，晚饭后要上5节晚自习。晚上10点下课，写完作业随随便便就到了12点，就这样还有想偷偷努力背会儿知识点的同学。早上5点起床，6点出门，日复一日。高一拜理科所赐，班里60多人，我一般排在15名开外。

高二文理分科，情况好了很多，可数学对我来说依然“阴魂不散”。爸妈曾祈祷了好几天，希望我新的班主任是一位严厉的数学老师，好督促我学习数学，直到老袁踏进教室声明领地的那天才作罢。

班主任老袁，28岁，语文老师。虽然我们叫他老袁，可他算是教过我的很年轻的帅哥老师了，他的长相神似严宽，身高一米八，板寸头，五官分明。虽然人长得帅，却比家里的长辈还要婆婆妈妈。

老袁表面上文质彬彬的，可总给我们传授一些“糟粕”复习法，比如见我们课间喝牛奶、吃煎饼馃子，就敲着黑板说：“我觉得边吃饭边看知识点这个习惯很好！知识点可以就着饭吃进肚子里，你们要好好利用碎片时间！”以至于后来我每次吃饭时如果手边没有几个写着文综知识点的小字条，都会觉得少了点儿什么。

那会儿学校有一场声势浩大的抵抗食堂运动，第一把火就是由我们班点起来的。

学校有3个食堂，菜做得又油又咸，刚开始的几个月觉得很治愈，一段时间后便味同嚼蜡，顿觉人生一点盼头也没有了。在封闭式的环境里，我们唯一的小期待不就是在饭点儿食堂供应的那一口热饭吗？

咋办呢？我们班选择了集体抗议。班长牵头，学习委员写抗议书，全体同学都不去食堂吃饭，到了饭点儿就留在教室里静坐。饿得实在忍不了的去买泡面或者从家里带点儿饭，周围的同学一起分享。现在想想那时的我们幼稚得可笑，可这是唯一的办法了。吃都吃不好，哪里还有力气读书啊！既然吃不好那索性书也不读了。

我们把抗议书贴得校园里到处都是，还鼓励邻班同学加入我们，这把抗议的火果然越烧越旺，不到一下午，8个文科班都不去食堂吃饭了。凭啥花了钱还不让我们吃口满意的？

老袁知道后，忧心忡忡地叫班干部开了个小会，又用了一节语文课苦口婆心地劝我们要好好吃饭，还喊出那句“努力加餐饭”的口号。学生的抗议很少有成功的，不过食堂的口味的确是略变清淡，尽管价格没怎么变。后来听说老袁在教师会上被点名批评了，我们班那年也没评上优秀班集体，估计和这件事有很大的关系。

但这件事过后，班里的同学倒是对老袁多了一分欣赏，觉得他表现得很男人。我也这么想。

人总是经不起表扬，没过几天，我见到老袁时就特别尴尬，因为他无意中发现我喜欢我们学校的“男神”。

学校另一大劳逸结合的运动，就是课间跑步——每个班级整齐列队，浩浩荡荡地绕着操场跑上几圈，足以让每个人热血沸腾。我们文科班有一大特色，就是跑步的时候，每个人都会随手拿着小字条，上面密密麻麻写满了知识点——这是老师们想出来的方法，说可以边跑步边记忆，不断地巩固学到的知识。我当时字写得不错，笔记又记得认真，经常有同学复印我的字条跑步时背诵。我做过的最勇敢的事，就是为“男神”写了份笔记送过去，与“男神”目光交汇的那一刻，他微笑着收下还说了声“谢谢”。这时上课铃声响了，我们匆匆告别，转过身，我那一脸窃喜的样儿正好被老袁撞了个正着。

苍天啊，空旷的操场为什么没有一道地缝？老袁显然也很尴尬，忍住笑走近我，故作严肃地说了句：“赶紧回去上课吧！”

想来，那真的是我学生时代为数不多的尴尬时刻了。

无独有偶，一次市里的作文大赛，学校很重视，我和“男神”两个被选作学校代表参赛。比赛前有几次突击演练，老师随便说主题让我们快速作文。拥挤热闹的语文组办公室里，老师们聊天“吐槽”这届学生有多不争气，我却只能听到自己的心跳。那天练习结束后已到晚饭时间，“男神”突然对我说：“紫健，一起去食堂吧。”

感谢自己这个不曾被重视的特长，即将促成我和他的第一次“约会”！我们下楼时一前一后保持着不被“八卦”的距离，可是，向打饭窗口走近的那一刻，我看到了熟悉的身影——老袁。

他若无其事地走到我们身边，云淡风轻地说：“你们也在啊，那一起吃吧。”

自此，我对老袁的敬佩都化为满腔仇恨。

我真的恨过他，比如他知道我们班数学成绩低，就和英语老师协商，把很珍贵的英语早自习改成数学习题课，害我每天早上6点半到教室后必须狂做一个小时的数学题——做完一对答案，连早饭都吃不进去了。

他真的很热爱文学，讲到鲁迅的时候语气像个老爷爷，一遍一遍地给我们解读他最爱的《祝福》，再附加很多背景文章一起感受。若遇到不喜欢的课文，他就会画完知识点后一带而过，爱憎分明。对了，很加分的是，他写得一手好粉笔字。我小时候也跟着爷爷练字，这么多年，爷爷的字第一，他的可以算第二。

后来，我考上了一所还不赖的大学，如愿读了中文系。当看到古代文学史的老教授面不改色讲满两小时的时候，我恍惚间好像看到了老袁的身影。我想，老袁这样的人，或许更适合这样的课堂吧。

可那时我每天都很着急，着急听课，着急背单词、考GRE（美国研究生入学考试），不太满足于学校的氛围，着急去看看外面的世界，高中那几年的事儿好像被点了穴一样，被我遗忘了好多年，包括对老袁的记忆。

再后来，我如愿去了美国。我发现教授们对学术的热情和专注是一种常态，对老袁的记忆好像又被唤醒了，好多次我都想隔空给他鼓掌，也好像一头扎进时光隧道，和年少的自己劈面相逢。只可惜，当时的我总是觉得自己不够好，不高不瘦不漂亮，带着一丝稚气，天天把数学看得比什么都重，还沉迷于做梦。

那年高考结束后，我们一群玩得好的同学请老袁去吃那些年很火的巴西烤肉，他很有原则，只准我们喝汽水，说喝酒还没到时候。

“老袁，谢谢你给我充足的时间学数学！”我敬了他一杯橙汁。

“好好写文章，等着将来看你出的书！”老袁对我说。

后来我真的出了书，可并没有寄给他，因为我觉得写得还不够让他指点或者纪念的程度。前不久听老家的同学说老袁依然在教书，也在报刊上发表了一些文章，不禁很佩服。这些年也看过了太多徒有其表的才华横溢，才从心底更欣赏那些笨拙的坚持。在这个瞬息万变的时代，能够对自己热爱的东西矢志不渝，其实是难能可贵的事。

真的如此吧，有些时光就像卤水点豆腐，一刹那就是一生。年少时总以为很多事是可以重复的，做了这次还有下一次，比如在书山题海中抄作业，跑操时看喜欢的男生，和同学在课堂上传字条——其实不是的，那些寻常早就是此生的最后一次。

生命里的一番厚重，往往当时不自知。

深夜的雪（节选）

□［日］高村光太郎

瓦斯炉里温热的火
发出细小微响，
门窗紧闭的书房里
电灯静静照着略带倦意的我们。
傍晚的阴云变成了雪，
适才打开窗
已是雪白一片，
地上，屋檐上，还有我们的心里
都堆积着无声的雪的分量，
那柔软的重量，包裹着快乐
世界屏息凝视，睁开赤子之眼。
“看啊，雪积了这么厚了。”
远处传来隐隐叫声，
还有啪啪啪，磕木屐的声音。

接下来是沉默的夜里十一点，
话聊完了
红茶也喝腻了
我们只是手牵手
侧耳倾听寂静世间深藏的心，
看时间慢慢流逝，
微微出汗的脸上满是安宁
准备好接纳一切一切，人的感情。

普通人才讲道理，高手都讲故事

□罗辑思维

故事，我们从小就听。真正的高手，三两句话就能直抵人心。但其实好故事都是套路，有一套人人都能掌握的公式。

很多成功者都是讲故事的高手，比如乔布斯。举个例子，研发麦金塔计算机时，要优化开机时间，怎么办？乔布斯是这么说的：至少500万人用我们的电脑，假设每台省10秒，一天就省5000万秒，一年就是3亿多分钟，相当于十个人的一生。为了拯救这十条人命，请加把劲吧。结果，工程师被打动了——开机时间一下子被缩短了28秒。开机时间和人命，完全不搭边，但绕过事实，直抵内心，这就是故事的力量。

一个完整的故事，按主人公的经历可以分为七步：目标、阻碍、努力、结果、意外、转弯、结局。比如，随便举个大家都熟悉的例子——《西游记》。目标：西天取经；阻碍：历经各种磨难；努力：战胜各路妖怪；结果：取得经书；意外：四人落水后发现是无字经书；转弯：返回灵山理论一番；结局：取得真经，返回大唐。

如果时间有限，没法长篇大论，怎么讲个好故事？给你两个方法。

第一种，讲一个“努力人”。塑造一个不懈努力的主角，克服重重困难，最终实现目标。比如爱迪生造灯泡，尝试1600多种材料，用了好几年，终于找到合适的钨丝。普通人逆袭的故事，天然就有很强的吸引力。

第二种，讲一个“意外人”。朝目标努力的过程中，出现意想不到的收获。

如果只能用一句话，怎么讲好故事呢？再教你个方法——适度“偷换概念”：把所说的对象，换成能引起对方共鸣的事物。

再举一个乔布斯的例子，当年苹果公司需要一个新CEO（首席执行官），乔布斯相中了百事可乐的高管斯卡利，他只用一句话就打动了对方：“你是想卖一辈子糖水，还是想改变整个世界？”这就成功偷换了概念：苹果公司是改变世界，百事可乐是卖糖水，哪个诱惑更大，自然不言而喻。

把要讲的故事，和听众做勾连，让他觉得这是自己的事。因为与自己相关的东西，天然更容易引起人们的重视；而与自己没啥关系的东西，往往被忽视。

讲故事的更高境界，是重塑一个事物的认知价值。所谓认知价值，就是“一个东西在人们心中的形象”。它是什么不重要，人们认为它是什么才重要。

比如耐克公司，名字源于古希腊的胜利女神，这就成功地赋予了品牌“英雄、胜利、热情”的灵魂。而它的代言人如科比、李娜……无不在用自己的故事强化这个认知。这，就是真正的营销高手。

教你六秘招马上“终止拖延”

□佚　名

“爱拖延”已成了许多现代人共通的毛病，究竟该如何提高自己的效率与生产力呢？

1.替自己每天设定三件最重要的目标，但不要超过三件，以免造成心理负担，反而会想要逃避。

2.将很难的事情简单化，把一件大事拆成许多小事来完成，一天做一点，总有完成的时候。若是因为觉得太难而不去做，反而没有完成的一天。

3.一天的开始先做简单的事情，如洗澡、泡咖啡等，当简单的事情被完成后，大脑就会觉得已经进入状态，接下来再开始实行最重要的三目标。

4.使用“番茄工作法”，例如工作二十五分，就可以休息五分，六个循环后再一次大休息，不让自己工作时间过长。

5.诚实记录完成一个目标所需的时间，不要一次给自己定下太高的强度，诚实的记录也可以确保后续行程不会被延误。

6.减少让自己分心的因素，提高专注力。例如可将手机调成飞行模式，拒绝任何干扰，或下载一些软件，暂时将自己爱逛的网页给锁住。

被人讨厌并不可怕

□陈思呈

哲学家钱德勒说一切烦恼皆源于人际关系，有时候觉得这真是一件悲哀的事。世界那么大，宇宙那么无垠，黑洞的照片都出来了，但我们的眼睛，却依然总是盯着身边这些鸡毛蒜皮的事情，我们的注意力，也总是无法免俗地聚焦于别人如何看待自己。日本诗人小林一茶写出了无数清丽绝俗的俳句，那些诗句里，竟然有这么一句：“飞雁们，咕哝咕哝地，聊我的是非吗？”唉，这么诗意的一个人，也担心被传是非。所以，凡夫俗子如我们，担心被非议，担心被孤立，是再正常不过的事了。

近期孩子在学校里遇到了对他不友善的人，问我怎么办。我并没有很好的办法，却想到了自己有过类似的经历，是在我刚上大学的时候。

那是我第一次离开家乡的小城，到另一个城市生活；那是第一次住集体宿舍，而不是住在家里。我第一次必须24小时与一群陌生的伙伴相处，完全无法确定与她们是否投缘。

我妈对此比我还焦虑。她给我准备了两个巨大的箱子，塞满了她所能想象到的、全部生活的必需品，箱子外面还用油漆写上我的名字。在她的想象中，这些物品可以让我未知的日子尽可能安定。殊不知，这两只庞大的箱子以及箱子上面充满戒备的名字，令室友对我非常反感。我妈甚至在我们宿舍住了一个星期，因为她要亲自感受我将要遇到的所有日常。一星期后，她带着她的焦虑回家了，我却发现，自己被孤立了。

那一个星期是同宿舍七个陌生女生互相熟悉的黄金时光，因为我妈的在场，我错过了与她们互相熟悉、建立情谊的过程。我成为一个局外人，不知道她们这些天关心的是什么，不知道她们如何聚在一起议论辅导员的性格、隔壁宿舍的卫生。人群中往往需要一个异类来作为话题，增加彼此的亲密感，而我，就成了那个异类。

曾经被孤立过，使我能深刻地理解人的心理。我明白了人性的残忍，也就是，人们会因为一个随机的缺点，一个偶然的机缘，就把你踢出局，让你成为人群的对立者；人们需要这种敌意，仿佛一点调料，来让他们的友谊更有味道。我曾经非常害怕被孤立，但后来我回想，被孤立的时候，是我读书最多、工作最有效率的时候。人群是温暖的，但同时也是拖累。被孤立并没有那么可怕，有的人之所以恐惧，原因在一本叫《被讨厌的勇气》的书中写得很清楚：“不想被别人讨厌，这对人而言是非常自然的欲望和冲动，哲学家康德把这种欲望称之为倾向性。对于很多人来说，仅仅是被讨厌这件事本身，就是一个可怕的印章，它意味着一种终极失败，你的一切价值很可能因此而归之为零。”

这本书对此提出一个明确的说法：自由就是被人讨厌。当你被某人或者某些人讨厌，这是你行使自由以及活得自由的证据，也是你按照自我方针生活的表现。如果有人讨厌你，那不是你的问题。被他人讨厌的人，客观上也得到了很多的自由：时间上的自由、行动上的自由。我前面说到自己在被孤立时的高效阅读正是这个证明，在高效和高密度的阅读中，有一些抽象的人陪伴了我，他们是书上的人，比身边的人更智慧，他们与我交换着能量，并缓慢地让我意识到，我更大的舞台不在这里。

要在更广阔的天地里寻找自己的位置。实际上，我们每个人都属于多个共同体。如果你在一个集体里被孤立，说明你不属于这个集体，你可能属于更广大的集体。如果在这个共同体里面没有归属感，我们需要做的就是置身事外，寻找更大的共同体。

我和头发的战/争

□姚金柱

17岁那年，我读高二，青春的印迹在我身上开始有所体现，胡须初露峥嵘，头发浓密乌黑，在激素的作用下汹涌澎湃。我的兴趣在此时发生了转移，从此拉开了我与头发多年的战争。

彼时，F4（偶像男团）正在青年群体中攻城拔寨，已呈燎原之势，他们的过肩长发，让男生羡慕不已，这场有关头发的革命风暴开始席卷课堂内外的青年群体。不知从何时起，男生开始蓄起长发，花样多变，造型百出，但大家却小心翼翼地维持着一个度，不越过学校三令五申的仪表红线，又不至于让自己缺少青春的美感。这种恰到好处的拿捏，至少在我们看来是及格的、成功的。如雨后春笋般，各式发型在拥挤的教室内次第开放，毛碎、偏分、蘑菇头，或长或短，或人为干预，或保持原生态，与女生过肩瀑布般的长发组成一种头发争鸣的景象。

我多余的青春活力在此时一下子找到了出口。我不再觉得学业繁重、日子难挨，爱美之心被唤醒后，开始一路狂奔。

我的头发浓密且发质偏软，一阵微风吹过，或是在走路的起伏颠簸中，刚刚定好的发型又散乱不堪。它们有着不可拆分和驯化的基因，在我精心摆弄，对着镜子鏖战多时，心满意足地展现自己的成果时，一晃头或是几个来回走动，一切又恢复原样，或呈蓬松状。鉴于此，我一般会借助外力使它们臣服，用清水做辅助，把它们维持在理想的状态。可能是它们见清水太过廉价，在归顺了一两个小时后又回到散兵游勇的状态，害得我只好再次镇压，如此再三，最后难免不了了之，随它们去吧。

自那以后我踏上了毛碎的探索之旅。我忍饥挨饿，怀揣着节省下来的五元钱来到镇上的一个理发店，向店主说明来意。店主一副胸有成竹的样子，拍拍手便开始工作。但事实证明，这只是一场美好的希冀。在我表达不满，理发师二度修剪之后，我顶着平头造型悻悻而归。

鉴于此，我唯一的希望只能寄托在母亲身上。事实上她并未学过美发，只是在我们兄弟二人头发过长时，软硬兼施地将我们按在椅子上，遭受她的“折磨”与“摧残”。当我主动“羊入虎口”，求母亲帮我剪毛碎时，她先是一脸惊诧，继而果断摇头。一是她不明白毛碎为何物，无从下手；二是我年龄渐大，已不再是那个俯首帖耳、唯命是从的孩子，一旦理得不如意，难免母子怄气。

她找来邻村的大伯——他是一个老剃头匠，平常专门帮村里人剃个平头或光头之类。我竭力表达自己想要的效果，可那把推剪在他手上总是不听使唤，并一直朝着反方向用力。场面一度中断并僵持不下，母亲很是过意不去，但碍于大伯在侧，又苦压怒气不好发作。我看着镜子里不伦不类的头发，愤然说了句“还不如光头好看”。谁知听者有心，竟把气话当成真话，三下五除二……光头对他来说太过得心应手。

周一当我顶着锃明瓦亮的脑门出现在教室时，全班一阵哗然。大家仿佛发现了一个瑰宝，眼神齐刷刷地射向我。有的架不住光头的吸引力，伸手抚摸，体会手感。我仅剩的一点自尊在泰山压顶的舆论攻势下荡然无存。从此我又多了一个外号“卤蛋”。直到两个月后，头发再次及耳时，“卤蛋”的外号才逐渐式微。

直至高中毕业，我再也没有勇气去尝试新的发型，只能尽量保持它的原生态。

我是你发卡上零星的斑点

□鸥飞廉

我是你发卡上零星的斑点
是你路过林间飘下的落叶
是你抬头时划过眼睑的电线
是你归途无意带上的雪花
是你耳闻目睹故事里的一个标点
是你欢愉过后
需要打发的多余时间
我是你回望刹那的闪念
是你紧握双手依然无法阻止流出
指尖的沙线
是你千山万水后的春梦了无痕
是你曾经的希冀死灰复燃
是你做出选择的对立面
是你不可描述的那些生活片段

6 眼中有光，才能活成想要的模样

人生的高度取决于你为自己设定的限度，人与人的差距从表面看似乎是智商、情商、能力的差距，长久看来是眼光和格局的差距，如何选择，决定未来的方向。人生就像盒子里的巧克力糖，你永远不知道下一颗是什么颜色。即使无法预知下一步，但是从这一步开始，你就要为之后做好打算，这样才可能稳定地走好未来的每一步。

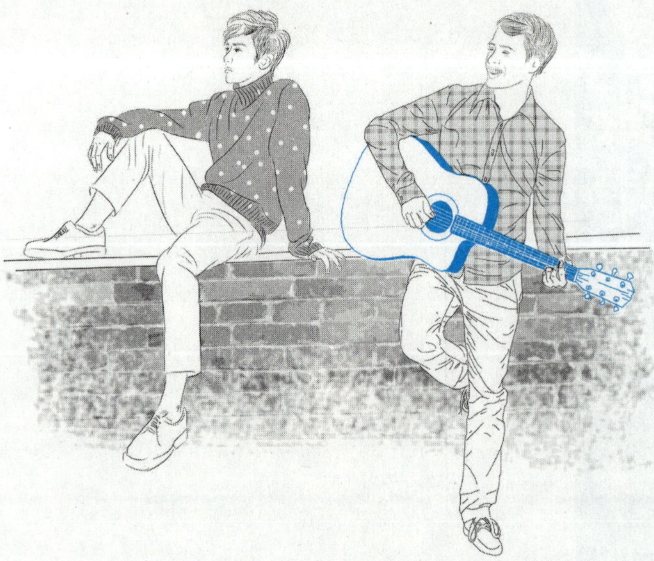

早起的鸟儿有虫吃，那早起的虫呢

□Harps

俗话说：“早起的鸟儿有虫吃。”这句话常被用来劝诫人们早起。不那么顺从的小孩会反驳：“如果自己其实是一条虫子呢？那早起的下场岂不是被鸟吃掉？”如果自己家的小孩这样问，家长不该动气，不该责怪他们不听话，而是应该赞赏他们拥有从多个角度思考的能力，并初步理解了矛盾的利益关系。虽说如此，早起上学还是不能耽误，在某个阶段就必须遵守该阶段的制度，直到离开那个阶段为止。

早起可能是小孩最先接触到的长大的苦味。从3岁上幼儿园开始，小孩就要跟大人差不多同时起床，迷迷糊糊地梳头、洗脸、吃早饭，被塞进童车或私家车或公共汽车，一路摇晃着被载到校园，度过一整天的集体生活。

早起的小孩苦，父母更苦。要收拾自己上班和孩子上学的东西，整理衣服鞋袜，准备早饭。配合默契的父母，常常是一个照顾小孩吃饭，一个帮小孩整理东西甚至梳头、扎辫子。小孩身不由己，被齿轮一样高速旋转的时间挟带着，对成年生活的阴影就这样一点点越积越深。对不喜欢早起的小孩来说，周末不必有别的娱乐活动，只要不用按时起床，不必目睹父母慌慌张张地在闹钟的催逼下起床忙这忙那，就是愉快的假期了。

电影里的清朝皇帝，天不亮就有个太监在窗外拉长嗓子喊“黎明即起，万机待理”。导演可能考证过，不然这样大胆的讨嫌举动哪个太监敢做？只怕皇上生起气来，会像《一千零一夜》里的暴君一样，每天砍掉一个“人形闹钟”的脑袋。皇帝的日常起居每一样都有记录，非常不自由。

王维写“绛帻鸡人报晓筹”，说明唐朝也有人一早叫皇帝起床。平民百姓起得更早：“丑末寅初，日转扶桑”，一天星河还没有熄灭，赶路的人已经上了路，打鱼的人已经下了河，念书的学生忙上学堂，绣房的佳人在巧梳妆。在没有电灯的年代，夜晚的照明手段都光线微弱，又十分昂贵，无论是耕是读都得靠白日的光亮，所以说“一日之计在于晨”，无论是鸟是虫，大家都赶在早上忙活。

早起就像锻炼，虽然明知对生活有好处，也难免不情不愿。偶尔放纵自己或者放纵别人一次，在应该早起的日子里睡懒觉，会有悬崖撒手的幸福。

有一天早上7点，闹钟响了，1岁多的宝宝还在酣睡，两排长睫毛像小飞蛾停在鼻梁两侧，小嘴被胖腮帮压得微微张着。妈妈去给他热了一瓶牛奶，他没睁眼，抱起奶瓶喝完继续睡。妈妈拉着他的睡袋把他拖向床脚，打算把睡袋给他脱下来。哪知一松手，他就一声不响地沿直线爬回自己的枕头旁，仿佛什么都没发生过。面对这个坚定的小孩，我们这对不坚定的父母瞬间就屈服了：睡吧，孩子，反正以后早起的日子还多着呢。

能成事的人

□罗振宇

1875年8月4日，安徒生在一个商人朋友家里喝完早茶，觉得不舒服，在床上躺下，然后就去世了，享年70岁。

在去世前不久，他的身体就已经非常不好，有一位音乐家就说，我要给你专门谱写一个葬礼进行曲。

安徒生就说，我写了一辈子童话，给我送殡的人，多数会是小孩子。你写的这个进行曲，它的节拍，最好能够配合小孩子那种细小的脚步。

看到这个细节，我很震撼。一个人一辈子能做成一件事，一定是因为他精神世界的每一个角落都是这件事，甚至包括葬礼的细节。

一个人一辈子，如果真的做成了一件事，也一定体现为：在他的葬礼上，人们也不能忘了这件事。

葬礼的安排，其实是一个很好的验证。

既能验证你为什么做成了它，也能验证你是不是做成了它。

当孩子开始“讨价还价”

□卢丹丹

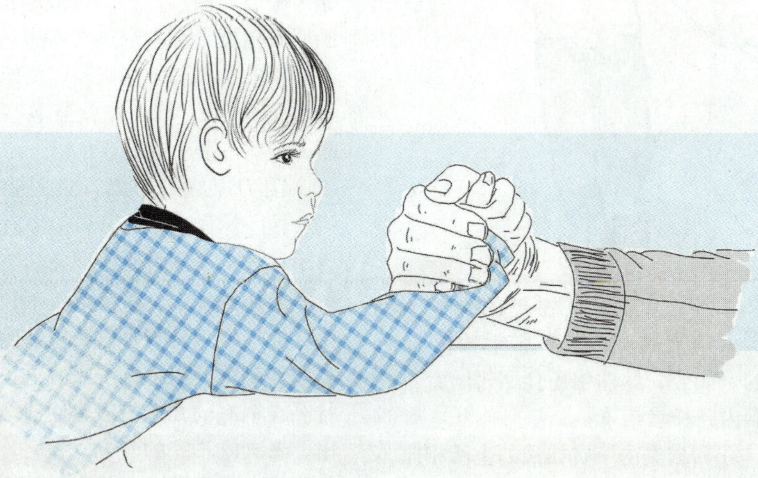

9岁的豆豆越来越想掌控自己的生活，比如，什么时候写作业、什么时候睡觉、交什么样的朋友、玩多久的电子游戏等。于是，我们召开了一次家庭会议，达成了很多家庭约定，比如，每晚9点上床睡觉，周末两天可以玩两个小时电子游戏等。

原以为，双方在公平友好的前提下达成的约定，可以让我们相安无事，但挑战很快就来了。一天晚上，我发现已经快10点了，豆豆还躺在床上看书。看见我进来，他赶紧跟我说：“妈妈，我睡不着。”每次不睡觉，他都以睡不着为借口，可睡不着也要睡呀！我问他：“你还记得我们的约定吗？”他回答：“记得啊，9点睡嘛！但是，我觉得9点睡太早了，你看我8点才写完作业，洗漱一下，啥事都还没干就要上床睡觉了。我也需要一点属于自己的时间，做点自己喜欢的事情。妈妈你看，这本书，我一个星期还没看完！”

咦？他说得很有道理啊！我顿时没了脾气：“是啊，你确实挺辛苦的，但晚睡对身体伤害很大。你再看10分钟就睡，而且下不为例，可以吗？”他愉快地答应了。

然而，我慢慢发现，豆豆做每件事情都使用同一个套路。比如玩游戏超过约定的时间了，他会跟我动之以情：“妈妈，我知道时间到了，但是一局游戏玩到一半就关掉，是一件很没有人性的事情。我马上好，再给我5分钟。”5分钟后，他又跟我说：“好了，好了，马上‘死’，马上‘死’！”几分钟后，我问：“怎么还没‘死’？”他理直气壮地说：“我总不能故意‘死’吧！”最后，我们俩没办法和平友好了，便大吵一通。

为什么约定好的事情，我们俩还总是陷入争论？为什么总是我在退让，他在进逼呢？我决定坚定一次。

一天晚上睡觉前，豆豆又给我来了这么一出，说今天体力没消耗够，一点儿也不困。他对我说：“妈妈，你想想那些每天写作业拖拉到10点的孩子，如果你是他们的妈妈，你会有现在这么轻松吗？”

真是巧舌如簧！但是这次，我坚定地说：“既然事先有约定，那我们就要遵守！”他说：“规矩是死的，人是活的，我申请今晚延后半小时睡觉。”我说：“9点睡觉是我们之前的约定。如果你觉得太早了，可以在下周的家庭会议上讨论，在此之前，你必须遵守。这几天，你也可以想一下，怎么做才可以再早点儿完成作业，有更多属于自己的时间。”我说话的语气温柔而坚定，没有惩罚的味道，也没有商量的余地。豆豆意外地说了一句很久没说的话：“那好吧！”

关于电子游戏，我对他说：“如果时间到了，你还在玩，那你有两个选择，一个是不管是否玩完，我直接关掉游戏；另一个是，如果你不同意关掉，那你这次多玩了多长时间，我便在下周扣掉相应的时间。你可以自己决定。”刚开始时，他都选择后者，有时，甚至一次把两周的游戏时间都透支掉，我一声不吭。然而，当发现之后的一周完全没机会玩游戏时，豆豆走到我面前说：“没想到，你跟我玩真的！”我回答：“作为你的亲妈，当然要跟你玩真的！”

我终于明白，我们之所以一直陷入争论，是因为我总是让他觉得有机可乘，并让他认为一切都是自己争取来的。而当我坚持自己的决定时，他反而有了清晰的界限，知道什么该做，什么不该做。

所以，当孩子变成“狡辩大王”时，我们或许要先反省一下自己。

不向命运低头 “岩洞女孩”的

□谢洋 赵梦琪

广西壮族自治区恭城瑶族自治县莲花镇崇岭村孔里屯，有一个被人称为“岩洞女孩”的姑娘李居香，她有着一段同龄人难以想象的成长经历。

李居香出生时，她的家在一个几平方米的天然岩洞里，一块凸出来的巨大石头就是屋顶，旁边是用土砖垒起来的一道墙，所谓的床就是几根木头架在一起。石头与地面之间的空隙，则是这个家的厨房。

之前，由于地质原因导致老房子倒塌，李居香贫困多病的父母无力承担修复费用，只好带着家人搬到村旁的这个天然岩洞里居住。从出生起，李居香在这个阴冷潮湿、蚊虫遍布的岩洞中生活了约8年。

家庭的不幸和生活的艰辛并没在这个少女心中留下自卑的阴影。不久前，记者在恭城县莲花中学第一次见到读高二的李居香时，她穿着红灰色的校服，梳着高高的马尾辫。她有一双亮亮的大眼睛，说话时便会弯成月牙的模样。聊起那段在岩洞中居住的经历时，她笑着说：“没什么啊，当时真的不觉得苦。”

李居香是在8岁那年搬离岩洞的。如今，她偶尔还会回岩洞看看，洞内已长满杂草。

和岩洞内一贫如洗的生活相比，2006年这个家发生的重大变故，才是对李居香真正的考验。那一年，她的父亲突然离家出走，原本有轻微精神分裂症的母亲因此病情加重，家庭的重担一下子落到姐姐李居凤和6岁的李居香身上。

从那时起，李居香学着洗衣做饭，挑水砍柴。年幼的她挑不动上百斤的担子，就把柴捆绑成小把，扛回家一把，再上山扛另一把。丰收时节，她和姐姐去村里帮人包装柿子，包300个可以赚7元手工费。

2008年冬天，桂北发生了几十年一遇的冰冻灾害。崇岭村党支部书记赵进忠在村里排查时，发现风雪把李居香家在岩洞旁搭建的草房压倒了，母女三人又住回岩洞里。

“当时看到李居香大冷天穿着凉鞋，小手都被冻烂了，我又心痛又着急。”赵进忠说，他当即决定，让母女三人搬到村委会的办公房居住。为缓解这家人的生活困境，他还发动社会上的爱心人士给她们捐钱捐物。

最让赵进忠印象深刻的，是这对贫苦家庭长大的姐妹很懂得感恩。2008年，有个叫梅子的爱心人士给她们捐了1000元生活费，得知四川汶川特大地震的消息，姐妹俩又从中拿出100元捐给地震中受灾的孩子们。2010年，在村委和热心村民的帮助下建起三间瓦房，母女三人终于有了属于自己的“家”。

直到现在，李居香还清楚地记得从村委会办公房搬到瓦房时的情形。那天凌晨三四点，妈妈兴奋地和姐妹俩用扁担把全部家当挑去新房——只有简单的铺盖和一些锅碗。为感谢村里人的帮助，李居香总会泡些杨梅酒、做些红薯干送给老乡们。

因为家庭的原因，李居香直到9岁才上小学。念小学和初中时，因为不住校，李居香每天回家后第一件事是给妈妈煮饭。生活的贫困让她从小学会珍惜粮食。每次煮饭，她先将锅里的剩饭盛出来，洗锅时再小心地将沉在锅底的几粒米饭抠到盛饭的碗里。冬天吃不完的萝卜，她会将根和叶除掉，挖个洞贮藏起来，等到来年再吃。

在这个小姑娘的心目中，妈妈虽然身体不好，却很坚强。母亲刚嫁过来时，和父亲家的亲戚一起住，一大家子的家务活儿她都扛下来，“我妈妈特别善良，从没听到她抱怨过什么”。

2017年9月，李居香考上恭城县莲花中学。莲花中学副校长王军荣说，起初学校并不知道李居香的家庭状况，后来有记者来学校采访，老师才得知这个孩子身世如此特殊。

王军荣和班主任去李居香家家访时，被这个家的简陋震惊了。屋内一点儿现代化的设施都没有，没有衣柜，床铺上堆满了衣服和杂物，但就在这样贫寒的家中，靠窗的书桌却非常干净光亮，那是李居香平时写作业的地方。

王军荣说："了解到这一情况后，我们向学校请示，学校研究后决定免除李居香三年的学杂费，并帮她申请助学金等补助。"

从小，李居香的学习成绩就在班里名列前茅，获得过的各类奖状有30多张，还在全国中学生作文比赛中得过奖。李居香说，她姐姐从前学习也很好，但因为家里贫困，读完小学就不得不辍学了。和姐姐相比，她能够一直念到高中，将来有机会考大学，是幸运的，因为她懂得"知识可以改变命运，只有努力学习，才能改变命运"。

崇岭村属于地质灾害多发区，经常出现塌方、滑坡。随着我国脱贫攻坚战略的实施，2016年，当地政府为每户村民补贴3.1万元，在村里地质条件相对安全的区域集中建房。在社会各界的帮助下，李居香一家拥有了面积60多平方米的新建水泥房。

2019年1月23日，李居香和妈妈搬进新房，她的心情和第一次搬进瓦房时一样激动和开心。从此家里不会再漏雨，下雨天她再也不用担心妈妈了。

成长的过程中，李居香一直得到村委干部、老师和社会爱心人士的帮助。在同学眼中，李居香也是个乐于助人的人。她的同桌李成瑶说，学习上有什么不懂的，李居香总是会耐心地给予帮助，哪怕她特别忙的时候，也会抽出时间。"她是个特别爱笑的女孩，在她的影响下，我也变得更加开朗了。"

李居香打算念完大学后做一名老师，帮助更多的孩子们。目前她唯一担心的是以后去外地读书了，妈妈没人照顾。"但无论如何，我现在必须努力。俗话说，船到桥头自然直，到时候肯定会有办法的。"

这个从不向命运低头的姑娘在日记中写道："生活虽然很不容易，但我从未自卑过。生活告诉我，只要有乐观的态度，生活就会多一点阳光的味道。不管今天有多么大的困难，只要坚持下去，就会变成明天的过眼云烟。"

爱上数学

□贝小戎

好多文科生都怕数学，但在现代社会又躲不开数学，文科生也会遇到买东西打折和贷款利率问题。剑桥大学博士、英国中学数学老师博比·西格尔说，理财等活动会用到的数学可以说是"城市数学"，它是年轻人需要掌握的一项生存技能，为此需要帮助一些人克服数学焦虑症和恐惧症。

西格尔出了本书叫《具有改变人生魔力的数字》。书中说，我们生活中用的都是十进制，因为我们有十个手指头。有学生问他，如果人类跟忍者神龟一样，每只手只有三根手指头会是怎样？他回答说，如果我们一共六个手指头，也许我们的计数方法就是六进制的，那样我们天生就会跟比萨很亲近，十大好书、十佳运动员就变成了六大好书、六佳运动员。六进制的计数顺序是0到5，然后就是10，11到15，之后直接是20（等于十进制中的12）。如果你对一个人说，要用10块钱买他的一个东西，结果你给他6块钱，说你们谈的计数法不一样，然后你就得准备逃跑了。

西格尔以通俗的语言解释了统计学中的"大数定律"："假如我们每天清醒的时间为8小时，并且在这8小时内，每一秒都会看见、听见事物。这样我们每天就会看见28800件事。其中大多数事情都会比较普通，如听见鸟叫或者看见红绿灯变色。但一个多月内（34.72天），我们就会目睹100万件不同的事情。所以从数学上说，每个月我们都会经历百万分之一概率的事情。全世界有70多亿人，所以地球上每天都会发生一些特别不可能的事情。"好多国外媒体都有专门报道怪异新闻的版块，比如"拳击手失败后拳打自己的教练""迪士尼员工说，主题乐园是撒骨灰的圣地"，有些游客会把亲人的骨灰藏在化妆品或药盒里带到园内，撒在花卉、灌木丛、河水或鬼屋中。

如果你已经不怕数学了，最好不要去看英国人喜欢做的数学难题。比如，"英国的人口中，男孩和女孩大概五五开。但平均谁的姐妹多，男孩还是女孩？"出题者说，很多人凭直觉获得的答案是，女孩不能是自己的姐妹，所以男孩的姐妹多于女孩。但这种算法忘记了有的家庭全是男孩或女孩。在这样的家庭，男孩没有姐妹，而女孩至少有一个姐妹。结果总体上男孩、女孩的姐妹一样多。

一位数学教授出了一道题："我阁楼里有许多书：至少100本，但不超过500本。如果每5本堆在一起，会剩1本。如果每9本堆在一起，会剩2本。如果每8本堆在一起，会剩3本。我阁楼里到底有多少本书？"这本质上算的是5、8、9的倍数。解答是：不计范围限制，最少可以是11本书，刚好满足这些条件。如果把这11本放在一边的话，其余的书的数量可以被5、8和9整除，可以整除它们的最小的数是三者的乘积360，所以一共是360加上11等于371本书。2乘以360+1等于731也可以，但超出了500。

大脑的错觉

□［日］西田文郎　译/肖　潇

在孩子遭遇失败的时候，家长最好能冷静下来，和颜悦色地对他说“要小心一点哦”。这样一来，孩子会很清楚地认识到问题的所在，知道下次得更小心一点儿。

遗憾的是，大多数父母都会抱着“为什么连这么简单的事情都做不好”的态度否定孩子。这样的发火不仅毫无用处，还会使孩子陷入负面思考的错觉。

小时候的我是个非常淘气的孩子，在兄弟四人中，我是最不让父母省心的那个，经常跟别人打架。即便如此，母亲也从未对我发过火，每次她都说“下次要注意”，从来不会不分青红皂白地批评：“你怎么总干这种事？”

我的哥哥姐姐非常聪明，常被夸奖“真聪明”。即便如此，母亲也从来没有说过我是个“一事无成的孩子”。每次她都会对我说：“你是个善良的孩子。”

在她的影响下，从上幼儿园的时候起，我就认为自己“和别人的大脑构造不一样”“我最了不起”，

具体哪里了不起呢？我的生日是5月5日，这一天是日本的法定假期，因此我认定“学校是因为我过生日才放假的”。这都是从小在母亲的影响下产生了好的错觉的缘故。我常常想，如果是在别的家庭里成长的，或许我真的是个一无是处的人。

对于母亲的教育，我认为最了不起的一点，就是她教会了孩提时代的我什么才是真正的反省。

当时，我们班有一位腿部有残疾的女同学A。虽然并无恶意，但我还是会和男孩子们一起嘲弄她。某天我放学后回到家，母亲问我：“你是不是对A做过无礼的事情？”如果换成其他母亲，恐怕接着会很生气地说：“不许那样做!”然而我的母亲并没有那样，她只是小声嘟囔了一句“听到这件事，妈妈很难过”。听到她这样说，我立刻意识到自己无意中做了坏事，从那以后，不仅再也没有嘲弄过那位女同学，我还命令小伙伴们也再不许对她说那样的话。母亲没有直接说出“不准”两个字，却用暗示的方式教会了我不能去做那样的事情。

另外，我之所以能马上做出母亲期待的反应，大概是因为她平日里经常告诉我“你是个善良的孩子”。在正面评价下长大的孩子最终也一定会成为父母所期望的样子。这就是肯定性错觉的力量。

现在想来，正是因为从小受到了良好的教育，我才没有产生不好的错觉。父母给予孩子的最初的教育非常重要，孩子能从中得到自我认同、相信自己的能力，养成绝不轻易言败的性格，这些都是好的错觉。

小学时代完全没有好好学习的我，在某个时期忽然开始认真学习，成绩也很快有了提高。由此可见，只要大脑产生了好的错觉，人就很容易变得出类拔萃。

然而，一旦产生了否定性错觉，就很难在人群中出类拔萃了。长此以往，人生就会不断面临各种失败。从这个角度来看，抱有“有志者事竟成”的错觉非常重要。

做事的能力分几种

□佚　名

我的同事李南南跟我说，世界上的事，分成两种。一种像“麻”，虽然看起来很乱，但是只要你花工夫一点点地去理，总能够理得清的。

还有一种事像“水”，一盆水要是很脏很浑，你能怎么办？你能把水洗干净吗？不能。所以只能等，时间一长，杂质一沉淀，水自然就清了。对待第一种，就是像“麻”那样的事，就得主动介入，投入极大的意志力去行动。那对待第二种，就是像“水”那样的事，只能等，投入极大的耐心和敏锐，去捕捉介入的时机。

当然，真实世界里的难题，其实都混杂了。所以，所谓干事的能力，无非就是这三个东西的组合：第一，理清乱麻的行动力；第二，捕捉水变清的那一刻的感受力；还有，更重要的第三，分清上面两种事的判断力。

如何成为学新东西最快的那个人

□罗辑思维

想要高效学习，我们首先得了解一下“学习”这件事。学习的过程，可以分为两步。

第一步：输入新知识，形成短期记忆。我们上课、看书都属于这一步，学到的知识形成短期记忆，被储存在大脑里。我们刚听完课、背完单词时，会觉得记得特别清楚，就是因为这些知识是新鲜的短期记忆，很容易回忆起来。

第二步：大脑对短期记忆进行整理，转化为长期记忆。学习结束后，我们的大脑并没有停止工作。它会用几个小时，甚至几天的时间，对新知识进行整理，把短期记忆转化成长期记忆。脑科学研究显示：人脑的长期记忆容量几乎是无限的，只要形成了长期记忆，记忆内容就几乎不会被忘记。

问题就出在这里——大脑把短期记忆整理成长期记忆，是个损耗很大的过程：我们学到的新知识，只有不到30%能成为长期记忆，70%以上都会被忘记。回想一下，为啥我们刚背完单词时印象深刻，过几天就忘得一干二净？就是这个原因。

现在你明白了吧，反复朗读、背诵为啥效率不高？就是因为它们一直在重复学习的第一步——输入，而忽视了将短期记忆转化为长期记忆，所以一边不断学习，一边迅速遗忘。就像一个这头注水，另一头漏水的水池，很难快速蓄住水。

既然“不断重复”的效果不好，为啥大家还对它那么热衷呢？就是因为我们被大脑欺骗了。大脑天性懒惰，偏好重复这种不怎么消耗脑力的活动。而且，不断重复会让我们越做越熟，从而产生一种“我已经记住了”的假象。但事实上呢？这时候我们只是在机械地重复，并没有让大脑活跃起来。

所以，真正高效的学习，不是不断重复，而是减少短期记忆的损耗，让尽可能多的知识变成长期记忆。这里的奥秘，就在于主动检索。检索，就是主动回忆学过的知识，把它们从大脑中提取出来。我们往往觉得，得先记住知识，才能想起来。事实恰恰相反：主动回忆学过的知识，会让大脑进入活跃状态，帮我们更好地记忆。而且，回忆的时候越费劲、越烧脑，记忆的效果越好。

说到学习，自然绕不开创造力这个话题。天马行空、奇思妙想，应该是我们对创造力最大的误解。如果说创造是在大脑里盖房子，那么各种知识就是这个建筑的材料。没有知识，归纳、总结、创造这些高级的活动都是不可能实现的。很多时候，我们以为自己缺乏创造力，其实只是因为缺乏知识。

总有人问：学习到底有啥用？脑科学告诉我们，学习能让人变聪明。这可不是一句空话。虽然大脑的整体构造是由基因决定的，但每次学到新的内容，大脑的海马体就会产生新的神经元。我们每次学习，都在改变着自己的大脑。学得越多，我们就越聪明；做过的事越多，我们能做到的事也会越多。这个道理，愿与所有终身学习者共勉。

熔点

□顾　城

阳光在一定高度使人温暖
起起伏伏的钱币
将淹没那些梦幻
橘红色苦闷的砖
没有一朵花能在土地上永远漂浮
没有一只手
一只船
一种泉水的声音
没有一只鸟能躲过白天
正像
没有一个人能避免
自己
避免黑暗

诺奖得主：在群体中学习效率高

□张 茜

想成为一名科学家吗？

两位诺贝尔奖获得者通过记者和中国同学分享了一个高效的学习方法——“在群体中学习”。前不久，在世界顶尖科学家论坛（上海滴水湖）间隙，诺贝尔奖获得者塞尔日·阿罗什和丹·谢赫特曼在谈到学习方法时，不约而同地提到了这一方法的重要性。

丹·谢赫特曼是2011年诺贝尔化学奖得主。他发现了准晶体，改变了人们对固体物质结构的认识。

他对教育问题很关注，谈道：“对于想在科学研究方面有所建树的年轻男女来说，必须做两件事。”第一件事是在科学领域广泛地汲取知识，比如物理、化学、生物、数学、计算机等；在此基础上，第二件事是选择其中一个分支成为研究它的顶尖专家，成为这一领域的第一名。

而获得知识最有效的方法之一，丹·谢赫特曼认为，是在群体中学习。他说：“有人觉得可以自己从互联网上学习，其实这是非常困难的，你必须身处于一个群体之中。”

他认为，一个年轻的学习者需要保持对所在学习群体的忠诚度，可以选择某个网络社群，或者也可以去学校。“在群体之中才能够交流和相互帮助，当你帮助别人的时候，你会收获很多。”

“这不仅是我的经验，世界上不少调查都表明了这一点。”丹·谢赫特曼告诉记者，“比如有不少人都在学习mooc（慕课）。其实独自上课的绝大多数人都没有办法完成课程，但如果他们是在一个群组里共同上课，绝大多数人就能坚持下来了。”

2012年诺贝尔物理学奖获得者塞尔日·阿罗什也认同在群体中学习效率更高的说法。他首次测量和操纵了单个量子系统，为超级量子计算机的发明奠定了基础。

根据自己早年的学习经历，塞尔日·阿罗什告诉中国青年报·中青在线记者：“特别是在做物理实验的时候，让自己处于一个团队之中是非常重要的。”他认为，在团队中开展实验可以从不同学科背景的人身上获得知识和灵感，这对于进行科学研究颇有助益。

当然，在使用有效的学习方法之前要首先找到学习的方向，如何选定一个领域去深耕？

“什么能让你觉得兴奋？对于我来说，我发现是物理。”塞尔日·阿罗什说，“然后你需要做许多功课，并且相信自己能够做好。这是学好一个新领域知识的基础。”

但即使找到了正确的方向和方法，学习仍然是一个漫长的过程，时间并不会偏向任何人。因此，白发苍苍的丹·谢赫特曼想对拥有大把时间的孩子们说：“人的生命中有很多时间，你可以用它来玩乐、喝酒，或者抽烟，也可以用它成长为一名科学家。我建议你用它来成为一名科学家。”

苦不传人

□祁文斌

饭局上跟朋友聊天，朋友说：“在艺术上，‘乐圣’贝多芬是一位天才，而从世俗生活的角度讲，他又实在是一个活得很苦的人，地位卑微，年轻时出现耳疾，四十多岁时完全失聪，感情屡屡受挫，终身未婚……但是，有一点令人惊叹：自身痛苦不堪的贝多芬从来不把个人的痛苦带到作品中去，人们从他的音乐里感受到的，只有爱、愉悦、希望和力量。”

不经意间，眼光便瞄到桌子上的一盘菜——酱烧苦瓜。苦瓜之苦，苦到极致，尽人皆知，但苦瓜之苦“不传他物”。清代学者屈大均在《广东新语》中这样评价苦瓜：“杂他物煮之，他物弗苦，自苦不以苦人，有君子之德焉。”与贝多芬相同，那些像苦瓜一样的人，苦己不苦人，是一种大格局、大气度。

别再被你的大脑欺骗了

□刘雨洁

很多时候我们对世界有误解，最大的原因并非来自外界，而是我们被自己的大脑欺骗了。我们在认知方面存在本能思维和惯性思维，战胜它们，才能真正理解事物的真相。

1.一分为二思维。在远古时期，人类为了生存，必须在最短时间内把东西分为能吃的和不能吃的，把动物分为好的和危险的。直到现在，我们对世界的认知，还是会自然停留在“非黑即白”的二元结构中，比如，我们头脑中“穷人和富人”之类对立的概念，就是本能的体现。怎么做：有意识地着眼于整体中的大多数，观察黑白两极间的大片灰色地带。

2.负面思维。假如有两条新闻“飞机失事”和“飞机安全降落”，你会更关注哪条？大多数人会说前者。这就是人类警惕危险的本能。这种本能，让我们更容易去关注事情坏的一面，忽略事情的全貌。怎么做：提醒自己更多的坏消息≠更多的坏事情。比如，我告诉你，2016年全世界有420万婴儿死亡，但在1950年，这个数字高达1440万。所以看上去很吓人的数字，背后的真相可能反而是世界在变好。

3.恐惧思维。想象一下：你被悬崖边的风景吸引，将身体探出栏杆，突然栏杆剧烈晃动。怎么办？出于本能，你会马上离开。直到今天，我们的恐惧本能，依然会把事情严重化。怎么做：认清“令人害怕”的东西并不一定危险。真实的风险=危险程度×发生的可能性。当你判断一件事是否危险时，要从这两方面入手。比如，很多人看到空难报道后，会觉得坐飞机不安全。但数据表明，中国各大航空公司飞机失事的概率，平均只有二十万分之一。

4.规模错觉。大脑给我们最大的错觉，就是容易把我们直接听到、看到的东西，作为整个世界的全貌，即注重局部而忽略整体。比如“二战”期间，人们发现幸存的轰炸机中，机翼中弹数远多于机身中弹数。人们天然会觉得应该加固飞机的机翼。怎么做：不看单一数字，看比例。想要知道事情真相，你不应该只看幸存机，而是把战斗机总数和返航数进行对比。真相是机翼受损还能返航的比例很高，而机身中弹还能返航的比例，低到近乎为零。所以加固机身对飞机返航作用更大。

5.单一视角。人类大脑的认知倾向于将问题简单化，当我们有了一个想法，并且发现它能解释很多事时，我们天然会认为所有这类问题都可以这么解决。这种思维本能可以节省大量时间，但也很容易掩盖事情的真相。怎么做：跨学科学习。单独某一细分领域的学习，很容易让人的思维受困。所以数学、物理学、哲学、心理学等领域的基本理论都应该去学习。此外，你还可以多与那些持有不同意见的人讨论，帮助你更全面地看待事情。

6.归咎他人。人类进化过程中，最大的生存威胁一般来自外部环境，比如野兽的攻击或是自然灾害。当坏事发生时，这种本能会驱使我们找一个替罪羊来背锅，忽略对事情真相的理解。怎么做：寻找原因，而不是寻找坏人。当一件坏事发生，你不要立马判断这是谁的错，而是去找事情背后的系统性原因。

7.情急生乱。当我们面对有压力、紧迫感的事件时，第一反应不是用理性去分析，而是直接采取行动。比如，我们看到标题中带有“速看，马上删”“震惊”等词语时，情不自禁就会点开去看。怎么做：冷静下来，不要立马做决定。比如，购物网站限时打折，时间的紧迫感可能要让你立马下单，这时候可以问问自己，这笔钱还能用来做什么？或者把这笔钱转化为时间——这笔钱相当于我多久的工作？让自己去理性思考这个东西是否值得买。

那些年，我们一起写过的小说

□明前茶

毕业30周年之际，高中同学建了一个微信群，以供联络之用。翻出十七八岁的趣事来看，真的别有一番趣味。在晒出一大堆野炊、郊游、运动会的合影后，班长晒出了他用一整卷黑白胶卷拍出的影像——每张照片呈四方形，排列着4张稿纸，37张照片一共拍了148张稿纸。

这是什么？微信群里一片激动的“嗷嗷”声——原来，这是30年前我们高三（1）班全体同学接龙写作的小说原稿！要知道，我们可是一个理科班，班主任是数学老师。当语文老师别出心裁要在班里放一沓稿纸，让“有兴趣的同学自由写作”时，数学老师竟然没有提出反对意见。不仅如此，他还以遒劲的钢笔字，在首页写下了整个故事的开头：“公元835年，长安，郊野上出现了一个骑毛驴戴斗笠的人，晶莹的雨珠正在他的斗笠与蓑衣上舞蹈，绵延不绝的湿气令他的衣色更深了一些。就在大家窃窃低语，猜测他是谁时，有一道闪电般的眼风已经瞬间掠过所有人的脸，迅速隐没在斗笠的帽檐后。”

能够想象这是数学老师写出的小说开头吗？没错，我们那个时代的高中老师都是理想主义者，物理老师看得懂日语期刊，地理老师能画精细的博物标本，政治老师写得一手可以参展的书法，都不是什么奇事。数学老师既然已经布下迷局，那就要看谁能在余下的篇章里解谜，或者布下更大的迷局了。

用接龙的方式写作，也是一件十分有趣的事。记得那时为了有时间写作，有的人5点半就起床，赶在早自习之前翻窗进入教室，奋笔疾书；有的人在晚自习之后特意找劳动委员要钥匙，就为了打扫完卫生可以续写接龙小说。依照数学老师定下的基调，小说基本上写成了章回体话本形式，于是，有人贡献故事，有人贡献人物的精细描摹，有人贡献每个章节开头结尾的打油诗。大家都没有学过诗词的平仄韵律，但这又有什么关系呢？

我们总是在无意中踩中了韵脚，又得意地指引了故事下一步的发展方向。

在一天要刷五套试卷的高三，鼓励全班来写这东西有啥用呢？老实说，并没有什么用。当时的高考作文考的都是“达·芬奇画蛋”“挖了三五口井都没出水”这样的材料作文，它需要鸡汤哲理，需要严丝密合的论述，需要揣度命题人的微言大义。写小说，除了对想象力与语言本身有所锤炼，对应试助益并不大。

然而，我们还是兴致勃勃地写下去了。我们这帮学子，为何没有在密集的刷题与应试中垮掉，没有在每个月都排名上榜的竞争强度下变得歇斯底里？有可能，就是有人在这种密度很大的压抑生活中，帮我们凿开了一道自由的缝隙，在这里，我们可以见到清澈的天光，闻见唐朝的墨香。写小说就是这样一道缝隙，它栽培的都是看不见的东西。好奇心，韧性，幽默感，苦中作乐的能力，还有狂野的想象力。这些东西像竹筏一样，送我们蹚过高考这一年的激流险滩。

说一句题外话，当年的高考黑马，我们班考到第一名的男生，平时所有的模拟考，都只在班级十名左右。那一年，他是接龙小说最积极的写手，几乎每周都要花两三个小时，满足一下粉丝们“后来如何”的心愿。他考上了北大。而我，早就不记得他的考分了，但对他留下的纯蓝墨水笔迹，依旧记忆犹新。

严歌苓：写作的3条『白金法则』

□佚 名

什么是写作的“白金法则”？

作为备受青睐的原创故事圣手，严歌苓的作品一直是影视圈的宠儿。与她合作的电影导演名单上有张艺谋、陈凯歌、冯小刚等一线导演。如今，她的小说又被女导演李少红搬上大银幕——《妈阁是座城》定档6月中旬上映。这也是严歌苓首次与女性第五代导演合作改编自己的小说作品。

李少红和严歌苓都擅长以女性视角进行创作，发挥自身作为女性的感性与细致，因此，两人这次的合作备受期待。

严歌苓是一名高产作家，她总是能高效地将素材、点子写成备受关注的作品。《妈阁是座城》这部小说还曾于2014年获得人民文学奖之优秀长篇小说奖。2019年6月2日，严歌苓在北京举行读者分享会。当有读者问她有何写作的“黄金法则”，严歌苓幽默回答说：“我可能给你讲几个白金法则。”

第一条法则：你要对别人的故事感兴趣。 我们生活当中每个人都在闲聊，每个人都在聊一件有趣的事，或者聊天的人认为有趣的事情，所以你要注意地去听，能够从生活当中听到哪怕是细节，比如这个人怎么排队、怎么插队的细节。

因为细节是最难创造的，所有的故事都可以编，但是细节如果不真实，你编出来的所有东西都显得非常假。这个是听，主要听细节。我是一个很好的聆听者，这是我的法则之一。

第二条法则：就是多读书，读好的小说、文学作品，要给自己建立一个很好的文学基础和语言基础。比如你把世界名着、经典著作都读完，然后你再读当代好作家的作品、现代的好作家的作品。这样你就知道什么样的文字写出来，这种语言是好的文学语言，而不是粗制滥造的语言。

第三条法则：读读新闻，也许新闻也能成为一个故事的原型。作家要保持对世界的好奇心，不必非得认同每一个角色才能写作。作家要做的是与笔下人物保持平等，合理化每一个角色的行为，给他们展现人性、展现行为的平等机会，这样的小说写出来才会好看。

倒着走可改善记忆力

□徐 澄

美国一项最新研究发现，与保持站姿或向前走路的参试者相比，倒着走路的参试者记忆力测试成绩明显更高。这一结果表明，倒着走路有益增强记忆力。

美国罗汉普顿大学研究员阿克森蒂耶维奇博士及其研究小组对114名志愿参试者展开了研究。研究人员要求参试者观看一段有关一名女性的手提包被盗的视频，之后让参试者根据记忆回答调查问卷。看完视频之后，参试者被随机分为两组，一组被要求向前或向后走动10米，另一组被要求站立不动。之后，研究人员要求参试者回答与视频内容有关的20个问题。结果发现，向后走动的参试者平均答对的问题比其他两组多两个。另一项类似实验中，参试者被要求记住一组词汇，之后参试者想象自己向前走、向后走或保持站立姿势。结果显示，想象倒着走路的参试者记忆单词数量更多。

阿克森蒂耶维奇博士表示，新研究表明倒着走的确有益改善记忆力，但其具体机理尚待进一步研究探明。他同时提醒大众，平时进行倒步走锻炼时，一定要注意保持平衡，安全第一。

怎样从衣着判断经济

□岑　嵘

福尔摩斯擅长观察人的衣着和外貌，并且能从一个人的衣着中推断他的身份，最神奇的故事发生在《蓝宝石案》中。福尔摩斯捡到了一顶帽子，他说：“从帽子的外观来看，很明显这个帽子的主人是个学问渊博的人，而且在过去三年里生活相当富裕，尽管他目前已处于窘境。他过去很有远见，可是，已今非昔比……这个人一向深居简出，根本不锻炼身体，是个中年人，头发灰白……顺便再提一下，他家里是绝对不可能安有煤气灯的。”

我们没有福尔摩斯这般高明的推理能力，但是只要对身边的人群细心观察，可能也会看到不一样的东西。

丹尼·摩西是华尔街的金融专家。丹尼每天要坐开往曼哈顿区（华尔街所在地）的早班列车，而他对车上乘客的观察，堪比福尔摩斯。

丹尼·摩西说：“我乘坐的列车上金融界人士的比例是95%，如果他们拿着黑莓手机，他们或许是做对冲基金的，正在查询他们在亚洲市场的损益。如果他们在火车上睡着了，那很可能是属于销售部门的。那个身穿价值3000美元的正装，而且头发梳得一丝不乱的家伙是一名投资银行家，那个身穿运动服和卡其裤的，是一个在二流企业做经纪人的家伙。而那个带着一份《纽约时报》的人或许是名律师，或者是办公室的后勤人员，但没有真正身陷市场……”

如果对这些金融界的人的衣着做进一步的观察，甚至还能发现金融危机的前兆。那些管理资金的人如果穿得就像是要去观看棒球比赛，说明他们的金融绩效非常优异，要是穿得太好会引起别人注意，而他们希望尽可能保持低调。

如果你看到某个从事金融业的家伙穿着正装，那通常意味着他遇到了麻烦，或者他要如约去见某个给他钱的人，或者两者兼而有之。

因此，当开往曼哈顿地区早班列车上的金融人士普遍穿着随意，说明经济欣欣向荣，但如果人人身着正装，那么说明金融业开始遇到麻烦，投资人开始变得谨慎，人们正在四处找钱。换句话说，车厢里充满金融危机的味道。正因为这种敏锐的观察力，在金融危机前夕，丹尼·摩西提前做空了华尔街，当次贷危机到来的时候他大赚了一票。

经济顾问皮帕·马尔姆格林擅长把时尚信号变成经济信号，比如她把模仿璞琪（Pucci）这样花哨图案衣服的大面积流行看作金融危机的信号。

璞琪是一个意大利高档时尚品牌，自20世纪五六十年代开始出名，马丽莲·梦露和杰奎琳·肯尼迪都是这个品牌的客户。这类服装颜色艳丽，特别适合娇小的女人，但如果所有人都这么穿，看起来就很可笑了。

2007年，马尔姆格林发现，几乎每家店铺都充斥着这类仿璞琪的产品。尽管每件衣服价格不高，但这样的衣服大多只能穿一到两次，它们的面料很快就会过时，很明显女性花的钱超过了她们的承受能力。

马尔姆格林意识到，这种超出自身能力的消费行为已经延伸到了各个领域，比如人们开始购买更大的房子，而银行也乐于贷款给没有还款能力的人，他们转手把这些不良资产卖给华尔街，华尔街的金融家又把它们重新包装和评级，再次卖给投资者，在这一片繁荣之下实则隐藏着大的危机。马尔姆格林就是这样从人们衣着的变化，敏锐地捕捉到了即将到来的金融危机信号。

2008年金融危机的时候，很多服装零售商都破产了，然而著名服装品牌Zara（飒拉）却逆势取得成功，马尔姆格林说，其中一个重要原因归结于Zara店里总能找到不错的黑色或是深蓝色的裙子以及很棒的白色衬衣，这些都是职场上的标配，几乎每个要找工作的人都会冲进Zara店，同时坚信能找到适合自己的传统服装。

当经济下行，失业率上升时，人们发现，保留自己的工作或者获得一份新的工作，有时只需要穿一件白衬衫和一条黑裙子就够了，或者穿一件质量好的、老式传统西服就可以了。

福尔摩斯对助手华生说：“你是在看，而我是在观察，这有很明显的差别。”经济学家原来也是这么做的。

浪费，其实是一种选择

□侯美玲

《时间简史》是一本科普读物，真正能读懂的人并不多。1988年发行以来，不断有读者向霍金反映，某些概念理解起来非常困难。2005年，霍金着手《时间简史》的普及版创作。

美国著名的理论物理学家，列纳德·蒙洛迪诺受到霍金邀请。

蒙洛迪诺开始很矛盾，一方面，他敬佩霍金顽强的意志力，愿意帮他完成作品。另一方面，因为“肌肉萎缩性侧索硬化症”病情在恶化，霍金写书变得越来越困难，蒙洛迪诺担心自己没有耐心完成重任。

一天，蒙洛迪诺怀着复杂的心情，来到剑桥大学霍金家里。

他提问道：“我们来谈第一个问题，宇宙的未来是什么？”霍金会意地笑了笑，用仅能活动的三根手指，操纵轮椅上特制的鼠标器来回答。

随着时间的流逝，电脑屏幕上的词语也在快速增多。大约过了5分钟，电脑播放器传来合成声音：“宇宙的未来有两种可能，膨胀或者坍缩。至于究竟是膨胀还是坍缩，取决于宇宙的平均密度。”

整整一个上午，蒙洛迪诺只问了5个问题，远远低于预期目标，让他很苦恼。

第二天，蒙洛迪诺再次来到霍金住处。和昨天一样，他开始提问，霍金慢慢作答。遇到简单问题时，回复的时间相对较短，他尚能忍受，一旦遇到复杂问题，回复的时间漫长而遥远，他多次低头看手表。

最后，蒙洛迪诺越来越不耐烦，为了不让霍金感觉到自己的不悦，他极力克制这种情绪。

就在这时，一个念头出现在脑海，为什么不利用等待的时间，思考一些问题呢？比如“人为什么会被老鼠击败？”“华尔街巨头的成功有没有规律？”想到这里，他一边等待霍金回复，一边开始天马行空地思考。

想象和思考赶走了蒙洛迪诺心中的烦躁，也让一个又一个等待变得充实起来，他的心情逐渐平复，与此同时，各种新奇的想法接踵而至，让他感到兴奋。等待对于蒙洛迪诺来说，不再是煎熬，而是一种真切的享受，他甚至觉得耐心等待中的自己很可爱。

蒙洛迪诺渐渐找到一种和霍金合作的最佳方法，就是在等待中放空大脑，然后想象一些和提问无关的问题。通过一段时间的试验，蒙洛迪诺惊奇地发现，这些想象迫使他深入地思考某些问题，同霍金的交流也带给他更多灵感。

三年后，那些在等待时思考的问题被蒙洛迪诺写入《醉汉的脚步》一书。因为知识性和趣味性，《醉汉的脚步》荣获“编辑推荐奖”和“年度影响力书籍”，成功入围英国皇家学会图书奖。

要有输的风度

□刘　墉

你一方面让孩子有赢的快乐，也要教他有输的风度。他要认赢，也要认输。

儿子小时候，我就常跟他比赛扔球，看谁进得多。输的人要立正，对赢的人说“你是真功夫”。

儿子起初输球，都说得心不甘情不愿，甚至因为态度不好被我骂。但是当他赢的时候，我都立正，向着他大声说“你是真功夫”的时候，他渐渐就不会输不起了。

所有跟小孩子玩的游戏，都要让他们有赢有输。

如果他一直输，可能他的能力还不够，那个游戏可以等他大一点再玩，否则会打击他的自信心。

相对，如果他总是赢，也没意思，反而会让他骄傲。有输有赢对孩子才有挑战，能激发他们的潜能，也才能训练他们自制的能力，知道天底下不是“他最大”。

谁会在未来十年挣更多的钱

□崔　鹏

每隔一段时间，我总会和我以前的一个公司的同事聚会一下。我们在一起是十年前的事。

沧桑变化，大家都变老了。当然也有好事，那就是大家普遍都更有钱了。不过收入差距也在扩大。

为什么原来基础差不多的年轻人经过十年的工作经历，收入差距会达到8倍以上？这个问题复杂而有趣。刚好我最近在大招聘，也见了好多人。

作为一个喜欢偷偷做统计的人，我把那些能在十年后收入是原来同事8倍的家伙和收入总是保持基本水平的人的性格和行为上的差异总结了一下。大概有以下6项。这也许对你有用。

当然，我虽然尽力想到更多的人，但毕竟还是小样本。而且，这里充满我的主观感受，它也许不那么准。

另外，我觉得这些性格和行为上的不同更适用于通才人士，而不是专才人士。

想到就去做。这是最大的一个差别。

月薪10万的人更喜欢想到的事很快就去落实；而月薪缓慢增长的人想法一点都不少，但不愿意实际去试一试。

就像我们以前提到过的，现在这个世界的试错成本是在降低的。在很多时候即使做错了也不会受到太大的惩罚。更多的想到就做的人因此会获得更好的财运。

而没去做的人总会说：“哎，某人运气真好，其实这件事我早就想到了。”这种因为运气而获得的附加收益往往被称为“红利”。

更坚强。“坚强”这个词好老，但真的很重要。一般收入水平平均增长比较快的人更加坚强，更具忍耐力。我和那些更坚强的人相处过，感觉他们更坚强的原因其实是对正在做的事比较投入，甚至是一些他们不太喜欢的事也是如此。他们更投入，所以会让令人厌恶的事感受起来稍微好一些。

大多数人在工作中感到难以忍受，很可能是因为总是在琢磨自己是不是走错了路。

乐观。收入增长比较快的人通常更乐观，相对也更自信。这可能也是支撑他们能做相对繁重的工作的原动力。

相对的，收入增长较缓慢的人，他们更喜欢用一种犬儒主义看待未来的发展。他们中的聪明者甚至是一个公司中最受欢迎的人。这经常会给人以误会。被欢迎的人以为自己做得很棒，但其实走错了路。

你经常会在某个公司中碰到这样的人，他们很聪明，非常会找到公司制度上的一些漏洞，然后在同事中推广各种能偷懒的办法。更糟糕的是，一些新员工会以这些人为偶像。

推迟享受。对于眼前的利益，由于有限理性框架造成的问题，有的人会看得过重——这也是我以前暑期实习过的快餐店会发生员工因为时薪差5毛钱而打架的原因。

工资增长比较快的人通常善于对长期利益和短期货币利益之间进行某种平衡，他们也善于因此和别人讨价还价。

总有工作计划。优秀的公司人工作目的明确，他们中一些人每天都有工作规划。而对于从一段工作经历中获得什么，他们也了然于胸。他们知道自己的比较优势，也会在工作中继续优化这种优势。

而也有一部分人，他们经常会对工作目的比较迷茫，换工作的目的不过是薪水有稍稍提高或者在原来的公司待着不舒服。

这往往导致他们的工作状态越来越差。

善于演说，表达很重要。高盛公司对新员工的培训中最重要的两点要求就是，你要听清别人的话，也让别人听懂你的话。这听起来简单，但我发现50%以上的人其实做不到。

工资增长比较快的公司人通常表达优秀，而且不畏惧当众表达。我一直认为能当众演说是件挺惬意的事。

活到最后比心胸

□马　德

我觉得，一个人不对劣于自己的人说刻薄的话，也不对优于自己的人出讥诮之语，就是慈悲。因为，前者会让人变得刻毒，后者会让人变得狭隘，两者加起来，其实就是魔鬼的模样。

人在内心不平和的时候，面目上就会显得可憎，只是自己看不见，也感受不到。这样的人，一般都深陷人格危机。看不上不如自己的，也容不下优于自己的，正是他内心兵荒马乱的体现。他脱口而出的，往往就是自我人格的真相。

活得卑微，没有人明目张胆地踩着你，活到春风得意，没有人暗地里为你挖坑，这差不多就算慈悲的世界了。慈悲的世界，未必处处雪中送炭和锦上添花，他人没落井下石没暗箭明枪，就是温暖与光明，就是柔软与祥和。

是的，只要身边没有多余的人说不相干的话，这个世界就会清静。事实上是，有的人，你跟他一点关系也没有，他也会粗暴地出现在你的生活里。你已经活得不如人了，他还要让你看到他的幸灾乐祸。抑或，你的生活稍微有些起色，他便阴阳怪气地站在你身边，叽叽歪歪说些不着调不靠谱的话。就这样，不远不近，要么踩着你，要么恶心着你。

你早已痛恨至极，他始终“不离不弃”。

若是不耐烦，就一声断喝，让其滚远，滚得越远越好。倘若心胸足够宽大，就自搭戏台，看这些人在自己眼前咿咿呀呀粉墨登场。其实，人活到最后，比的就是心胸。你的戏台上，英雄可以跑马，恶人可以架鹰，可以容纳诸色人等唱念做打，这样，戏里戏外，你都将是一个败不了的人了。

毕竟，与喜欢的人同乐谁都会，而与不喜的人周旋，则需要一定的气度和能力。人内心的丰富，既包含与相悦的人相处的层次感，也包含跟不相干的人周旋的跌宕感，有涟漪的柔和，有雷暴的激越，有进一步的气势，也有退一步的优雅，亦庄亦谐，可热可冷，才算合格的丰富。

身边有几个不着调的人真的不算什么，走向一处美景，难免要经过几条臭水沟。你要抵达的，跟你所要经过的，根本不是一个地方。所以，贪恋路上的花草没意思，与那些污浊纠缠把自己搞到没心情就更没意思了。人这一辈子，你或许遇到的只是几个恶心的人，而那些比你成功的人，其实，遭遇还要更多更多。而这些人，却都云淡风轻地走了过来。

要把目光放在更广阔、更美好的地方。世界很大，或许你之前看到的，只是个角落而已。

目前还不错

□长　乐

美国著名石油大亨布恩·皮肯斯，在接受《福布斯》杂志专访时，分享了他对“乐观”一词的认识。他说，像他这般毕生从事石油行业的人，注定要挖到很多没有油的井，面对如此经常性的打击，还能坚持下去，乐观无疑是最有力的支撑。现年89岁的皮肯斯，已数次脑卒中，这甚至导致他一度丧失了部分语言能力，但他仍保持着乐观的心态。

面对衰老、疾病，皮肯斯用一个故事，幽默而形象地表达了他的心理状态。他说，一个地质学家从十层楼上失足跌下，当他掉落到第五层时，你知道他心里想的是什么吗？皮肯斯继续说：“我想地质学家心里想的应该是，‘到目前为止，还不错！’”

生命是一次单程旅行，很多东西如同衰老一般，注定无法逆转，与其过分神伤过往、忧虑未来，不如乐观地面对当下每一分每一秒，告诉自己：目前还不错！

任何成瘾都是灾难

□毕淑敏

有个年轻人，名叫安澜。他说自己干什么都会成瘾。我要详细了解情况，就说请打个比方。他说，我上学的时候，就对网络成瘾。那时候，我每天起码有5个小时要趴在网上，网友遍布全世界。

我插嘴道，全世界？真够广泛的。

安澜说，是啊！人们都说上网对学习有影响，可那时我的英文水平突飞猛进。因为要和国外的网友聊天，你要是英文不利索，人家就不理你了。

我说，一天5个小时，你还是学生，要保证正常的上课，哪里来的这么多时间啊？

安澜说，很简单，压缩睡眠。我每天只睡5个小时。我有单独的房间，电脑就在床边。我每天做完作业后先睡下，4个小时之后，准时就醒了，一骨碌爬起来就上网，神不知鬼不觉的，到了天快亮的时候，再睡1小时回笼觉。爸爸妈妈叫我起床的时候，我正睡得香甜。

很长时间，家里人看我白天萎靡不振的，都以为是上学累的，殊不知我的睡眠是个包子，外面包的皮是睡觉，里面裹的馅就是上网。

我说，青少年正是长身体的时候，你这样睡眠不足，是要出大问题的。

安澜说，还真让你说对了。后来，我就得了肾炎。因为不能久坐，我只好缩减了上网的时间。我休了学，急性期过了以后，医生建议我开始缓和室外活动，慢慢地增加体力。

我就到郊外或是公园散步。一个人在外面闲逛，就是风景再美丽，空气再新鲜，也有腻的时候。

我爸说，要不给你买个照相机吧，一边走一边拍照，就不觉得烦了。家里先是给我买了个数码的傻瓜相机。果然，照相让人觉得时间过得很快，一只狗正在撒尿，一只猫正在龇牙咧嘴地向另外一只猫挑衅，都成了我的摄影素材。白天照了相，晚上就在电脑上回放，自己又开心一回。很快，这种简陋的卡片机就不能满足我的愿望了。我开始让家里人给我买好的机子，买各式各样的镜头……把自己认为好的照片放大。城周围的景物照烦了，就到更远的地方去，我又迷上了旅游。后来我爸说，我这是豪华型患病，花在照相和旅游上的钱，比吃药贵多了。

不管怎么样，我的病渐渐地好了。因为错过了高考，我就上了一所职业学校，学市场营销。毕业以后，我到了一家玩具公司。玩具这个东西，利润是很大的，只要你营销搞得好，拿比例提成，收入很可观。这时候，因为时间有限，到远处旅游和照相，变得难以实现，我就迷上了请客吃饭……我喜欢请客时那种向别人发出邀请，别人受宠若惊的感觉。喜欢挑选餐馆，拿着点菜单一页页翻过时的那种运筹帷幄的感觉，好像点将台上的将军。尤其是喜欢最后结账时，一掷千金舍我其谁的豪爽感。

我思忖着说，你为这些感觉付出的代价一定很高昂。

安澜垂头丧气地说，谁说不是呢？去年底，我拿到了7万块钱的奖励提成，结果还没过完春节，就都花完了。我可给北京的餐饮业做出了杰出的贡献。最近，我们又要发季度提成了，我真怕这笔钱到了我的手里，很快就烟消云散。而且，酒肉朋友们散去之后，我摸着空空的钱包，觉得非常孤单。可是下一次，我又会重蹈覆辙，不能自拔。我爸和我妈提议让我来看心理医生，说我这个人，爱上什么都没节制，很可怕。将来要是谈上女朋友也这样上瘾，今天一个明天一个，这可不行。我自己也挺苦恼的，一个人，要是总这样管不住自己，也干不成大事啊！您能告诉我一个好方法吗？

我说，安澜，我知道你现在很焦虑，好方法咱们来一起找找看。你能告诉我像上网啊、摄影啊、旅游啊、请人吃饭啊这些活动，带给你的最初感觉是什么吗？

安澜说，当然是快乐啦！

我说，我以前当过很久的医生，对化验这方面有一点儿心得。当人们在快乐的时候，内分泌会有一种物质产生，叫作内啡肽。

安澜很感兴趣，说您告诉我是哪几个字？

我在一张纸上写下了“内啡肽”几个字。

安澜说，您的意思是说，每当我进入那些让我上瘾的活动的时候，我身体里都会分泌出内啡肽吗？

我说，安澜，你很聪明，的确是这样的。内啡肽让我们有一种不知疲劳忘却忧愁精神焕发的感觉。这在短期内当然是很令人振奋的，但长久下去，身体就会吃不消。而且，因为人上瘾时，对其他的事情不管不顾，考虑问题很不理性，就会出现严重的后果。

安澜说，这样看来，内啡肽是个很坏的东西了。

我说，也不能这样一概而论。人体分泌出来的东西，都是有用的。比如当你跑马拉松的时候，只要过了身体那个拐点，因为体内开始有内啡肽的分泌，你就不觉得辛苦，反倒会有一种越跑越有劲的感觉。有的科学家埋头科学实验，为了整个人类的发展做出了卓越贡献，在那种非常艰难困苦的条件下能够坚持下来，他的内啡肽也功不可没啊！

安澜说，听您这样一讲，我反倒有点儿糊涂了。

我说，任何事都要有节制。比如，温暖的火苗在严冬是个好东西，可要是把你放到火上烤，结果就很不妙。如果你不想变成烤羊肉串，就得赶快躲开。所以，学会控制自己的内啡肽，也是成长的必修课之一啊！

听到这里，安澜若有所思地拿起那张纸，看了又看，说，这个内啡肽的啡字，和吗啡的啡字，是同一个字。

我说，安澜，你看得很细，说得也很正确。成瘾这件事，最可怕的是毒品成瘾。吗啡和内啡肽有着某种相似的结构，当有些人靠着毒品达到快乐的时候，他们就步入了一个深渊，这就更要提高警惕了。当然了，网瘾和毒品成瘾还是有一定区别的。不过，一个人要身体健康和心理健康，所有那些令我们成瘾的事物，都要提高控制力，要有节制。

那天告辞时，安澜说，我记住了，任何成瘾都是灾难。

留给对手 10%

□侯美玲

20世纪70年代，日本经济进入萧条期，尼达利家居店濒临破产。

为了让企业起死回生，社长似鸟昭雄专程前往美国考察。回国前，考察团一行来到洛杉矶一家服装店购买礼物。似鸟昭雄和其他人早早选好了服装，可年轻职员浅冈仍然没有挑到心仪的衣服。结账时，浅冈指着一位顾客的衣服问：“你们店里有这个款式的裙子吗？”店员摇摇头说：“这里是品牌专卖店，那件衣服是从别的门店购买的。”浅冈大失所望，似鸟昭雄的心里却有了一个好主意。

回到日本，除了借鉴美国家具的种类和品质外，似鸟昭雄还特意颁布了一项改革，在卖场留出10%的空间给其他品牌。听闻消息，竞争对手乐开了怀，抢着将最好的产品送进尼达利家居店销售。

看着对手的家具和自有品牌摆在一起，员工们打心眼不情愿，副社长白井俊之也很抵触，他当面问社长：“卖场是我们花高价租来的，为什么要留给别人，何况是我们的竞争对手？”似鸟昭雄拍拍对方的肩膀，说：“以前，我们卖场100%商品为自有品牌，看似整齐划一的背后却隐藏着极大的风险。首先，产品单一，设计难度不断增大。其次，它切断了我们同优秀厂家的合作通道。现在，留10%给对手，不但可以减轻设计人员的压力，还可以用对手的商品测试市场反应，从而找到优秀的合作伙伴，可谓一举三得。”

在似鸟昭雄的坚持下，尼达利家居店一直为对手留出10%的空间。经过不断发展，2016年，尼达利家居销量稳居日本市场第一。

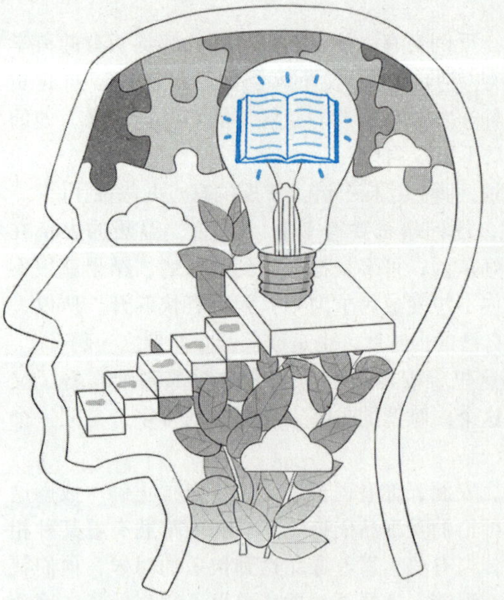

中大奖者为何常常破产

□岑　嵘

英国人基思·高夫本是一名幸运儿。他和妻子5年前喜中彩票头奖，获得900万英镑（约合8000多万人民币）巨额奖金。然而高夫中奖后挥霍无度，还和结发妻子离了婚。5年后，穷困潦倒的高夫因心脏病发作在孤独中去世，时年58岁。如果有后悔药，他一定会把那张中奖彩票丢到阴沟里。

据美国国家经济研究局的一项调查显示，近20年来，欧美的大多数头奖得主在中奖后不到5年内，都会因挥霍无度等变得穷困潦倒。该项调查同时显示，美国彩票中奖者的破产率每年高达75%，每年12名中奖者当中就有9名破产。

芝加哥大学经济学家理查德·泰勒提出了心理账户这一概念。经济学家解释说，人们在获得收入或进行消费时，总是会把各种不同的收入和支出列入不同的“心理账户”中去。心理账户会造成认知偏差，让我们不能理性地管理自己的财富。比如中奖收入我们会把它列入“意外之财”账户，对这种天上掉下来的财富人们往往不会太珍惜，导致任意挥霍使用。

同时，经济学上还存在一种“棘轮效应”。所谓棘轮效应，是指人的消费习惯形成之后有不可逆性，即易于向上调整，而难于向下调整。尤其是在短期内消费是不可逆的，使消费取决于相对收入，即相对于自己过去的高峰收入。

根据这种效应，当中大奖者习惯大把花钱后，即使日后再没有收入进账，依旧会沿袭大手大脚的习惯，导致财务恶化。因此，中大奖者会有如此高比例的破产。

有趣的是，不单是个人一夜暴富会带来恶劣影响，突发横财的国家也同样如此。

西班牙在查理五世和菲利普二世统治期间，来自秘鲁的白银源源不断地送到西班牙，传说秘鲁曾经的主人阿兹特克国王蒙特祖马曾立下誓言，说无论是谁掠夺他王国的领地和财富，谁就将受到诅咒。大量白银的流入居然引发了西班牙的经济衰退。从这以后，这种被称为“资源诅咒”的现象，开始折磨许多突发横财的国家。

塞拉利昂发现价值惊人的钻石，接踵而来的是这个国家陷入了无休止的战乱；几内亚发现世界第一的铝土矿储量，但是这丝毫没有帮他们摆脱贫困的境地，财阀和军事强人为矿产资源展开的争斗持续了几十年。

那些突然发现石油的国家同样遭受着“资源诅咒”。比如伊拉克、尼日利亚，尽管获得意外之财，这些国家的发展速度远低于从事贸易和科技发展的国家。

17世纪最典型的创业家荷兰人，在20世纪发现了大量天然气，到了20世纪70年代石油危机让荷兰坐享能源价格高涨。然而随着出口增加，荷兰盾汇率随之上升，劳动力成本上涨，工农业国际竞争力急速下滑，最终造成荷兰的经济恶化。

所以经济学家也把这种“资源诅咒”现象叫作“荷兰病”。

久坐伤大脑

□佚　名

美国一项新研究说，久坐对身体健康的影响不仅限于过去发现的会增加人患心脏病、糖尿病等疾病的风险，对中老年人的大脑也有一定负面影响。研究小组招募了35名年龄在45～75岁的志愿者，调查他们的身体锻炼情况及平均每天坐着的时长，并对这些志愿者的脑部进行了高分辨率磁共振成像。结果发现，久坐不动的人，大脑中一个对记忆至关重要的区域厚度会变薄。内侧颞叶是大脑中参与形成新记忆的重要脑区，内侧颞叶变薄是中老年人认知能力下降和痴呆的前兆。这项研究结果说明，对于患阿尔茨海默病等疾病高风险人群，可以尝试通过减少久坐时间来进行早期干预。分析还发现，即便进行较高强度的身体锻炼，也不足以抵消长时间坐着给大脑带来的负面影响。

德国制造并非都是“高精尖”

□池　薇

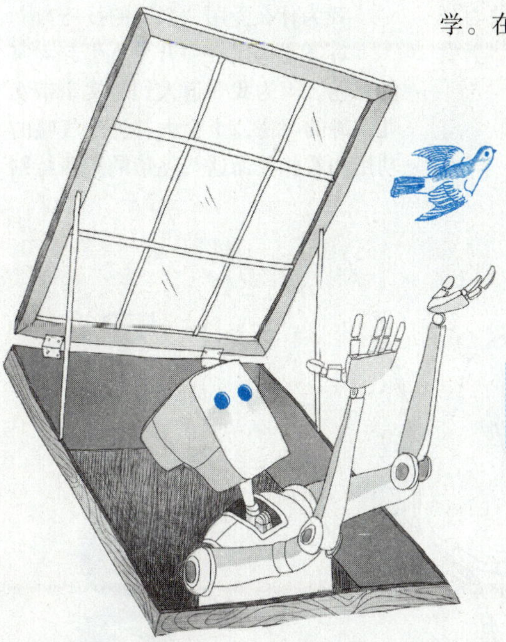

在德国纽伦堡，有一家专门生产文具的企业叫施德楼，企业已经300多岁，它的历史可追溯到1662年。这一年，中国的民族英雄郑成功打败荷兰人，收复了台湾。

铅笔这样的文具，技术含量并不“高精尖”。施德楼的一名高管很坦诚，他说，做文具没有技术壁垒，也无法特许经营，因此企业要生存百年，是非常困难的。“所以，你每天都要创新，一定要做一些事情。”

比如，直到20世纪末，很多铅笔企业一直都没有能解决彩色铅笔芯容易断的问题。要生存，就必须与众不同。如何让自己的彩色铅笔有独特的“比较优势”？设计人员夜以继日地冥思苦想，再加以各种实验。最后，他们从竹子这种常见植物中获得了启发。

“竹子为什么不容易折断？因为它是中空的。”于是，施德楼的研发人员做了一层特殊的白色“铠甲”，将笔芯包裹起来，便解决了易断的问题，其彩色笔芯的强度增加了30%。

品牌的本质，不过是细节。在另一家名叫贝克的碳纤维制造企业，这种震撼更加强烈。贝克是汽车、无人机碳纤维部件制作行业的佼佼者，很多顶级赛车公司都是其长期客户。因为构造复杂，很多顶级的碳纤维产品都是手工打造。

深圳一家科技公司派员工来到贝克，学习飞机碳纤维尾舵和尾翼的制作，这些零部件的制作需要手工完成。手工制作一般分为裁剪、粘合和定型三个阶段，其中刷离芯剂是关键一环，德国行业标准对这个程序规定得很细，要用刷子刷五遍，而且怎么刷也有标准。

“横刷一次，竖刷一次，左右交叉各刷一次，静置之后，再刷最后一次。但国内的一些作业人员，可能刷三次都没耐心。”一个前来学习的中国员工如是说。

从施德楼和贝克的故事可以看出，德国的很多优秀企业并非中国人印象中的“高新企业”，但它们有百年匠心。它们更像是一些“现代作坊”，富于工匠精神，技术和创新得以传承百年，雄踞价值链条的顶端。

用一个国际管理学界长期流行的词来说，他们是“隐形冠军”。“隐形冠军”的概念由著名管理学大师、德国教授赫尔曼·西蒙提出。“隐形冠军”的创新，未必都是高科技，但必然都对客户有价值。

德国的“隐形冠军”以中小企业为主，它们主要做两件事。一是生产面向普通消费者的产品，这些市场不一定“高大上”，但有持续和稳定的需求，如文具、手工碳纤维或者伐木电锯等。

为什么“隐形冠军”在这些准入门槛不高、竞争可能很激烈的市场能长期生存和发展？

仔细观察，可以发现这些细分市场都存在一个特点，即消费者的“更换成本”较高。比如，一位画家或者专业绘图者对文具的要求必然很高，如果贸然更换品牌，可能带来不可估量的损失。

另外，这些企业也非常理解消费者，它们不断创新，满足新需求，而且，把产品做到极致，最大限度地“讨好”消费者，从而让自己永远领先潜在对手一个身位。因此，客户有较高的黏性。

“隐形冠军”做的第二件事，是为其他生产最终产品的企业提供零部件，比如，在汽车行业，它们是大型车企的零部件供应商，生产轮毂、点火装置或者车载电子系统等。

在德国，无论作为中小企业的“隐形冠军”，还是大型制造业巨头，一流的技工群体都是企业最坚实的“技术基础”。这与德国的“双元制”职教体系密不可分。

所谓“双元制”，一元是企业，另一元是职业学校，即校企合作办学。在德国，进入职业学校的学生即已获得企业的录用意向，可以说是“委培”。

“委培”的好处在于，企业深度参与课程设置，“学徒工”学习的东西正是企业所需要的。在一些地方，职校的全部课程都由企业安排，40%的课程在职校课堂完成，60%在企业实践。在“双元制”模式下，学费一般都由企业承担，学员的流失率（学成后离开企业的比率）很低。

德国学生一般在10岁左右即面临人生第一场职业选择，那些对通识教育感兴趣的学生进入文理中学，9年之后参加考试，进入普通大学学习。其他有意愿成为技术人员的则进入实科中学和普通中学，一般是6年制，毕业之后开始找工作，找到工作即成为学徒工，接受职校和企业的“双元制”教育。

企业发展最终是靠人。不同阶段需要不同的人。

写作的三条路

□刘墉

我们常形容男生追女生的“君子好逑”，出自《诗经》里的“关关雎鸠，在河之洲，窈窕淑女，君子好逑”。《诗经》里还有一首《氓》，也写得传神极了——“氓之蚩蚩，抱布贸丝，匪来贸丝，来即我谋”。

《诗经》虽然距今已经有三千年，但是写作技巧非常高明，单单前面我举的这些例子中，就已经用了“比”“兴”和“赋”三种写作方法。“比”是比喻，像是“美女如云”。“兴”是从远处谈起，先说河上沙洲的水鸟在叫，把大家的兴趣带起来，再引到君子好逑的主题；至于“赋”，则是开门见山地直说：“你哪是来换丝啊，根本是打我的主意！”

如果你很细心，说不定已经发现，我写作很爱用“兴”的技巧。

譬如，在《热笔与冷笔》那篇文章里，我明明谈的是写作的技巧，却在一开始说美国人嫁女儿时，有个习俗是由父亲带女儿跳舞，宾客在旁边唱歌……在《读书的微量元素》那篇，我的主题虽然是谈读书，却在一开头说我从年轻就有气喘的毛病，然后谈到十全大补汤。至于《处处有文章》，说的虽是格物致知的方法，却先讲土耳其人用咖啡渣子算命。

我为什么爱用“兴”的技巧？

答案是为了在一开始就引起大家的兴趣。因为我知道人们对父亲带女儿跳舞的习俗，十全大补汤治气喘的功用和看相算命这些迷信的东西特别感兴趣，所以好像用糖果引小朋友，先绕个弯子，把读者的好奇心带起来。

“兴”确实常绕弯子，它跟直说的“赋”恰恰相反。举几篇大家熟悉的名作为例——

陶渊明在《桃花源记》里，一开头就写：“晋太元中，武陵人，捕鱼为业。”他们都开门见山，两三句话就把主角交代了，属于“赋”的写法。

可是碰上欧阳修写《醉翁亭记》，用“兴”的写法，就不一样了。明明是写“醉翁亭”，他却由“环滁皆山”谈起，先谈到琅琊山、酿泉，再慢慢带到亭子，却还吊着大家胃口，只讲那“醉翁亭”是由当地太守命名的，直到文章最后一句话，才点出来：“太守谓谁？庐陵欧阳修也。”原来是作者自己。

同样的道理，今天如果你写自己的家，可以用陶渊明写“武陵人”的方式，直接讲：“我家里有几个人，住在某市某街。”也可以用沈从文写《边城》的方法说：“当你到高雄，出了机场，就会看到一栋蓝色的十四层高楼，楼顶上像个公园，有好多树，如果你眼力好，还常可以见到在那片绿荫之间，有个白白的头，那八成是我奶奶正在空中花园浇花。”然后把你的家逐步介绍出来。

同样，你今天写《父亲》，可以像孟子一样单刀直入：“我父亲是个朝九晚五的公务员，从我很小，他就……”

你也可以学欧阳修：“看电视里播出荷花节的新闻，看到好多荷花，就让我想起小时候，父亲总带我去植物园赏荷，父亲总是一手牵着我，一手拿着相机，碰上……”于是你由电视新闻谈到荷花，想到植物园，再忆起带你去赏荷和摄影的父亲。

由以上这许多例子可以知道，“赋”比较强而直接，“兴”则灵活而委婉。所以写论说文、短文或新闻稿时适于用前者，写景言情和小说时比较适用后者。当然“写作无定法”，任何题目到手上，你都可以把那开门见山、格物致知、迂回引带的三种方法想一遍，挑最适宜的入手。甚至能将三者融合，以“兴”的方式带入，以“比”的方式申论，以“赋”的方式作结。相信只要你不断试探、不断练习，遇上任何难题，都能循着这三条路，一一化解。

后宫里的『鸡群效应』

□白琉璃

几天死一个皇嗣，几月死一位嫔妃的残酷宫斗剧总能让人看得心惊胆战，百转千回却欲罢不能。电视剧代表的虽然不是正史，但仔细观察，也能发现有趣的地方。

奇葩后宫

古往今来，后宫嫔妃的主要任务都是延绵子嗣。“质量好、数量多”是封建后宫的一大特色。不过，细心挑选的“精英嫔妃群”貌似并没有很好地完成繁衍子嗣的任务。虽然各嫔妃“质量好、数量多”，可是皇帝的子嗣并未如所预想的那样，呈现出“质量好、数量多”的欣欣向荣的景象。

乾隆皇帝几任皇后的儿女就死得让人惊心动魄。他的第一任皇后，孝贤纯皇后仅有两个儿子，死时一个年仅8岁，一个不到2岁。孝贤纯皇后还有两个女儿，一个出生时就死了。这位可怜的皇后一共生育了四个孩子，最后却只留下了一个女儿。乾隆的继皇后，即《如懿传》里的如懿更可怜。她有过两个儿子，一个女儿。一个儿子在出生时就死了，一个女儿没活过6岁，另外一个儿子最长命，也只活了20多岁。到最后，这位继皇后一点儿骨血都没剩下。乾隆的最后一任皇后，《如懿传》中最遭人恨的，手段毒辣的令贵妃生了四个儿子，但有两个也是刚出生不久就死了。

封建王朝的掌权者向来重视嫡子，但重视的态度反倒加速了皇嗣的死亡速度。若计算皇后们的嫡子死亡率，则更加让人瞠目结舌。孝贤纯皇后和继皇后的嫡子死亡率是100%，最后一任皇后的嫡子死亡率也达到了50%。而这个死亡率下降恐怕也和乾隆年迈，皇后宿敌数量急剧减少有很大关系。争夺资源的人少，天天想着毒害别人子嗣的人自然就少，这极大地提高了子嗣存活率。后宫生活过于艰险，但不意外，这非常符合自然规律，可以称之为后宫的“鸡群效应”。了解“鸡群效应”有助于帮我们解开后宫子嗣稀少的谜团。

“鸡群效应”

美国普渡大学生物进化学家威廉·缪尔早年为了提高鸡的生产率，做了一个对照实验。

首先，他选择了一群普通鸡，放在一起养了六代，是个“普通鸡群”。随后，他将鸡群中繁殖能力最强的鸡挑了出来，创建了第二个“超级鸡”的鸡群。在这个鸡群里，威廉·缪尔只挑繁殖能力最强、体形强壮、最能抢食的那一类型的鸡。他想通过这样的方式来达到每一代鸡都比上一代更强的目的。然而，结果却很出人意料。“普通鸡群”中的鸡都表现得还不错，它们羽翼丰满、身体结实，鸡蛋产量持续增加。可是，“超级鸡群”却只剩下了三只鸡。最能抢食的三只最强的鸡将其他鸡都啄死了。

这是威廉·缪尔刻意筛选的可悲后果。与“性情温和”的“普通鸡”群相比，“超级鸡”群中的成员都显得特别好斗，因为它们具备太过强烈的竞争意识。最终，这让威廉·缪尔的多产计划泡了汤。封建皇帝建立庞大的“质量高、数量多”的后宫群的初衷和威廉·缪尔的想法极其相似，结果也没啥区别：封建皇帝的皇嗣并没有一代比一代更多、更强。

社会资本

实际上，“鸡群效应”不仅存在于封建后宫，也存在于当今社会的各个角落。许多人都被灌输了竞争思想，认为只有不断竞争才能走向成功，但最后和“鸡群效应”一样，不会有什么好的结果。完全不顾大局的、妄想垄断资源的竞争者不仅让团队协作失调，而且会造成极大的资源浪费，使不良风气在团队中盛行，从而让团队效率变得十分低下。

也许降低后宫嫔妃的数量，是对抗“鸡群效应”，真正提高子嗣的质量和数量的好方法。隋朝开国皇帝杨坚在文献皇后独孤伽罗在世时，常专宠她一人，后宫空荡，但子嗣数量却比肩乾隆。文献皇后为他生了5个儿子，无一夭亡，存活率百分之百。

现代社会中，顶尖公司的社会资本已经替代了竞争。社会资本指一个人通过与他人或团体互惠互利，建立坚固的联系，从而带来更广泛的资源。它与鸡群效应相反，推崇一种互相促进的文化。放弃独自为大的竞争想法，加强协作，才是更快、更好地实现目标的方法。

你能保守秘密吗

□Harps

小猪佩奇跟她的好朋友小羊苏西成立了一个“秘密俱乐部”。“秘密俱乐部”的人要说出秘密的词语相互识别，他们在一起分享秘密，做秘密的事。小狗丹尼、小马佩德罗、小猫坎蒂等陆续加入，甚至连羊妈妈、猪妈妈和猪爸爸都成了秘密俱乐部的成员。当他们意识到此间并无秘密可守，纷纷笑倒在地上。

小孩子喜欢秘密，只是喜欢秘密的形式。他们可以把任何小事封为“秘密”再做分享，以此把自己和朋友紧紧联系在一起。成年人也做同样的事，只是他们比小孩更当真：分享秘密的人无疑是亲密的同盟军，而秘密的指向则是他者，是疏隔的人，不被待见的人，是同盟军又恨又怕的人。在一圈人当中，动态地存在着许多小猪佩奇和小羊苏西一样的“秘密俱乐部”。人们因为分享着不同的秘密也分享着不同的同盟军和敌人，忙着享受忠诚和遭遇背叛；到头来，谁也并没有跟谁更亲近，某些本来是秘密的事情也成了所有人都知道的事。可惜成年人太计较，只记得自己吃的亏，不能像小猪佩奇和她的小伙伴们，以纷纷笑倒在地上作为结局。

当一个人对另一个人说“你能保守秘密吗”，就表明有一个秘密马上要从他嘴边溜出来了。会这样问的人已经清楚地证明了自己不是能保守秘密的人，所以他如果够理智，就不该指望对方会做得比他好。

秘密传递链由做出承诺和打破承诺构成，就算明知是虚情假意，也要做足戏份才可以。所以“交浅言深”招人忌，被迫向泛泛之交做出承诺负起责任，只是因为对方意想不到地扔出一个秘密。秘密有一种奇怪的心理作用：如果一个人必须保守某个秘密，这秘密就会像一团火烧得他坐立不安，直到他告诉别人为止。但他又极不愿意让人知道他是这个秘密的泄露者，泄密者的身份必须是秘密——这当然也跟别的秘密一样守不住。在日常生活，一个人即使不爱搬弄是非，也要付出不少精力把自己脑子里保存的秘密和牵连人等分门别类，防止惹出麻烦。社会性动物必须有巨大的脑容量才够处理社会性问题。

寓言故事里说，希腊国王迈达斯判定牧神潘的乐器演奏优于太阳神阿波罗，被阿波罗惩罚，把他的耳朵变成了驴耳朵。迈达斯从此整天戴着头巾，但又不得不理发，因此严禁他的理发师说出去，如果泄露，一定杀头。理发师不敢对人讲，但又忍不住不讲，后来终于找了个树洞一吐为快。未几，整片森林里的树叶都在沙沙地说“国王长了驴耳朵”，理发师当然被杀了头，所有人也都知道了国王长着驴耳朵。如果这故事的读者是电脑，它可能完全无法理解国王的理发师为什么被危险的秘密憋得难受。人类的大脑有相当一部分是不可理喻的。

一天中有最适合学习的4个黄金时间段

□佚　名

什么时候学习效率最高？当然是大脑最清醒的时候。所以，孩子们一定要科学用脑，每天充分利用最佳时间进行学习。该休息的时候休息，劳逸结合，保证学习的效率。

那么，什么时候是大脑最清醒的时间？生理学家研究发现，大脑在一天中有四个时间段最为清醒，这也是学习的高效期，如果安排得当，有助于更好地掌握、巩固知识。

清晨起床后

大脑经过一夜的休息，消除了前一天的疲劳，处于新的活动状态，清醒得很。此时，无论认字还是记忆，印象都会很清晰。孩子趁这个时候学习一些难记忆但必须记忆的知识较为合适，如英语单词、数学公式、语文词句等。有时即使记不住，大声念上几遍，也会有助于记忆。所以，清晨是一个最佳的学习记忆时间。

上午8时至10时

此时人的精力充沛，大脑容易兴奋，思考能力状态最佳。此刻是攻克难题的大好时机，应充分利用。

下午6时至晚上8时

这也是用脑的最佳时刻。不少人利用这段时间来复习，加深印象，归纳整理，同时也是整理笔记的黄金时机。

入睡前一小时

利用这段时间来加深印象，特别对一些难以记忆的东西加以复习，则不容易忘记。当然，这是人类的一般性学习时间规律，对于不同的孩子来说，还有自己独特的学习时间规律和习惯。

输在起跑线怎么办

□徐英瑾

前段时间关于招生骗局的事频频登上微博热搜，涉事者还包括几位好莱坞明星。可见，“一定要把孩子送进好学校”的教育思维，如今已深入人心。其实又何止是大学，教育路上每个阶段的那条“起跑线”，对于家长来说，都是一场场激烈的竞赛。

在证明“起跑线”理论错误之前，必须先介绍两个逻辑推理上的概念：假言三段论与滑坡谬误。为了更好地理解，不妨把“假言三段论”比作一串糖葫芦，糖葫芦串上的每颗山楂都是一句“如果……那么……”糖葫芦串上面哪怕有一千颗山楂，只要有一颗坏了，信息沟通的作用就被堵塞了，最后一颗也得不到它应该得到的信息，所以检查是必要且必须很仔细的。而滑坡论证的意思是：在一个论证里面，没有检查推理当中每一个环节是否真正起到了信息传递作用，就武断地得出结论。滑坡论证有一个特点，用中国的大白话来说便是“见风就是雨”，看到一点点的倾向，就大惊小怪，认为以后所有的这些倾向都会跟着它走。

现在有很多影视剧都在反映“虎爸虎妈”现象，逼着自己的孩子拼命在起跑线上竞争的故事，这些父母的基本思维方式就是形成一个有问题的“假言三段论”，再进行一次“滑坡论证”：如果孩子输在了幼儿园的环节上，那么下个环节小学他就会输；如果输在了小学，那么下个环节中学就会输；如果输在了中学，那么下个环节大学就会输；如果大学环节输了，那么孩子就会输掉整个人生。

这里的“滑坡”，就相当于一条衡量人生成功指数的赛道，所谓的“输在幼儿园”，是指在这样一条坐标曲线上，一开始的指标就是一个比较惨的数值，所以父母就会预言，他会一步步惨下去。这也就是为什么可以用“滑坡”这样一个隐喻，来表述“虎爸虎妈”的思维方式。这个论证把人生的赛道类比成跑步的赛道，总觉得前面落下一段距离，接下来肯定也赶不上人家了。然而，跑步的规则和输赢，是非常清楚的，而人生的赛道，却要复杂得多。

一个科学家和一个商人，他们的评价标准一样吗？人生的赛道非常多样化，而且允许你闯出一条条新赛道。现在有一些行业，比如以前被认为是不务正业的电玩，不但成了一个正儿八经的职业，而且有竞技，可以拿到巨额奖金。所以人生赛道有非常丰富的竞争方式，怎么能凭成绩单一地评价所有小孩子的输赢？虽然在幼儿园里还没有职业的区分，但当孩子长大了，他们的赛道就会渐渐区分开，游戏规则也变得不一样，谁输谁赢，根本就分不出来。更重要的是，正因为人生的竞赛很长，所以真正优秀的赛手，要考虑后劲的问题。

我们的应试教育开展得太残酷、太激烈，使得广大学子对于学习这件事过早地消磨掉了热情，以至于等到大学生和研究生阶段要发力搞科研的时候，已经没办法从应试教育的思维里面跳出来了，很大程度上影响了我们整个国家的科研创新力。

很多人都被“孩子不能输在起跑线上”的推理误导了，如果所有的人都往一条道上拼，往一条道上挤，自然会真的觉得人生就像赛道一样，所有人都在赶。不得不指出的是，在传统的这种东亚科举式考试范围内，天下的英才除了考试之外，基本上也就没有什么被社会承认的道路了。这种氛围正在逼着我们往这个方向去想。相反，在一个充分竞争的社会氛围里面，人生任何时刻都可以是新起点，可以说是“八仙过海，各显神通”，研究纯粹的哲学问题，研究纯粹的天文学问题，甚至像法布尔一样去研究昆虫，像达尔文一样坐着巡洋舰。

在这种氛围里，赛道这个比喻就会显得非常荒谬，我可以随意开创我所需要的赛道，开创一个新的行业，我为什么要和别人在一座独木桥上挤呢？人生任何一个时刻都可以是你的起点，任何一个时刻你都可以开出一条新的赛道，你的输赢可以按照你的内心来进行界定。

高概率和低概率

□侯美玲

泰德·威廉斯是棒球史上极其优秀的棒球手，他的击打率在四成以上。

对于为什么能有如此高的击球率，威廉斯并没有遮遮掩掩，他在《打击的科学》一书中，向世人分享了自己的击球技巧。在威廉斯看来，棒球击球区域可以划分为77个，当球进入最理想区域时挥棒击打，就能保证四成以上的击打率。如果勉强去击打位于最边缘位置的球，击打率会下降到三成以下。也就是说，为了保存体力并取得最好成绩，威廉斯只击打高概率球，对于那些低概率球一律放弃。

威廉斯的技巧既富含科学道理，又有实践经验做支撑，但还是遭到了一部分人的质疑。想象一下，球场上有上万名观众在呐喊助威，球员是站在那里等待高概率球，还是挥舞球棒击打飞来的每个球呢？真实情况是，为了不让观众觉得自己“懒惰”“没用”，大多数球员选择了后者。

无独有偶，以色列经济学家阿扎尔对足球门将扑点球做过统计：当门将待在中路时，扑住点球的概率为33.3%；而扑向左路和右路，扑住点球的概率分别为14.2%和12.6%。照此统计来看，罚点球时，门将最应该待在中路。可实际情况是，只有6.3%的门将选择守在中路，剩余93.7%的门将会根据自己的判断左右出击。通过心理因素分析，阿扎尔认为，一旦站在球场上，门将很容易被周围的气氛感染，对高概率一说置若罔闻。对他们来说，表现神勇显得更重要。

威廉斯说：“要想取得高击打率，根本不需要打每个球，只击打高概率球就可以了。”也就是说，我们只用耐心等待好球出现，然后发力一击就可以了，完全没有必要不管青红皂白地胡乱挥棒击打。可在现实生活中，又有多少人能从容面对低概率球呢？

南极物语

□任万杰

1957年，日本南极探险队，在小泽大队长带领下，第一次准备在南极过冬，便设法用运输船把汽油运到越冬基地。由于准备不充分，在实地操作中发现输油管的长度根本不够。队员越智健二郎说用别的管子替代，可是找了一遍，找不出另外备用和可以替代使用的管子。

这个提议被否决之后，队员潮田晓说从日本运来新的油管，可是大家算了一下时间，需要近两个月，不要说时间来不及，如果就这么等着全得冻死。

队员北泽庆子说那我们回去吧！大家一听就不同意了，这次出来可以说投资金额太大，如果现在就回去，他们就是民族的罪人，留给他们的选择只许成功不许失败。

可是现实告诉他们这样耗下去，后果很严重，怎么办？这下把所有队员给难住了。这时候，队长小泽大突然提出一个很奇特的设想，他说：“我们用冰来做管子吧。”

大家一听先是一愣，然后都说好，冰在南极是最丰富的东西，但怎样使冰变成管状呢？不能凿也不能靠融化，大家原本激动的心情立刻冷却下来。队长小泽大看了看大家说：“我们不是有医疗用的绷带吗？就把它缠在已有铁管上，上面淋上水让它结成冰，然后拔出铁管，这不就成了冰管子了吗？然后把它们一节一节连起来，要多长就有多长。”

实验结果出奇地好，大家把队长小泽大高高抛起，就这样一个出其不意的点子，把陷入僵局的探险队拉了回来，这些人最后成为民族英雄，1983年，由高仓健主演的《南极物语》说的就是这件事。

队长小泽大的聪明之处在于，用已知的东西为参照，将许多毫无关系的要素组合起来，再制造出新的物件，生活没有绝对的顺境和逆境，有的只是解决问题的办法是否正确，这是思维智力的体现。

澳大利亚学校的『失败课』

□佟雨航

前不久，我应澳大利亚友人麦克弗森之邀，前往澳大利亚参观学习。麦克弗森是澳大利亚艾文豪女子文法学校的教导主任，她领着我对学校进行了全面参观。虽然澳大利亚的诸多教学方法令我耳目一新，但最吸引我和令我大开眼界的却是这所学校的“失败课”。

“失败课”是艾文豪女子文法学校新开设的一门课程，每周只有一堂课。失败课的目的是锻炼学生的心理健康和精神恢复能力。失败课的宗旨是失败、勇敢、冒险以及尝试创新。

“失败课”的重头戏是学生的失败感言。在上“失败课”前一周，老师会给学生布置一份作业，让他们用一周时间来完成。

但这份作业通常在一周内是无法完成的（少部分学生或许能完成），当一些学生在“失败课”上不能交上合格的作业时，老师就会让这些学生站在讲台上发表自己的失败感言。

为了能让我更直观地了解和感受“失败课”，麦克弗森把我领进一间正在上“失败课”的教室，坐在最后排现场观摩“失败课”的整个教学过程。一位数学老师站在讲台上，在黑板上写了一道几何证明题，然后让学生一个一个上台解题。麦克弗森悄悄告诉我：“这道几何证明题刻意出得有些难度，目的就是让学生解不出来，让学生与失败面对面。”果然，正如麦克弗森所说，学生们一个个跃跃欲试上台解题，又都一个个垂头丧气地走下台来，没有一个学生能正确解出题来。

教室里笼罩着死气沉沉的失败气氛，学生脸上都露出一副沮丧的表情，静默无声。这时，教室门被推开了，出题的数学老师闪身退出讲台，一个戴着眼镜的女学者走上讲台。麦克弗森又悄悄对我说：“这个戴眼镜的女学者是我们特意请来的昆士兰大学心理学专家梅丽莎，是专门来给学生们做心理辅导的。”课堂上，梅丽莎开始对学生提问，然后让学生一个个走上讲台，大声说出自己失败后的心理感受。

当学生们倾吐完对失败的感受后，梅丽莎重新走上讲台，对台下的学生们说：“失败是每个人人生路上必须经历的、无法回避的一段或多段历程，它就像我们走在路上遇到的一块块绊脚石，我们被它绊倒摔了个跟头或跌破了膝盖，但我们没必要对此感到恐慌和害怕，跌倒了再爬起来就是，膝盖破了包扎一下，然后拍拍屁股或揉揉膝盖重新上路，继续朝着我们的人生目标前进，依然能到达我们人生的目的地……”

下课后，我利用课间十分钟对几名学生进行了现场采访：“你喜欢上‘失败课’吗？你在‘失败课’上都学到了什么？”

一个名叫汉娜的学生深有感触地说：“每个人的人生迟早都会面临各种各样的失败，学习怎么去面对它越早越好。如果你接受了曾经的失败，那些失败不仅不会阻挠你，反而会帮助你。”

走出教室，我感慨颇深：学生们只上过一次“失败课”，便能对失败有如此深刻的认识，真的有点出乎我的意料。梅丽莎对我总结说：“‘失败课’最想教给学生的，是让他们了解失败的重要性，鼓励他们不要畏惧失败，勇敢地面对失败。”

星座：一个时髦的自我认知系统

□沈奇岚

如果不惧怕暴露年龄的话，那我就必须承认，我对星座的认知来自小时候看的《圣斗士星矢》。这部动画片在如今看来依然十分经典，作者把神话故事、天文知识和星座知识以一个庞大的史诗般的故事灌输给了我们。当中掺杂的各种热血打斗和励志情节，让人在观看时觉得既浪漫抒情，又格外“燃”。不得不佩服作者车田正美，他完成了一项重要的任务——把繁复庞大的星座知识，画成了简单的形象的漫画，用一个优美的少年热血故事将其串联起来，让人对那个星座世界无限向往。

在那部经典而古老的动画片中，主角是5个青铜圣斗士。为了拯救女神雅典娜，这些青铜圣斗士必须通过十二个宫殿。每个宫殿都有一个黄金圣斗士守候着。

作者车田正美对十二个黄金圣斗士的塑造非常成功，他们各有各的性格，而这个性格刚好和其对应星座的描述相近。最后青铜圣斗士用自己顽强的意志力打败了不明真相被坏人利用的黄金圣斗士，拯救了雅典娜。我对十二星座的认知就是从这十二个黄金圣斗士开始的。

在茫茫宇宙中寻找到自己和理解自己永远都是一项艰难的任务，所以我们发明了各种各样的工具来理解自己。星座从本质上来说是一个时髦的自我认知系统。在这套系统中，我们可以找到认知自己的密码。与星座相对应的，是我们中国人一生下来就有所归属的生肖系统，因为太过古老，当生肖系统的解释力不再能够满足我们的认知之后，星座系统应运而生。

我遇见的外国朋友，他们是和星座系统一起长大的，但有意思的是，当他们来到中国后，就对我们的十二生肖系统十分着迷，并在其中不断寻找理解自己的密码。有的人说“啊，原来我属猪，难怪我那么爱吃爱睡”，或者“原来我是属牛的啊，难怪总是那么任劳任怨”……这些对自己性格进行合理化解释的行为，总是能让人们在一个陌生解释系统中获得充分的理论支持。

我们对陌生解释系统的迷恋，从远古时代已经开始。最初的人类刚刚开始寻找和理解自己的时候，往往把希望寄托在偶然发生的事情上，比如一块扔进火堆的甲骨。上面神奇的裂纹在他们看来预示着即将到来的未来，或吉或凶。一个部落的首领就会凭借这个偶然出现的裂纹做出一些决定，这样他的行为就有了依据。为自己的行为寻找依据，这是一种多么古老而稳定的习惯。

十二星座系统和我们古人热衷的十二生肖系统的产生几乎反映了人类共同的心理追求——用一种系统来给自己的生活提供一套依据。

这是多么无奈又可爱的执念。

人有执念是因为人不是无所不知，人也有焦虑。那些看似有理的系统能够缓解我们一时的焦虑，但了解自己是一个漫长的过程，而这个漫长的过程需要时间和耐心，去克服那些未知的恐惧并认识真正的自己。

顶尖选手的表情

□[美]乔治·伦纳德　译/张　乐

有一次，准备专栏的时候，我突发奇想，计划收集一组让大众直面世界顶级选手的照片。我查阅了数百份图片资料，终于，找到了大师表情。田径运动员史蒂文·斯科特在1英里的比赛中，通过最后一个弯道的动作舒展自如，表情坚定而放松；跳水运动员格雷格·洛加尼斯在跳板上准备起跳时，表情专注；体操运动员彼得·维德马在自由操比赛中，尽管正做着翻腾动作，他的表情却依旧镇定自若；NBA明星卡里姆·阿卜度·贾巴尔在球场上成功越过对方防守队员得分时，可以从他脸上看出发自内心的喜悦。

平静持续，热爱练习甚至热爱困境，这才是来自世界顶级大师的启示。

有趣的侧向思维

□佚名

1916年4月，第一次世界大战的凡尔登会战后期，德军和法军彼此连续炮击两天两夜后，法军炮兵阵地弹药所剩无几，炮兵伤亡过半。而德军的炮弹似乎还十分充足，继续向法军不断开炮。

不得已，指挥官只好起用一批毫无开炮经验的后勤人员临时上炮位顶阵。其中有位年轻士兵很恐惧，手忙脚乱就开了一炮。炮弹一出膛，这位胆小的士兵就叫道："打偏了！"

德军阵地在东北方向，而炮弹飞向了西北方向。指挥官气急败坏地冲了过去，准备狠狠教训他一顿。正在这时，只听见炮弹飞去的方向传来一声沉闷的爆炸，接着爆炸声此起彼伏，持续了30多分钟！原来，这发打偏的炮弹鬼使神差地偏到了斯潘库尔森林中一座重要的德军秘密弹药补给基地，引爆了基地所储备的全部弹药！

这发炮弹造成德军60多万发大口径炮弹和其他数十吨弹药全部被销毁，法军元帅贝当趁机大举反攻，德军终于失败了。这当然是意外的情况，事实上，侧向思维就是需要从侧面来思考问题。

在现实生活中，经常会见到人们在思考问题时"左思右想"，说话时"旁敲侧击"，这种从旁侧开拓出思路的思维方式就是侧向思维法。侧向思维主要有以下两种方法：

方法1：目标侧向

日本创造学家多湖辉在《脑力激荡》中讲了这样一件事：某电影院生意虽然很好，但有一点顾客不满意，那就是"厕所太小"。观众上厕所往往要排队，令人烦躁不安。但要改造厕所，又有不少具体困难。电影院的经营者向多湖辉讨教怎么办，多湖辉想了很多方法，但是，这些方法在具体实施当中不太可行。

多湖辉想：既然厕所小的毛病使观众要排队并烦躁，那么问题的目标就是解决排队烦躁。而正面改造厕所不可能，那么只解决一个侧面问题，使他们不那么烦躁，不也很好吗？于是便提出在厕所旁边的墙上，贴上多种招贴画和海报，包括新的电影介绍等。一个月以后，老板亲自向多湖辉道谢，说尽管排队上厕所的人还是一样多，但由于有那些内容丰富的招贴画，人们也就不觉得太烦躁了。

在上例中，最早的问题是改造厕所的问题，但是假如把这一问题上升一个层次，就会发现"等上厕所烦躁"才是根本问题，那么厕所小和必须改造厕所只能算是这一问题的体现方式之一，而以其他方式让人不烦躁，同样可以达到目标。通过这些方式将问题往侧面拓展，也不失为解决问题的方法。

方法2：侧向推理

有一人想过河，他来到河边大声问道："哪位船老大会游泳？"话音刚落，好几个船老大都围了过来："我会游泳，坐我的船吧！"只有一位船老大没有过来，坐船人就走过去问那人："你水性好吗？"船老大不好意思地说："对不起，我不会游泳！"坐船人高兴地说："那好，我坐你的船！"

为什么坐船人要选不会游泳的船老大呢？原来，坐船人认为，不会游泳的船老大，他必然会小心地划船，坐他的船就比较安全了。这种从侧面来推理的方法就是侧向推理法，它的结果还是安全地渡河。

经常被嘲笑体重会增加

□丁颖杰

一项由美国马里兰州贝塞斯达健康科学大学和国立卫生研究院的研究者发表的报告显示，嘲笑孩子的体重与其体重增加有关。孩童时期和青少年时期经历的嘲笑越多，增加的体重就越多。研究人员研究了110名儿童和青少年（平均年龄大约为12岁），这些孩子有的自身超重，有的是父母超重。在第一次调查期间，研究人员要求孩子们报告他们是否因为自己的体形而被取笑过。在超重的孩子中，62%的人表示他们至少曾经因体重而被嘲笑过一次，而21%的有可能会超重的孩子表示他们曾经被嘲笑过。

研究人员对这些孩子进行了平均8.5年的随访，一些甚至追踪调查长达15年。无论他们在研究开始时是否超重，研究显示，经常因体重而被嘲笑的人平均体重增加33%，每年比未被嘲笑的同龄人多增重91%。

娜塔莎警告说，该研究是观察性的，无法直接确定因果关系。但可以说嘲笑体重与体重增加之间有着显著的关联。

一催就成『被动废』？不如主动出击找回掌控感

□余冰玥

“本来已经设了闹钟，但我妈一催我，我就更想赖床。”“计划好了要锻炼，同学一问我，今天你怎么还不去，心里反而有点动力不足了。”本来愿意主动做一些事情，但由于别人的催促而“一催就慢，一点就炸”。如果你也有这样的毛病，“被动废人群”，说的就是你。

前段时间，“被动废”成了热词，微博博主“语文指挥中心”为其下定义：“本来很主动且愿意干的事情，一旦被催促，就会立马出现从身体到心灵全方位的抗拒。学习、婚姻乃至生活各方面的事，别人可以提醒，但请勿催促。催促会将主观意愿上的美好变为被动意义上的承担，对于被动废人群而言，一催就慢，一点就炸。”

有网友说，这个词适用于“我妈叫我起床、不要一直玩手机、多出去走走”等家庭场景。英语系大四学生周贝对此感同身受，每年过年回姥姥或奶奶家，作为小辈的她总要负责摆桌子洗碗，帮厨打下手。周贝一点都不反感做家务，但让她难以忍受的是，明明她愿意主动收拾，可每次饭前饭后，妈妈总会几次三番督促她。“我知道这是我的任务，到时候一定会去干，但不要每次都催促提醒，把我当小孩，这样我反而会逆反，不想做。”

在学习和工作中，“被动废”人群常常即使不想做某件事，也不得不做，网友调侃道：“导师催论文，前一秒还是被动废，后一秒爬起来继续。”中文系大二学生林越则表示“扎心”：“‘被动废’这个词一针见血地描述了我的学习。”学中文的她喜欢文学，爱看小说，但当某本小说成为导师布置的读书札记作业，并在DDL（截止日期）前被催促，她会瞬间陷入“被动废”的状态。“当它变成了作业，我会不想看它。”“被动废”的结果往往是以敷衍的态度完成作业，既浪费时间，也毫无收获。

已经工作的毕子琪有相同的体验。刚入职创业类猎头公司10个月，常常在项目推进方面被领导催促。“我自己会制订工作计划和目标，但是leader（领导）有时会直接催问我：怎么还没有出成果？何时完成？听到这些话，我瞬间丧失斗志，心情和效率急速下降。”

北京师范大学心理学部心理健康辅导员黄利老师表示，“被动废”实际上是个人自主权的问题。“人是需要有自我掌控感的，如果他觉得自己的人生在掌控之内，就会很有安全感，有掌控感和一切井然有序能够给人带来新生力量，会感觉生活饱满而幸福。而不确定性就是失控，‘被动废’是因为那件事情不是由自己推动，因此就会失去掌控感，丧失积极性。”

公众号“简单心理”指出，当人们主动要求做一件事时，是充满期待和成就感的，执行规划能够带来自我实现的快感，但被别人催促时，主观能动便会变成客观被动，自我满足感消失，出现抗拒的心态。因此，在与“被动废”人群交流时，与其用催促的语气让其产生抵触情绪，不如换种形式，提出更真诚的邀约。

有同学为此很苦恼，因为被催促而不想做，却又不得不做的事情，该怎么办？

“这涉及社会功能适应性。人生活在社会上需要承担责任，每个人所扮演的社会角色既有权利又有义务，作为学生，应该承担作为学生未来为社会做输出服务的责任，需要完成学业。”黄利老师指出，“在这种情况下，不应该因为不开心就不做这件事。在工作岗位上，也有很多你不擅长、不喜欢但不得不做的事情，没有十全十美的工作状态，不如调整好自己的心态，换个角度积极去完成。”

毕子琪笑言：“我发现避免‘被动废’最好的方法，就是在老板催你之前，提前把你的计划和进展都告诉他。

与其被催促，不如主动出击，‘堵住’他的嘴！”

学霸的 4.38

□黄鹤权

大学四年我身上被贴过一些标签，“均绩第二”“出过三支单曲的独立音乐人”“学生团委副书记”“斩获十余个国家级、省级奖项及百项征文赛事奖项”“国家级创新创业项目主持人”等。身边人总是称我“全能学霸”，顶着主角光环，但我认为那应当被理解为“幸运+努力”。对我而言，逆风翻盘，拿下4.38绩点，这是一个无限循环的过程。

我是这样建立自己仪式感的学习过程的：6点起床，早餐后在操场上跑上几圈，做好长足的心态和身体准备。其间，习惯读上一段英语美文。

同时，每天7点是我的正式学习时间，我会保证提前二十分钟到达学习现场，把准备好的物品摆在桌上，然后在笔记本上贴上喜欢的贴画或者写上一句少年感满满的心理暗示。一切完毕后，留下五分钟坐在椅子上调整出最舒服的学习姿态，静心养神。

在课堂上，我一般会一步一步来，习惯跟着老师的思路走，有疑问就与同学讨论或自己思考。一学期中每一门，我都争取获得好分数，一些好得的分数，比如说举手发言、考勤、加分项等，我通常都会主动做到位。同时，我会观察自己长期的学习效率，分析自己备考的成绩。

当然，复杂的课程光是靠在课堂上认真听讲确实远远不够。为了更好地温故知新，图书馆三楼东北角是我大学四年来每周必坚持打卡三次的地方。在复习的时候，我习惯考试前看一遍目录，主动养成了解章节问题出处的习惯；看章后习题，画出核心知识点的关键词，并根据它们去理解书中的图表和例题以及案例，把难度由厚变薄。

我还会短时间多次重复记忆，会在每个周末将所上过的所有专业课程复习一遍，对于细节不用记忆，但保证自己完全理解。上课前一天晚上再看一遍，争取记住一些细节。期中期间，再利用一周时间将前半学期的课程完整串一遍，了解课程逻辑以及老师的上课思路。这样的习惯持续了四年。

除了课堂效率要高以外，我一般都尽量以各种各样的方式去培养自己的学习力和专注力。比如，学习的时候我会把手机静音，排除外界干扰，做到自律。修绩点是自主式学习的过程，没有老师会天天督促我学习。所以，唯有每天定节奏，列计划——执行——反思，才能鞭策我往前走，才可以有效缓解我的拖延症，让我有条不紊，更加从容。

大学四年，我给自己找了许多“麻烦”：捣鼓出三支音乐单曲，开发出国家级创新创业项目成果App“匠心居”，以第一作者的身份在省级C刊发表了两篇附带稿费的论文，跟国家实践队去福建安溪支教七天，以背包客的状态行走过七省十八处地市，连续三年成为院新生分享会的特邀嘉宾……大学，可以五彩缤纷，也可以碌碌无为。刚踏进校园之际，大家其实都差不多，但四年之后却可能天差地别，这都取决于大家的选择。

每个人都有决定成为什么样的人的自由，但也应该为之有所承担。我始终相信，命运给我一个比别人低的起点，是想告诉我们，让我们用我们的奋斗去改写自己的一生。每一个人都应该有机会去奋斗出一个属于自己的精彩人生。

落 叶

□刘半农

秋风把树叶吹落在地上，
它只能窸窸窣窣，
发几阵悲凉的声响。
它不久就要化作泥；
但它留得一刻，
还要发一刻的声响，
虽然这已是无可奈何的声响了，
虽然这已是它最后的声响了。

成败72小时

□蒙　攀

看书时，读到一句话，让我为之一振：“当你决定做一件事的时候，你必须在72小时之内完成，否则你可能永远不会再做了。”

科学上对“72小时定律”的解释是：因为我们的大脑在做出某种决定时肾上腺皮质会分泌出防御性激素，在72小时内，无论是多么不情愿做的事情也能坚持下去，且信心十足，因此事情的成功率高。

确实，这个世界缤纷多彩，每个时间段里都会出现不同的事情分散我们的注意力，消磨我们坚持的信念，从而战胜我们做事的决心。72小时，足够我们把要做的事忘到九霄云外。而成功者和失败者正是隔着这72小时的做与不做的距离，看似不长的时间，有时却可以成就不一样的人生。

中国近代地理学和气象学奠基者竺可桢，从小就聪明好学，唯有一点不足，就是体质太弱。而他单薄的身子骨正成了同学们讥讽和嘲笑的缺点，甚至有同学在背后对人打赌说他活不过二十岁。竺可桢听闻后十分气恼，但一想同学说的也是事实。当时竺可桢的理想是当一个科学家为国争光，现在听到同学这样说，心里非常不服气。

竺可桢冷静下来仔细思考，身体是革命的本钱，既然要立志为拯救祖国出力，那首先必须战胜病弱的身体。随即，他给自己制订了一个锻炼身体的计划，还选了一条“言必信，行必果”的格言，时刻激励自己。

从那以后，竺可桢每天凌晨五点准时起床，到校园里跑步、舞剑、做操。有一天清晨，竺可桢刚一醒来，就听到“轰隆隆”的雷声，从窗户往外一看，正下着大雨，他内心犹豫着要不要继续锻炼。他刚犹豫了一下，马上又告诉自己：“不行，有一回间断，就可能有第二回、第三回……”于是，竺可桢迅速起床，冒着大雨跑完了规定的路程。

除了坚持每日健身，竺可桢还每天以日记形式记录气象研究资料，虽然因为战乱，只保存了从1936年到1974年的日记，但这38年的日记，竟一天未断。这些日记页页蝇头小楷，一笔不苟，共计800多万字，令人叹为观止。直到他去世前一天，还用颤抖的笔迹在日记本上记下了当天的气温、风力等数据。

正是因为这种在小事上都坚持“言必信，行必果”的习惯，竺可桢的一生才能够在气象学上取得突出的成就，为中国气象学奠定了发展基础。

想起我上大学的时候，为了应付四六级考试，每天用手机软件背单词，坚持了几个月，考完后想先休息两天再继续，但从那之后就再也没有打开过软件，以至于大学毕业后，学到的英语全部还给了老师。后来上班，久坐导致身体发胖，想办健身卡锻炼，但总是因为各种原因没有去，最后索性放任自流，身体日渐肥胖，导致身材和颜值不如从前。

很多时候我们做事，要么是没有长性，要么是一拖再拖，导致很多时候我们无法收获结果。然后在一次又一次的放纵中虚度光阴，看到成功的人，羡慕他们真厉害，殊不知他们的成功正是用你浪费的时间累积而成。

72小时定律，从科学角度论证了“今日事，今日毕”的重要性，如果我们也可以抓住机会，珍惜时间，严格督促自己的行为，按规定实施计划，那么我想世界上像竺可桢或者马云、李嘉诚那样的人，不会再是寥寥几人，成功的故事或许会有更多，你也可以成为故事的主角。

为自己题词

□［俄］瓦列里·勃留索夫

我愿像一条弯曲的河流，
流过开阔的嫩绿草地，
对天空的星光频频微笑，
悄悄消失在芦苇丛里。
迂回绕过古老的乡村，
靠近森林丘陵稍作休憩，
一路欢歌翻卷着波浪，
奔向年轻而喧嚣的城池。